陈 勇 主编

化学工业出版社
·北京·

内容简介

《青岛海绵城市的实践探索》为总结四年来青岛海绵城市建设工作，为全国海绵城市建设提供“青岛智慧”而编写。本书从青岛海绵城市建设的初心和使命入手，系统总结了规划管控、组织领导、制度保障、技术支撑、模式创新、协同发展等各方面青岛海绵城市的建设推进模式，深入剖析了北方丘陵型老城区的海绵城市系统化方案编制要点、方法和思路，同时提供了建筑小区、市政道路、公园绿地、河湖水系、新区开发等不同类型海绵城市建设的典型案例，为全国同类型城市的海绵城市建设提供参考。

《青岛海绵城市的实践探索》可作为市政工程设计部门的管理和工程技术人员、环境工程领域的管理和工程设计人员的参考书，也可供对海绵城市有兴趣的人员参考阅读。

图书在版编目（CIP）数据

青岛海绵城市的实践探索/陈勇主编. 一北京：化学工业出版社，2021.9

ISBN 978-7-122-39722-5

Ⅰ.①青… Ⅱ.①陈… Ⅲ.①城市规划-研究-青岛 Ⅳ.①TU984.252.3

中国版本图书馆CIP数据核字（2021）第162817号

责任编辑：刘俊之　　装帧设计：韩　飞

责任校对：张雨彤

出版发行：化学工业出版社

（北京市东城区青年湖南街13号　邮政编码100011）

印　装：涿州市般润文化传播有限公司

787mm×1092mm　1/16　印张$17^{3}/_{4}$　字数271千字

2022年2月北京第1版第1次印刷

购书咨询：010-64518888　　售后服务：010-64518899

网　址：http://www.cip.com.cn

凡购买本书，如有缺损质量问题，本社销售中心负责调换。

定　价：158.00元

编写组

主　　编： 陈　勇

副 主 编： 马洪涛　王　磊　孟恬园

编写组成员： 马伟青　李　兵　国小伟
曹玉烛　涂楠楠　于世晓
曾宪银　王腾旭　常文彬
姜学伟　魏娇娇　马鲁振
田海鹏

前言

青岛是典型的北方经济、人口大城市；同时也是城市空间集约、环境容量不足的小城市，区域内以丘陵地形为主，东临崂山，西南沿海，城市发展用地不足。近年来随着城市不断扩张，青岛的人水矛盾日益突出。如何统筹好生活、生产、生态关系，实现城市高质量、可持续发展，成为了青岛必须解决的一道难题。

2016 年 4 月，青岛市有幸成为国家第二批海绵城市建设试点城市之一，由此拉开了青岛海绵城市建设的大幕。此后，青岛市不断优化体制机制，完善顶层设计、政策制度和规范标准体系，创新投资建设运营模式，将海绵城市建设理念融入城市规划建设管理的方方面面、各个环节，

让海绵城市扎根青岛、遍地开花。通过四年多的努力，青岛建立了长效的海绵城市建设推进机制，形成了系统的海绵城市多级规划体系，构建起完善的海绵城市政策标准体系，探索出海绵城市市场化建设运维模式，总结形成了“多级规划、多维协调、多元建设、多重保障、多方参与”的青岛海绵城市管理经验。

为总结四年来青岛海绵城市建设工作，为国家海绵城市建设提供“青岛智慧”，我们编撰了《青岛海绵城市的实践探索》一书。本书从青岛海绵城市建设的初心和使命入手，系统总结了规划管控、组织领导、制度保障、技术支撑、模式创新、协同发展等各方面青岛海绵城市的建设推进模式，深入剖析了北方丘陵型老城区的海绵城市系统化方案编制要点、方法和思路，同时提供了建筑小区、市政道路、公园绿地、河湖水系、新区开发等不同类型海绵城市建设的典型案例，为全国同类型城市的海绵城市建设提供参考。

在此书出版之际，我们谨向住房和城乡建设部、财政部、水利部的关心和支持表示感谢！向山东省住建厅、财政厅、水利厅的指导和帮助表示感谢！向一直以来大力支持和帮助青岛海绵城市建设工作的国家海绵城市建设专家指导委员会的专家、学者表示感谢！向参与青岛海绵城市建设的工程技术人员、施工人员、管理人员等建设者表示敬意！特别致谢化学工业出版社及本书编写人员为本书的编写、编辑、出版付出的辛苦和努力！

《青岛海绵城市的实践探索》编委会

2021年3月

目录

第一篇 初心和使命

第二篇　试点科学实践

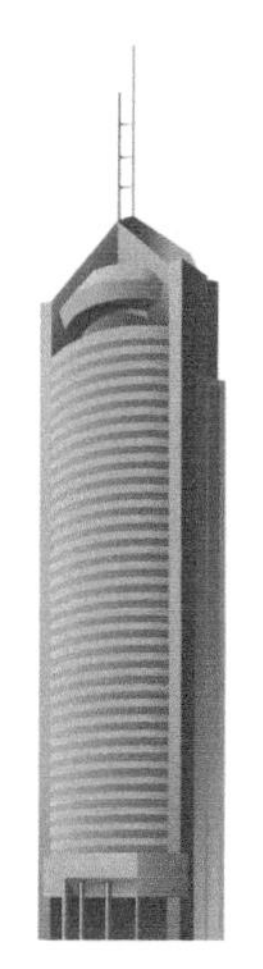

第三篇 全市系统推进

第四篇　青岛经验总结
164

第一篇

初心和使命

“海绵城市”建设背景和发展

1.1 海绵城市建设背景

近年来，我国城市化进程突飞猛进，传统的“重地上、轻地下”城市开发建设模式带来的问题逐步显现，自然水文循环被破坏，一系列影响水环境、水生态、水安全、水资源等方面的问题日益凸显，引发了城市内涝、水体黑臭、热岛效应等城市病。

党的十八大以来，习近平总书记在多个不同场合强调“绿水青山就是金山银山”理念，要求不能以牺牲生态环境为代价，换取经济的一时发展。要把生态文明建设放在突出地位，把绿水青山就是金山银山的理念印在脑子里，落实在行动上，统筹山水林田湖草系统治理。这为我们建设生态文明、建设美丽中国提供了根本的标准。2013年，习近平总书记在《中央城镇化工作会议》的讲话中强调，提升城市排水系统时要优先考虑把有限的雨水留下来，优先考虑更多利用自然力量排水，建设自然存积、自然渗透、自然净化的海绵城市，第一次提出了建设海绵城市的要求，为全国解决城市涉水问题指明了方向。

海绵城市建设的概念是指在城市规划、建设、管理中尊重自然、顺应自然、保护自然，最大限度减少城市开发建设对自然生态的影响，充分发挥城市建筑、道路、绿地、水系、管网等的“渗、滞、蓄、净、用、排”功能，使干净的水变成资源，污染的水得到净化，多出的水不形成灾害，实现“自然积存、自然渗透、自然净化”，使城市能够像海绵一样，在适应环境变化和应对自然灾害等方面具有良好的“弹性”，将城市建成人与自然和谐共生的生命共同体。

海绵城市建设的意义在于促进我国传统城市雨洪管理模式的转变，修复城市水生态、涵养水资源，增强城市防涝能力，扩大公共产品投资，缓解生态环境与社会经济发展的矛盾，提高新型城镇化质量，转变城市发展方式，推动建设资源节约、环境友好的绿色城市，助力经济结构转型升级。海绵城市是坚持绿色发展、推进生态文明建设的内在要求，是未来城市建设发展的必然趋势。

1.2　海绵城市理念的发展历程

在发达国家城镇化发展过程中，也曾出现由城市开发建设带来的水环境污染、水资源紧缺、水安全缺乏保障、水文化消失等一系列问题。各个国家根据自身特点，逐步调整城市规划、建设和管理理念等，提出合适的建设管理方法有效地应对此类“涉水”问题（表1-1）。

表1-1　国外主要国家雨水管理政策一览表

国家	主要做法	开始时间	主要政策	目标
美国	最佳管理实践、低影响开发	20世纪70年代	《联邦水污染控制法》《清洁水法》等	控制暴雨在内的面源污染，就地滞洪蓄水，减少环境干扰
英国	可持续排水系统	20世纪70年代	《可持续发展住宅标准》《建筑法》，税收优惠等	将保护雨水循环与预防城市内涝结合起来
澳大利亚	水敏感城市设计	20世纪90年代	—	结合商业元素建设亲水设施，修复自然水循环，有效管理雨水，缓解水资源压力
新加坡	ABC计划	2006年	《ABC水域设计导则》	保护公众的生命、财产和周围环境免受洪水和径流污染的威胁
德国	严格立法	20世纪70年代	《雨水利用设施标准》联邦水法和各州相关法律，实施雨水费制度	保持城市生态平衡，尽快排除地面积水，减轻排水管道压力，实现城区良性循环

相较于国外先进的理论基础和丰富的实践经验，我国在规章制度、量化指标的指导与约束、成熟项目经验等方面仍有欠缺。因此，基于吸纳和借鉴国外先进的雨水基础设施规划模式及方法，结

合我国的实际需求和问题，我国提出了“海绵城市”这一新型城市雨洪管理理念，并制定了科学性、前瞻性的政策、技术及评价要求（表1-2）。

自2015年起，住房和城乡建设部与财政部、水利部先后确定了30个城市开展海绵城市建设试点，涵盖了东中西部地区、大中小城市、南北方区域，积极探索总结实践经验，以期系统指导城市发展走生态化发展道路。

表1-2 我国海绵城市相关政策一览表

时间	文件/会议	目标
2013年12月	习近平总书记在中央城镇化工作会议上的讲话	明确要求在提升城市排水系统时要优先考虑把有限的雨水留下来，优先考虑更多利用自然力量排水，建设自然积存、自然渗透、自然净化的海绵城市。首次提出海绵城市相关理念
2014年3月	习近平总书记在中央财经领导小组第5次会议上的讲话	缓解城市用水压力、降低水污染并维持水生态平衡；将雨洪管理和城市设计相结合并达到优化
2014年12月	财政部、住房和城乡建设部、水利部《关于开展中央财政支持海绵城市建设试点工作的通知》（财建［2014］838号）	明确中央财政对海绵城市建设试点给予专项资金补助及相关考核要求
2015年7月	住房和城乡建设部办公厅《海绵城市建设绩效评价与考核指标（试行）》（建办城函［2015］635号）	明确了海绵城市建设绩效评价与考核指标分为水生态、水环境、水资源、水安全、制度建设及执行情况、显示度六个方面18项具体考核指标
2015年10月	国务院办公厅《关于推进海绵城市建设的指导意见》（国办发［2015］75号）	通过海绵城市建设，最大限度地减少城市开发建设对生态环境的影响，将70%的降雨就地消纳和利用。到2020年，城市建成区20%以上的面积达到目标要求；到2030年，城市建成区80%以上的面积达到目标要求
2015年12月	住房和城乡建设部、国家开发银行《关于推进开发性金融支持海绵城市建设的通知》（建城［2015］208号）	要求国家开发银行作为开发性金融机构，要把海绵城市建设作为信贷支持的重点领域，更好地服务国家经济社会发展战略
2016年2月	财政部、住房和城乡建设部、水利部《关于开展2016年中央财政支持海绵城市建设试点工作的通知》（财办建［2016］25号）	明确了第二批海绵城市试点的相关要求及申报审批流程

续表

时间	文件/会议	目标
2017年3月	李克强总理政府工作报告	提出要统筹城市地上地下建设，推进海绵城市建设，使城市既有“面子”更有“里子”。第一次将海绵城市写入政府工作报告
2018年12月	住房和城乡建设部《海绵城市建设评价标准》(GB/T 51345—2018)	规范海绵城市建设效果评价，提升海绵城市建设的系统性

青岛海绵城市建设背景及目标

2.1 青岛的城市主要特征

2.1.1 历史悠久的文化名城

青岛，又名琴岛，是中国历史文化名城、中国道教的发祥地之一。6000年以前这里已有了人类的生存和繁衍。借助天然的港口优势，青岛在19世纪末开埠。清朝末年，青岛已发展成为一个繁华市镇，昔称胶澳。1891年6月14日(清光绪十七年)，清政府在胶澳设防，是青岛建置的开始，《青岛市志 · 城市规划建筑志》中描写道“青岛建置后，登州总兵章高元主持下在青岛村东畔(今人民会堂址)建总兵府，俗称老衙门，修筑军营、炮台，青岛湾建栈桥码头。此后，青岛逐步形成初具规模的市镇”(图2-1)。

图2-1
1898年青岛手绘地图

(资料来源：德国联邦建筑师协会会员、教授级高级建筑师、城市规划设计师、古建保护师盖特 · 卡斯特博士向青岛市档案馆捐赠的珍贵历史资料《青岛鸟瞰图》)

后青岛曾沦陷于德、日帝国主义，侵占长达25年之久，于1922年12月10日重归中国政府。青岛因建筑欧陆风格多变、种类繁多，被称作“万国建筑博览会”，康有为描述青岛为“红瓦绿树，碧海蓝天”，成为青岛最知名的城市名片（图2-2）。

图2-2
青岛八大关照片

改革开放以来，青岛得益于世界级的港口资源，城市化进程突飞猛进，社会经济飞速发展，成为国家计划单列市、副省级城市，山东省经济中心、“帆船之都”“东方瑞士”“一带一路”新亚欧大陆桥经济走廊主要节点城市和海上合作战略支点。

2.1.2 北方沿海大型城市

青岛市地处山东半岛南部，位于东经119°30′~121°00′、北纬35°35′~37°09′，东、南濒临黄海，东北与烟台市毗邻，西与潍坊市相连，西南与日照市接壤（图2-3）。

图 2-3

青岛市区位图

［审图号：鲁SG（2020）019号］

青岛市辖7个市辖区（市南、市北、李沧、崂山、青岛西海岸新区、城阳、即墨），代管3个县级市（胶州、平度、莱西），全市总面积为11293km²。其中，市区（市南、市北、李沧、崂山、青岛西海岸新区、城阳、即墨等七区）为5226km²，胶州、平度、莱西等三市为6067km²（图2-4）。

2.1.3　山东省经济中心

近年来，青岛抓运行强支撑、提质量增效益、增活力强动力、抓统筹促融合、补短板兜底线，整体经济呈现稳中有进、稳中有新、稳中提质发展态势。2019年全市生产总值达到11741.31亿元，人均GDP达到124282元。全市常住总人口949.98万人，增长1.12%。其

青岛市行政地图

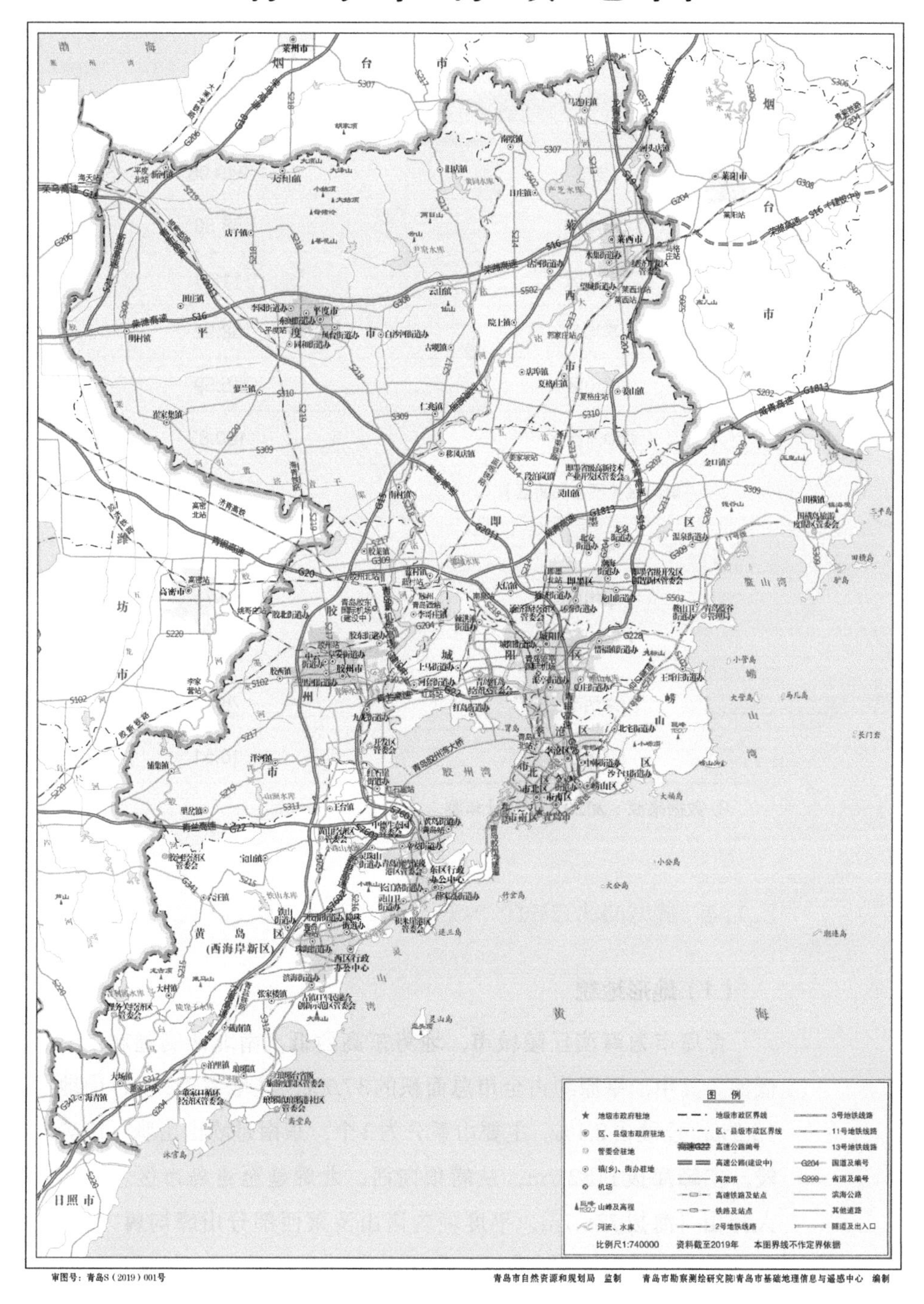

审图号：青岛S（2019）001号　　青岛市自然资源和规划局　监制　　青岛市勘察测绘研究院|青岛市基础地理信息与遥感中心　编制

图 2-4
青岛市行政区划图

［审图号：青岛S（2019）001号］

中，常住人口城镇化率达到74.12%（表2-1）。

表2-1　2019年青岛市常住人口情况[①]

区市	常住人口/万
全市	949.98
市南区	58.88
市北区	111.1
李沧区	58.92
崂山区	45.59
西海岸新区	160.82
城阳区（不含高新区）	74.49
即墨区	124.89
胶州市	90.75
平度市	137.79
莱西市	76.24
高新区	10.51

① 数据来源：2020青岛统计年鉴。

2.1.4　典型的北方丘陵型城市

（1）地形地貌

青岛市为海滨丘陵城市，地势东高西低，南北两侧隆起，中间低凹。其中，平原约占全市总面积的37.7%，洼地占21.7%，山地占15.5%，丘陵占2.1%。主要山系分为3个，东南是崂山山脉，山势陡峻，主峰海拔1132.7m，从崂顶向西、北绵延至青岛市区。北部为大泽山（海拔736.7m，平度境内诸山及莱西部分山峰均属之）。南部为大珠山（海拔486.4m）、小珠山（海拔724.9m）、铁橛山（海拔595.1m）等组成的胶南山群。市区的山岭有浮山（海拔384m）、太平山（海拔150m）、青岛山（海拔128.5m）、信号山（海拔99m）、伏龙山（海拔86m）、贮水山（海拔80.6m）等（图2-5）。

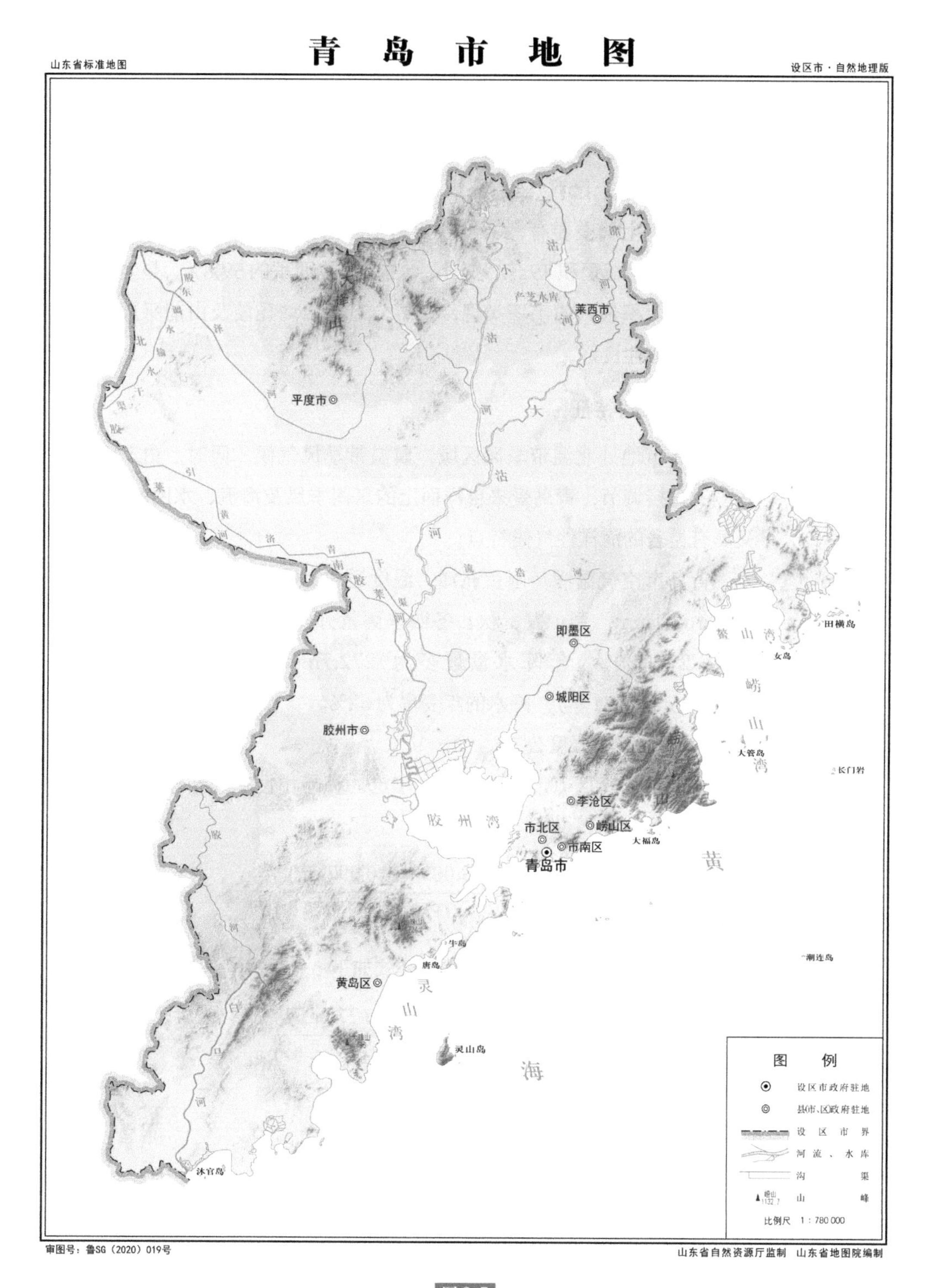

图 2-5

青岛市地形图

[审图号：鲁SG（2020）019号]

（2）水文地质

青岛市有大小河流224条，均为季风区雨源型，多为独立入海的山溪性小河。流域面积在100km^{2}以上的较大河流33条，按照水系分为大沽河、北胶莱河以及沿海诸河流等三大水系（图2-6）。

青岛市土壤主要有棕壤、砂姜黑土、潮土、褐土、盐土等5个土类。其中，棕壤面积49.37万公顷，占土壤总面积的59.8%。是全市分布最广、面积最大的土壤类型，主要分布在山地丘陵及山前平原，土壤基础渗透性良好。

（3）降雨特征

青岛市地处北温带季风区域，属温带季风气候。同时，由于海洋环境的直接调节，青岛受来自洋面上的东南季风及海流、水团的影响，又具有显著的海洋性气候特点。

青岛市空气湿润，雨量充沛，温度适中，四季分明。降水量年平均为662.1mm，春、夏、秋、冬四季雨量分别占全年降水量的17%、57%、21%、5%。年降水量最多为1272.7mm（1911年），最少仅308.2mm（1981年），降水的年变率为62%。

① 设计暴雨强度公式

青岛市内三区（市南、市北、李沧）和崂山区新编暴雨强度公式如下：

$$q=\frac{1919.009\times(1+0.997\lg P)}{(t+10.740)^{0.738}}$$

城阳区和即墨区新编暴雨强度公式如下：

$$q=\frac{2205.666\times(1+0.776\lg P)}{(t+14.112)^{0.711}}$$

西海岸新区新编暴雨强度公式如下：

$$q=\frac{902.934\times(1+0.919\lg P)}{(t+4.160)^{0.534}}$$

胶州市新编暴雨强度公式如下：

$$q=\frac{1584.635\times(1+0.776\lg P)}{(t+10.233)^{0.654}}$$

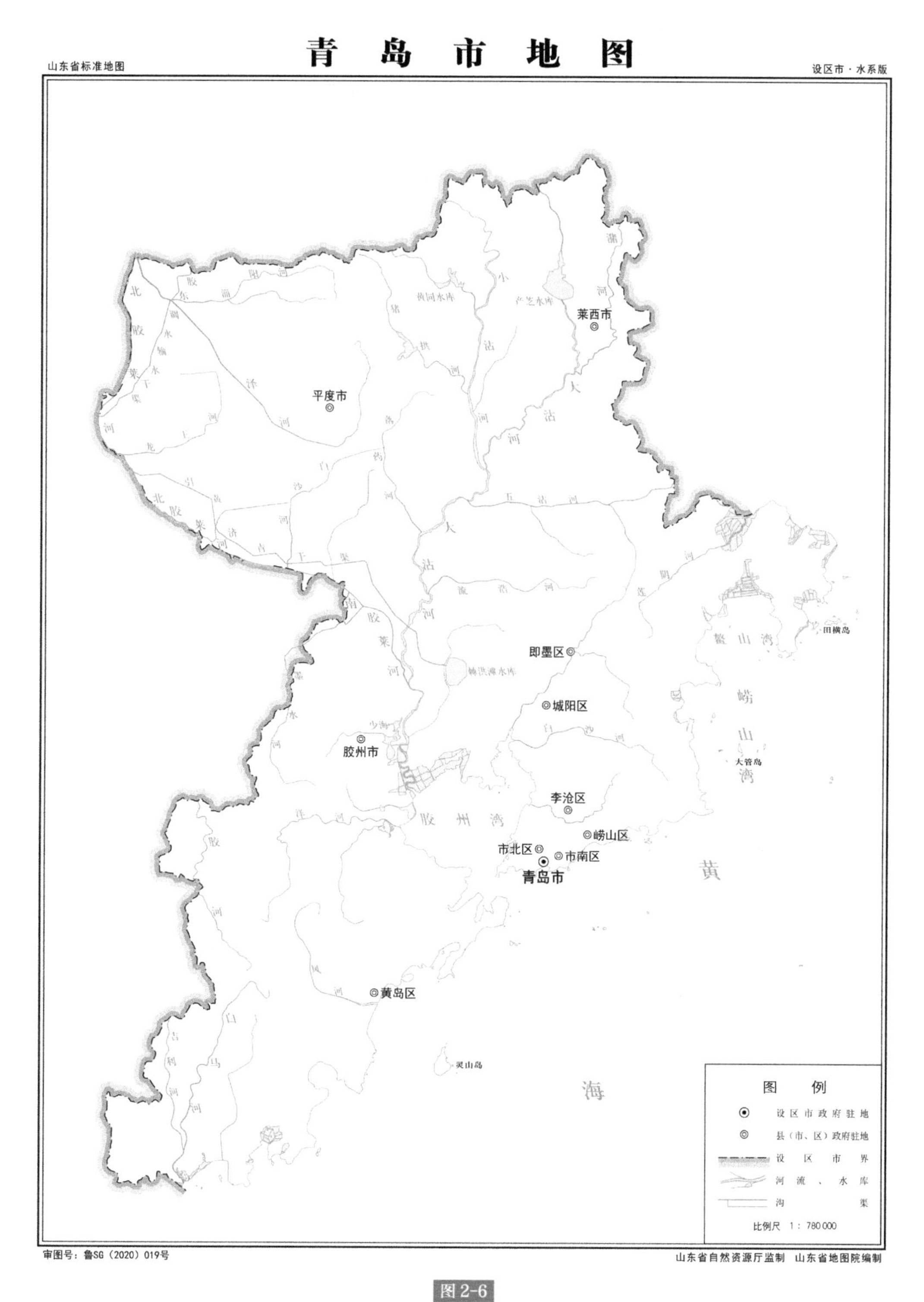

图 2-6
青岛市水系分布图

[审图号：鲁SG（2020）019号]

平度市新编暴雨强度公式如下：

$$q=\frac{2853.142\times(1+0.997\lg P)}{(t+15.524)^{0.809}}$$

莱西市新编暴雨强度公式如下：

$$q=\frac{2007.608\times(1+0.984\lg P)}{(t+9.895)^{0.741}}$$

式中 P——设计重现期，a；

q——设计暴雨强度，L/(s · ha)；

t——降雨历时，min。

② 短历时设计暴雨雨型

以芝加哥雨型为基础，利用城市排水管网模拟系统（Digital Water Simulation）中的暴雨快速生成李沧区降雨条件：2年一遇、3年一遇、5年一遇短历时（降雨历时2小时）降雨，雨峰系数r为0.2的降雨历时曲线见图2-7 ~图2-9。

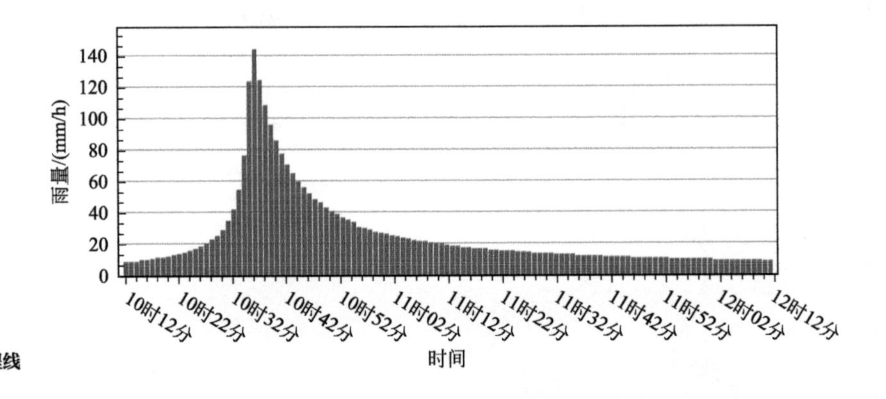

图 2-7
2 年一遇 2 小时降雨过程线

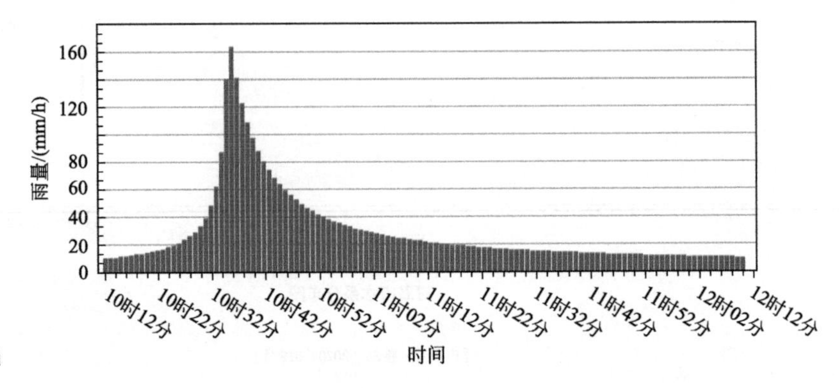

图 2-8
3 年一遇 2 小时降雨过程线

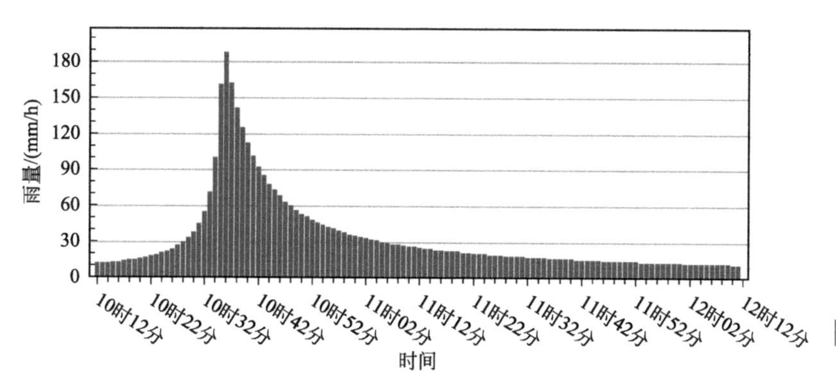

图 2-9
5 年一遇 2 小时降雨过程线

③ 长历时设计暴雨雨型

利用青岛站1966 ~ 2017年降水资料，以5分钟为单位时段，推求青岛市1440分钟设计暴雨雨型（图2-10）。

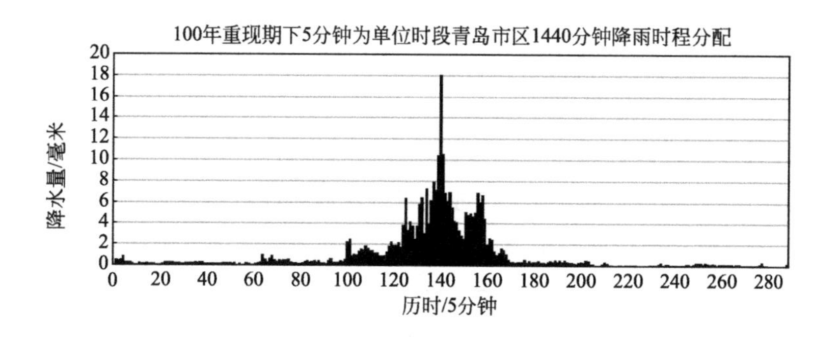

图 2-10
100 年一遇青岛市区 24 小时降雨过程线

④ 年径流总量控制率分析

根据对青岛市近30年的降雨资料分析，得到年径流总量控制率-设计降雨量曲线（图2-11，表2-2）。

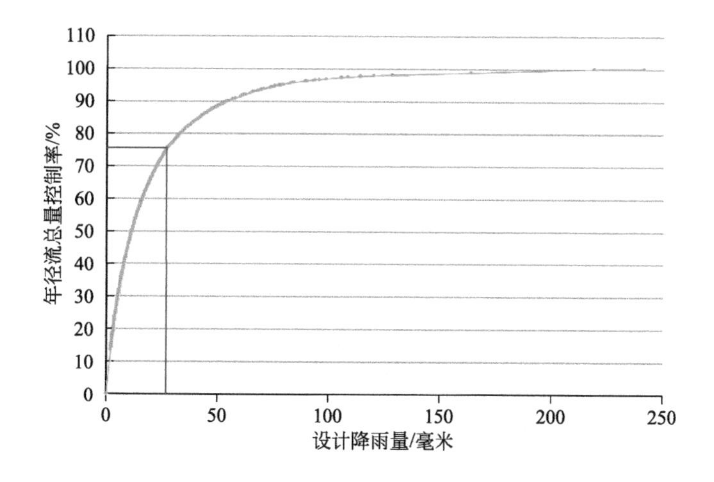

图 2-11
青岛市“年径流总量控制率-设计降雨量”曲线

表2-2 青岛市年径流总量控制率与对应设计降雨量表

年径流总量控制率/%	60	65	70	75	80	85	90
设计降雨量/mm	16.2	19.3	23.2	27.4	33.5	41.4	55.0

2.2 涉水问题困扰青岛的城市发展

青岛的早期城市开发建设缺乏系统性统筹，大量地块开发以牺牲生态环境为代价换取经济效益，忽视了城市品质的传承与提升。城市的无序扩张带来的种种后遗症逐步显现：老城区生态空间被压缩挤占、自然水文循环被破坏、淡水资源严重短缺，城、人、水之间的矛盾日益凸显。

2.2.1 城市生态功能脆弱

城市开发建设和城市空间蔓延不断蚕食林地、湿地、草地等生态用地，经估算，青岛市城市建成区不透水地面约占建成区总面积的56%。大量城市硬化地面阻碍雨水下渗，加快雨水流速，破坏了原有的自然水文循环，造成地表径流量增大，径流峰值提前。同时，硬化地面能够累积垃圾如残渣、重金属、悬浮物等大量污染物，当出现降雨时，这些污染物随地表径流冲刷到河湖等受纳水体，严重影响水质，引发生态景观格局破碎化、生物多样性降低等生态环境问题。

2.2.2 存在城市黑臭水体

青岛市的水系统缺乏整体连通性，存在径流量不足、长期多处断流等问题，其中约35%的城区河道存在硬质化、渠道化问题（图2-12），缺乏自然生态体现。同时，水体、土壤、生物之间形成的物质和能量循环被破坏，城市水生态系统严重退化。

城市快速建设发展产生的雨水径流污染、生活污水排放、工业废水排放等导致城市河道水环境污染负荷已远超水环境容量，河道水质恶化严重。青岛市共有12段河流曾被列入住房和城乡建设部和环境保护部的《全国城市黑臭水体清单》，总长度17.71km，其中湖岛河

图 2-12
建设前中心城区存在的硬质化河道

（兴隆路-湖溪路段）和楼山河（重庆中路-入海口段）为重度污染，总长度3.19km（图2-13，图2-14）。

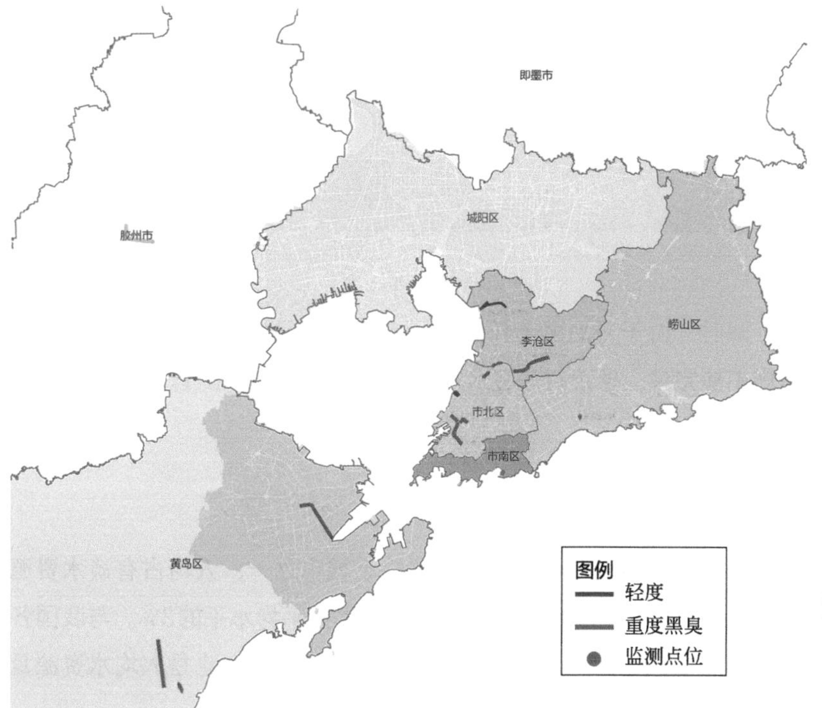

图 2-13
青岛市中心城区黑臭水体分布图

图 2-14
建设前中心城区存在的水污染问题

2.2.3　存在局部城市内涝问题

由于青岛市老城区排水系统很多是早期建设的，存在设施老旧破损、设计容量不足等问题；市南区、崂山区原有青岛河、浮山河、麦岛河等部分季节性河流、冲沟、水塘因城市开发建设或被改为暗渠，或被填埋侵占，造成城区雨季排水不畅，部分地段严重积水，中心城区存在道路积水点约98处（图2-15）。

图2-15

建设前存在小区客水入侵（左）、道路积水（右）问题

同时，由于青岛属于丘陵地形，部分老旧小区对外部客水的控制措施不够完善，导致雨季客水入侵，严重影响居民出行。

2.2.4　严重依赖外部水源

青岛市是我国北方水资源严重缺乏城市之一，人均占有淡水资源量247m^3，是全国平均值的11%，不足世界平均水平的3%。与我国各大先进城市相比，青岛的人均水资源量偏低，青岛也是人均水资源量最少的沿海计划单列市。

同时，由于青岛市降雨70%集中在汛期，且区域性差异极大，导致水资源挖潜难度大，开发成本高。目前，青岛市供水水源多来源于引黄济青、南水北调等外调水源，对外部水源依赖度较高（图2-16）。

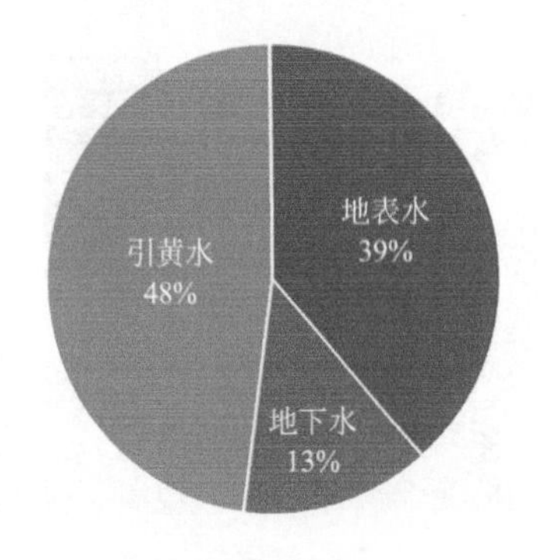

图2-16

青岛市中心城区供水水源分类图

2.3　青岛海绵城市建设的初心和使命

日益凸显的人水矛盾和水环境污染、水资源短缺等问题，种种现实压力使青岛认识到城市发展必须要转型。海绵城市建设理念既是对古人“天人合一、道法自然”理念的传承，也是顺应党中央、国务院为适应国家新型城镇化建设的要求，通过海绵城市建设能够有效推动城市经济稳定增长，增加公共产品供给，营造城市宜居环境，加快城市建设发展方式转型。

2016年4月，青岛市入选第二批国家海绵城市建设试点，市委、市政府非常重视试点机遇，积极推进各项工作，将海绵城市建设作为践行生态文明与绿色发展的主要载体，推进新型城镇化发展的有效途径，建设和谐宜居家园的重要支撑，建设“水生态良好、水安全保障、水环境改善、水景观优美、水文化丰富”的宜居青岛。

2.3.1　借助海绵城市转变城市发展思路

（1）推动生态文明建设，实现绿色发展

党的十九大报告中明确提出坚持人与自然和谐共生，将生态文明建设作为中华民族永续发展的千年大计。青岛过去的无序扩张与高强度开发带来的种种涉水城市病已经逐渐显现，海绵城市建设是破解青岛目前存在的城市涉水病的有效途径。借助海绵城市建设，青岛转变传统发展思路，按照系统化思维统筹山、水、林、田、河、湖、草生态格局，构建多层次、网络化的生态体系，将海绵城市建设理念融入城市开发建设过程，实现环湾保护、生态兴市，重新构建人水和谐的宜居青岛。

（2）提升城市人居环境，扩大生态供给

党的十九大报告提出坚持以人民为中心的发展思想，抓住人民最关心、最直接、最现实的利益问题。青岛老城区公园绿地、公共休闲空间缺乏，存在部分水体黑臭的现象，城市面貌和环境品质已经不能满足青岛市民对更加美好生活的期望。在海绵城市建设过程中，青岛市抓住海绵城市建设试点契机，对老旧城区进行整体建设、修复、改造、升级，增加公园绿地面积和公共休憩空间，统筹解决道路破损、车位紧缺等百姓最关心的问题，整体提升城市品质，全面突显民生优

先的理念，让老百姓有获得感和幸福感。

（3）供给侧结构性改革，促进产业发展

党的十九大报告中提出了深化供给侧结构性改革的战略任务，青岛市结合自身实际，创新体制机制，将海绵城市建设作为推动供给侧改革的抓手，探索“全域统筹、以人为本、四化同步、生态文明、文化传承”的新型城镇化发展模式；依靠海绵城市建设需求推动新型产业的发展，推动本地设计、施工、设备等传统行业“海绵化”，逐步形成海绵产业链，推动新时期城市发展方式的顺利转型。

2.3.2 建设人水和谐的“海绵青岛”

远期到2030年，青岛市继续深入扩大海绵城市建设范围，实现城市建成区80%以上面积达到海绵城市建设要求。各新区、开发区以及各类园区全面落实海绵城市建设要求，尤其是政府投资建设的公共建筑、市政道路、公园绿地、河道水系等公益性项目率先落实海绵城市理念，建成一片达标一片。老城区结合城市更新、老旧小区改造等建设计划，以解决城市内涝、黑臭水体治理、非常规水资源利用为突破口，有序推进海绵城市建设全面打造蓝绿交融、人水和谐的海绵青岛。

近期到2020年，在高标准、高质量完成国家海绵城市建设试点区的同时，青岛市实现试点示范和全域建设双推进。一方面总结复制国家试点区建设经验和模式带动李村河流域、中德生态园、胶东国际机场等全市其余重点区域的海绵城市建设，另一方面结合城市建设规划，统筹推进老城区海绵城市建设改造，到2020年，实现全市25%以上城市建成区达到海绵城市建设要求。

2.4 科学选择青岛海绵城市建设试点区

2016年4月，青岛市成为国家海绵城市建设试点城市。作为北方丘陵地区的典型城市代表，在试点申报之初，青岛就对试点区的选址进行了反复推敲和谋划。一方面，海绵城市的试点建设要能够真正地推动区域城市发展理念转型，突出海绵城市建设对生态发展、经济发展、社会发展的系统性带动作用；另一方面，试点区的自然本底条件需要具有典型性、代表性，试点推进过程中总结出来的规划、建设、管理经验要在全市范围，乃至全国范围有较强的可示范、可推广意义。

基于上述因素，青岛经过多次研究和反复谋划，结合城市整体定位和总体规划，依据《青岛市海绵城市专项规划》，以"老城为主、问题优先、流域完整、推广性强"为主要原则，综合考虑自然本底、现状问题、民生诉求、区域发展等实际建设条件，最终选择了在李沧区西北部25.24km^{2}老城区、老工业区，作为青岛市海绵城市建设的国家试点区。这也是全国唯一一个试点区全部位于老城区的北方试点。

2.4.1　老城更新改造的典型性

青岛市近年来基础设施建设迅猛发展，城市面貌日新月异。相比于新城区，老城区逐渐暴露出诸多问题，主要体现为：居住用地的建筑密度高、公园绿地不足、存在黑臭水体，整体环境质量差；配套基础设施、公共服务设施不足，城市布局零乱，整体功能结构不合理。因此，老城区更新改造的需求越来越迫切。

试点区所处的李沧区西北部老城区（图2-17），区域功能结构不合理且南北失衡。北部为青岛传统工业区，在历史上青岛钢铁、红星化工、青岛碱业、国棉八厂等老牌传统企业都曾坐落于此，随着社会经济发展，老旧工业体系转型升级搬离主城区，留下了众多老旧厂房与落后配套基础设施，同时还有众多尚未开发的城中村分布于此；南部为居住区与商业区，开发时间较早，建筑密度高，公共服务设施不足，交通拥堵。

城市总体规划将这片区域确定为未来发展核心区域，因此这里集聚了青岛市老工业区改造、城中村改造、老城区改造等多重建设任务，老城更新重点区的特点突出。

图2-17

试点区老城区风貌

2.4.2 问题需求双导向的紧迫性

青岛市城市发展中的突出问题主要为水环境污染及局部内涝问题。水环境方面，受到雨季面源污染及污水溢流的影响，中心城区部分河段被严重污染，且治理措施偏向于对点源污染物的收集和处理，缺乏系统性的水环境整治措施，水环境质量改善难度大。同时，虽然青岛大部分区域雨水可自然排放入海，中心城区虽无大范围积水，但在老城区仍然存在局部积水内涝问题，这些积水内涝问题大多发生在老旧小区内部或道路低洼处，与居民关系密切，社会关注度高，舆论压力大。

试点区的整体开发强度大，基础设施、公共服务设施整体不足，区域内楼山后河存在黑臭水体问题。同时，区域内的众多老旧小区建设年代较早（图2-18），基本都存在建筑密度高、绿地率低、雨天易积水、配套设施不完善等问题，整体人居环境相对较差，老百姓对于改善居住环境的愿望极为迫切。青岛市按照海绵城市理念全面提升老城区的环境品质，提高城市宜居指数与百姓幸福感，为海绵城市建设的全市域推广打下良好的群众基础。

图 2-18

试点区老旧楼院原貌

2.4.3 流域监测评估的完整性

在划定试点区范围时，既要根据地形地貌特征以及河流水系分布特点，也需尽量与上位规划确定的管控分区一致（或为其二级分区），以确保在统一的汇水分区开展试点建设，方便统筹流域治理，有利于试点效果的监测考核。

根据《青岛市海绵城市专项规划（2016—2030）》，青岛市中心城区被划分为68个海绵城市建设管控分区，试点区范围为其中的17、20、21三个分区（图2-19），由楼山河、大村河、板桥坊河3个相对独立的汇水分区组成，非常有利于海绵城市建设成效的监测、考核与评估。

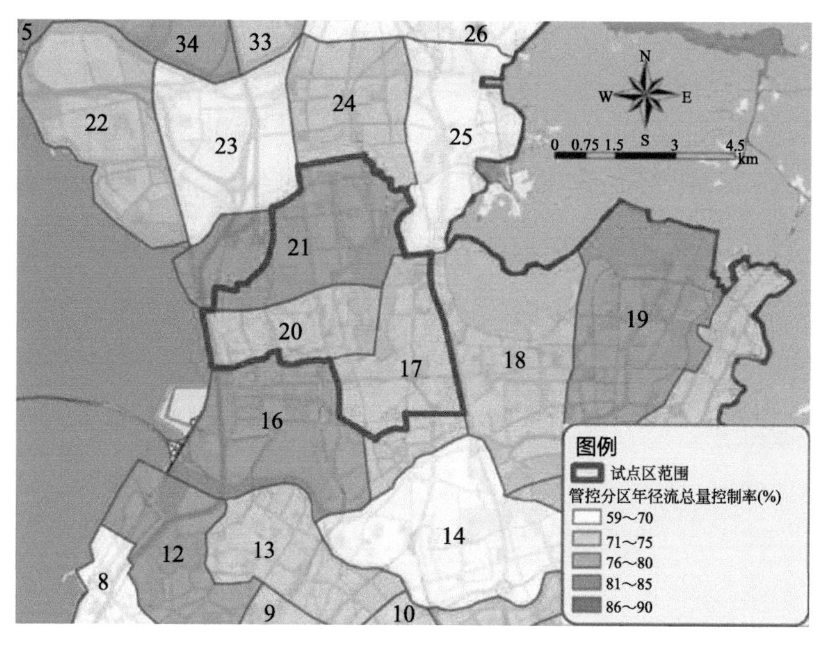

图 2-19

试点区在青岛市海绵城市建设专项规划管控分区中的位置图

2.4.4　北方山海城一体的代表性

试点区地势东高西低，东部为山地，主要有老虎山、卧狼山、楼山等；西部滨临胶州湾，兼具山地、丘陵、平原、海滨等地形，具有典型的北方“山海城一体”海滨丘陵特色地形（图2-20）。同时，试点区濒临胶州湾，兼备大陆季风性气候与海洋气候特点，这种气候条件对于海绵城市设施适宜植物的选择提出了更高的要求，设施的适宜性选择将会与其他气候条件下的城市有所区别，选择这里作为海绵城市建设试点区，将为北方滨海城市的海绵城市建设在技术选择和应用方面提供良好的示范。

图 2-20

试点区海岸线风貌

第二篇

试点科学实践

自2016年4月成功申报成为国家海绵城市建设试点城市以来，青岛市着力在李沧试点区开展海绵城市试点建设。通过三年多的试点建设，试点区按照“海绵+”模式，既解决了水环境污染、水资源不足等涉水问题，同步解决了老城区停车难、公共活动空间不足等民生问题，试点区的整体城市面貌焕然一新。

海绵城市建设试点既带动了李沧区老工业区转型发展，整体提升了城市品质和人居环境，也加深了青岛各级各部门和广大老百姓对于海绵城市理念的认识和理解，为青岛在全市范围内系统化全面推进海绵城市建设进行了有益的探索，打下了良好的基础。

3

试点区基础特征

青岛市海绵城市建设试点区所在的李沧区由原沧口区李村河以北区域和原崂山区李村镇张村河以北区域组成，自古便为商业重地（图3-1）。解放后，李沧区成为以轻纺工业为主的工业区，逐渐成为青岛市化工、橡胶、冶金、机械四大工业的主要生产基地，涌现了如国棉六厂、青岛钢铁厂等一批具有代表性的工业企业，见证了青岛市工业化的黄金时代，成就了岛城的工业文明。

图3-1

沧口码头旧貌

李沧区地处胶州湾东岸的中枢地带，是未来青岛服务区域的重要陆路交通枢纽、商贸商务中心，也是未来建设青岛城市副中心的重要战略节点，是未来企业环保搬迁、宜居新城建设、承接人口疏解、均衡公共服务资源配置以及生态城市建设的重点区域，是青岛市推进“环湾保护、拥湾发展”战略的重要推动力量。

3.1 大陆季风和海洋气候兼备

(1) 降雨时空分布不均

试点区多年平均降雨量为709mm，降雨年际变幅大，时空分布不均。最高年降雨量为1353.2mm（2007年），最低年降雨量为407mm（1992年），最大年降水量是最小年降水量的3倍多。降水多集中于汛期（6 ~ 9月），约占全年降水量的70.5% ~ 75.4%。其中7 ~ 8月份降水量约占全年降水量的47.6% ~ 54.3%，而7 ~ 8月份的降雨又往往集中在几次暴雨之中（图3-2）。

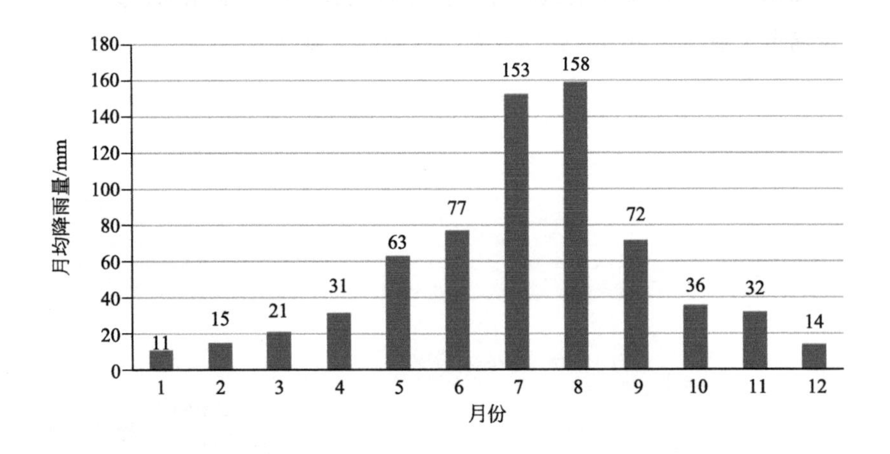

图3-2

试点区多年月均降雨量

这种年降雨量偏少且分配不均的降雨条件，对植物生长有一定的限制作用，需要种植耐旱耐淹的植物。因此，在海绵城市建设过程中，低影响开发措施的选择，尤其是绿色设施的选择，需要具有一定的针对性。

(2) 科学选择降雨典型年

按照多年年降雨量作为寻找典型年的参数，为水环境容量、水资源利用等选择具有代表性的年降雨过程作为典型年。通过对青岛大监站1984年1月1日至2013年12月31日逐日降雨量监测数据的统计分析，根据年降雨量、各类强度降雨分布、月降雨量峰值和年份趋势等因素的权重和排名打分结果综合分析后，选取2012年为典型代表年。2012年全年降雨量为633mm，降雨量主要集中在7、8月份，两个月份降水量均超过了150mm，约占全年降水量的56.7%，具体降雨量分布见图3-3。

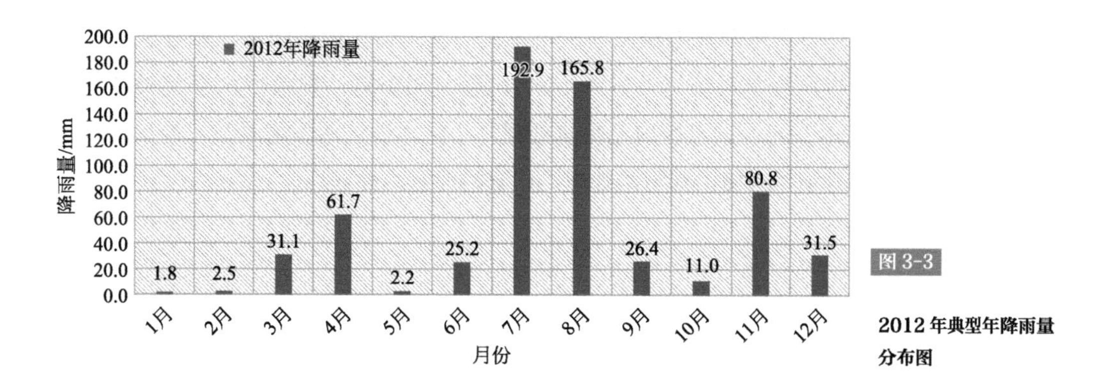

图 3-3

2012 年典型年降雨量分布图

3.2　雨污分流的排水体制

试点区排水体制为分流制排水体制。其中，雨水系统属于楼山河雨水系统（楼山河、板桥坊河汇水分区）和李村河雨水系统（大村河汇水分区）（图3-4），现状雨水管道长度约79.5km，暗渠长度约18.1km。试点区内雨水管网较完善，不存在管网空白区。

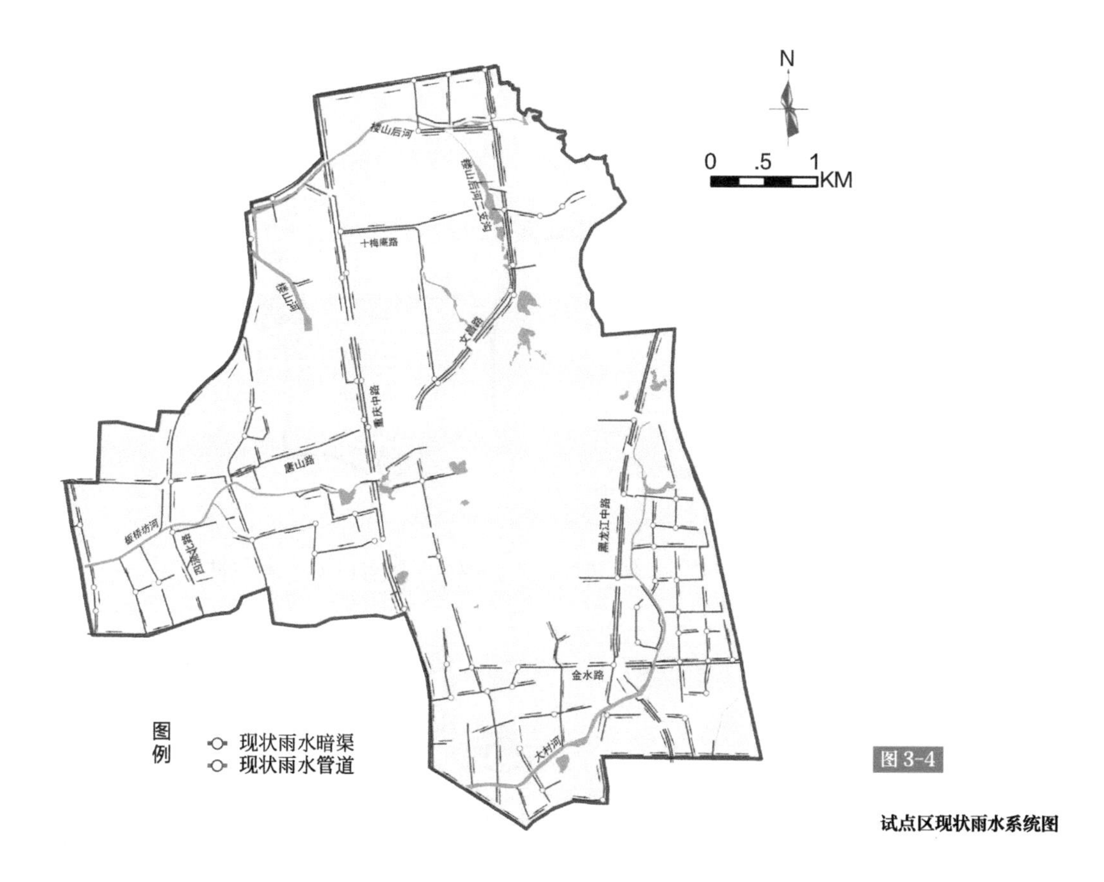

图 3-4

试点区现状雨水系统图

污水系统为楼山河污水系统（楼山河、板桥坊河汇水分区）和李村河污水系统（大村河汇水分区）（图3-5），现状污水管道长度约为80.1km，试点区内无污水处理厂，污水通过沔阳路泵站、沧台路泵站分别排入楼山河污水处理厂和李村河污水处理厂。

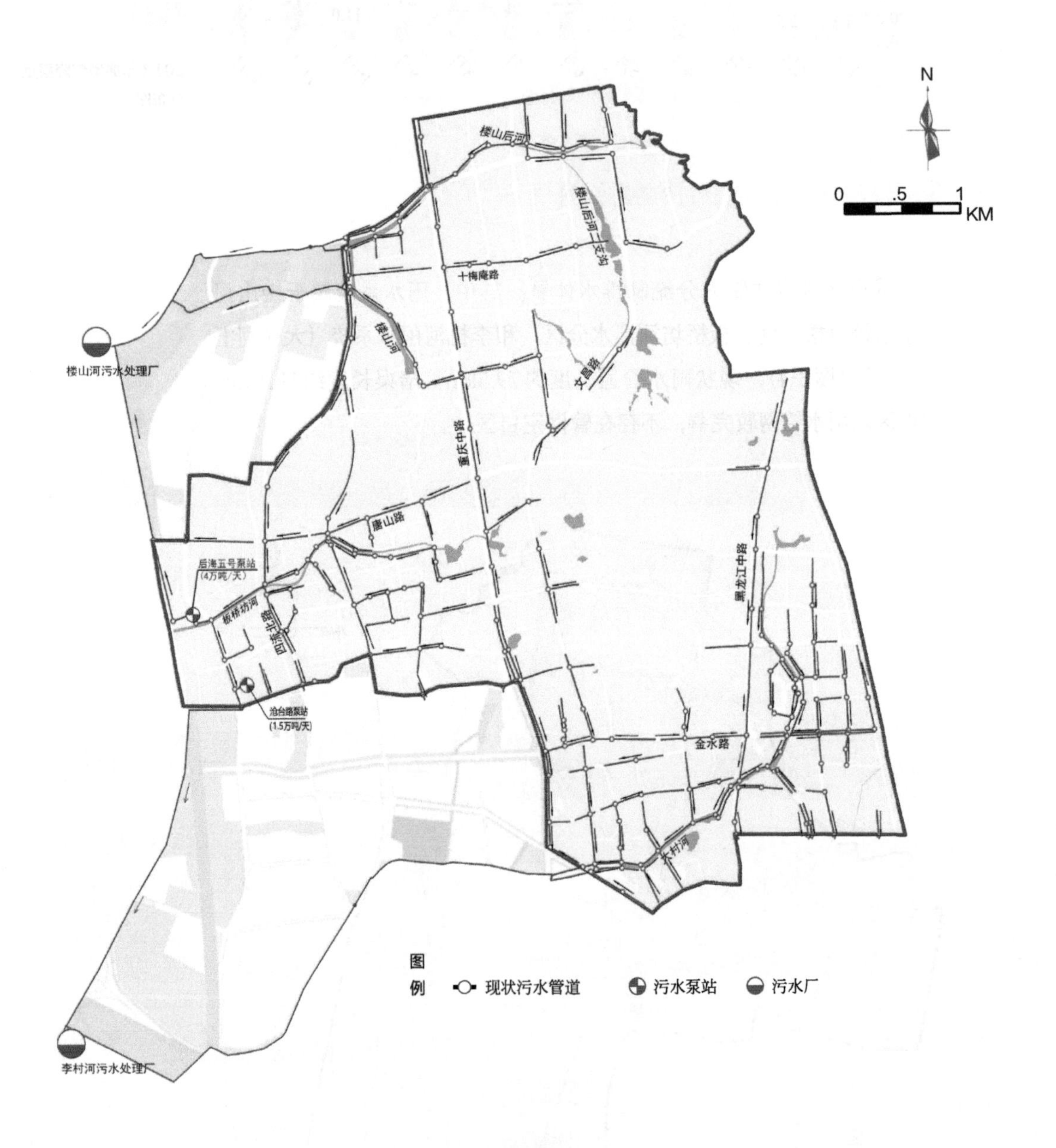

图3-5

试点区现状污水系统图

楼山河污水系统内无集中再生水设施，李村河污水系统内在李村河污水厂有再生水泵站，规模为0.2万m^3/d。李村河污水处理厂一级A出水直接提升后，用于环湾大道两侧绿化浇洒，再生水管线长度约13.03km（图3-6）。

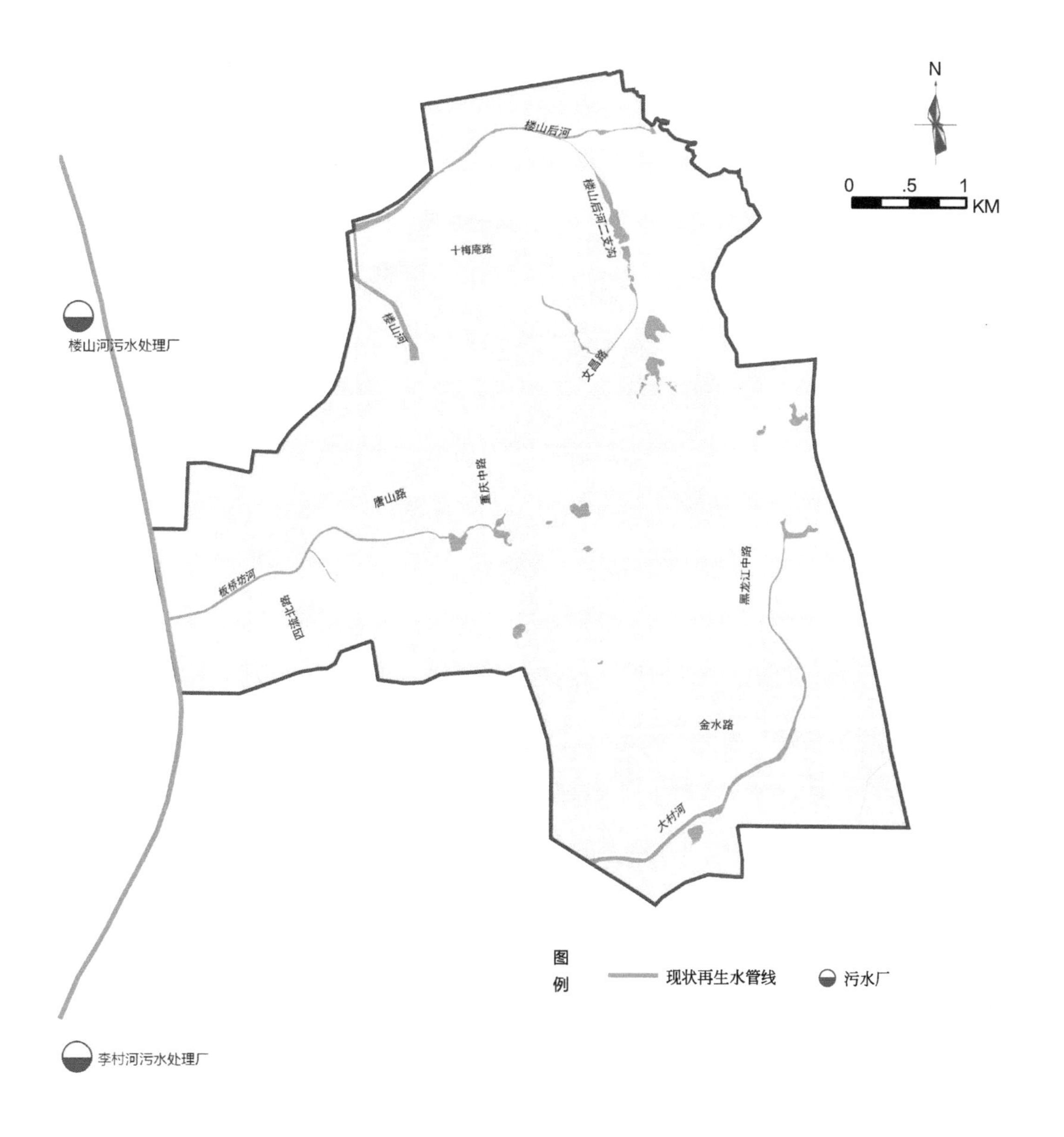

图3-6

试点区现状再生水管线分布图

3.3　土地开发利用强度大

试点区域总面积为25.24km^2，全部为城市建成区，现状用地以居住区、工业厂区、山体为主。东部为老虎山公园，北部为工业区和城中村，南部、西部为居住区（图3-7）。试点区现状用地见表3-1。其中，已按规划建设完成的区域面积约22.24km^2（含老虎山公园等），待拆迁或改造的区域面积约3.00km^2，主要位于北部工业区和城中村。

图3-7

试点区用地现状图

表3-1　试点区现状用地平衡表

序号	类型	面积/km^2	比例/%
1	居住用地	7.92	31.4
2	工业用地	4.19	16.6
3	公共管理与公共服务设施用地	1.26	5.0
4	物流仓储用地	0.21	0.8
5	道路与交通设施用地	2.02	8.0
6	商业服务业设施用地	0.91	3.6
7	公用设施用地	0.16	0.6
8	绿地与广场用地	6.66	26.5
9	其他用地	1.38	5.5
10	水域	0.53	2.0
合计		25.24	100

李沧区规划定位为服务山东半岛地区的铁路及公共交通枢纽、交通商务中心，青岛重要的商贸流通、滨海宜居中心和城市绿色生态休闲中心。根据试点区域控规，区域规划用地面积为25.24km^2，规划用地平衡表见表3-2。用地规划图见图3-8。

表3-2　试点区规划用地平衡表

序号	用地名称	面积/km^2	占城市建设用地/%
1	居住用地	10.58	41.9
2	工业用地	0.49	1.9
3	公共管理与公共服务设施用地	1.28	5.1
4	物流仓储用地	0.07	0.3
5	道路与交通设施用地	3.02	12.0
6	商业服务业设施用地	0.61	2.4
7	公用设施用地	0.53	2.1
8	绿地与广场用地	7.85	31.1
9	其他用地	0.25	1.0
10	水域	0.56	2.2
总计	城市建设用地	25.24	100

图 3-8

试点区用地规划图

试点区城市发展问题

青岛海绵城市建设试点区既是汇集了老工业区改造、城中村改造、老城区改造等多重建设任务的老城更新重点区域，又是兼具北方山地、丘陵、平原、海滨等地形的北方海滨丘陵特色代表地区。

海绵城市建设前，试点区内地表硬化面积超过60%，区域内存在黑臭水体、局部内涝积水等问题，区内老旧小区较多，基础配套设施不足，居住环境相对较差，市民对改善人居环境的愿望十分迫切。

4.1 城市生态格局破碎化

（1）城市硬化率高

依据遥感影像图（图4-1），利用ArcGIS空间分析模块对试点区的下垫面情况进行解析，如表4-1。根据下垫面解析结果，建筑屋面占56.8%，道路广场占9.5%，绿地占26.5%，水面占2.0%，裸土占5.2%，综合径流系数为0.61，下垫面硬化率较高，现状年径流总量控制率较低。

表4-1 试点区现状下垫面情况表

类型	面积/km^2	比例
建筑屋面	13.38	56.8%
绿地	7.65	26.5%
水面	0.50	2.0%
裸土	1.30	5.2%
道路广场	2.41	9.5%
合计	25.24	100%

图 4-1

试点区影像图

（2）缺少生态基流

试点区内现状年径流总量控制率较低，降水对地下水补给量较小，区内河道干旱缺水，缺少生态基流见图4-2。

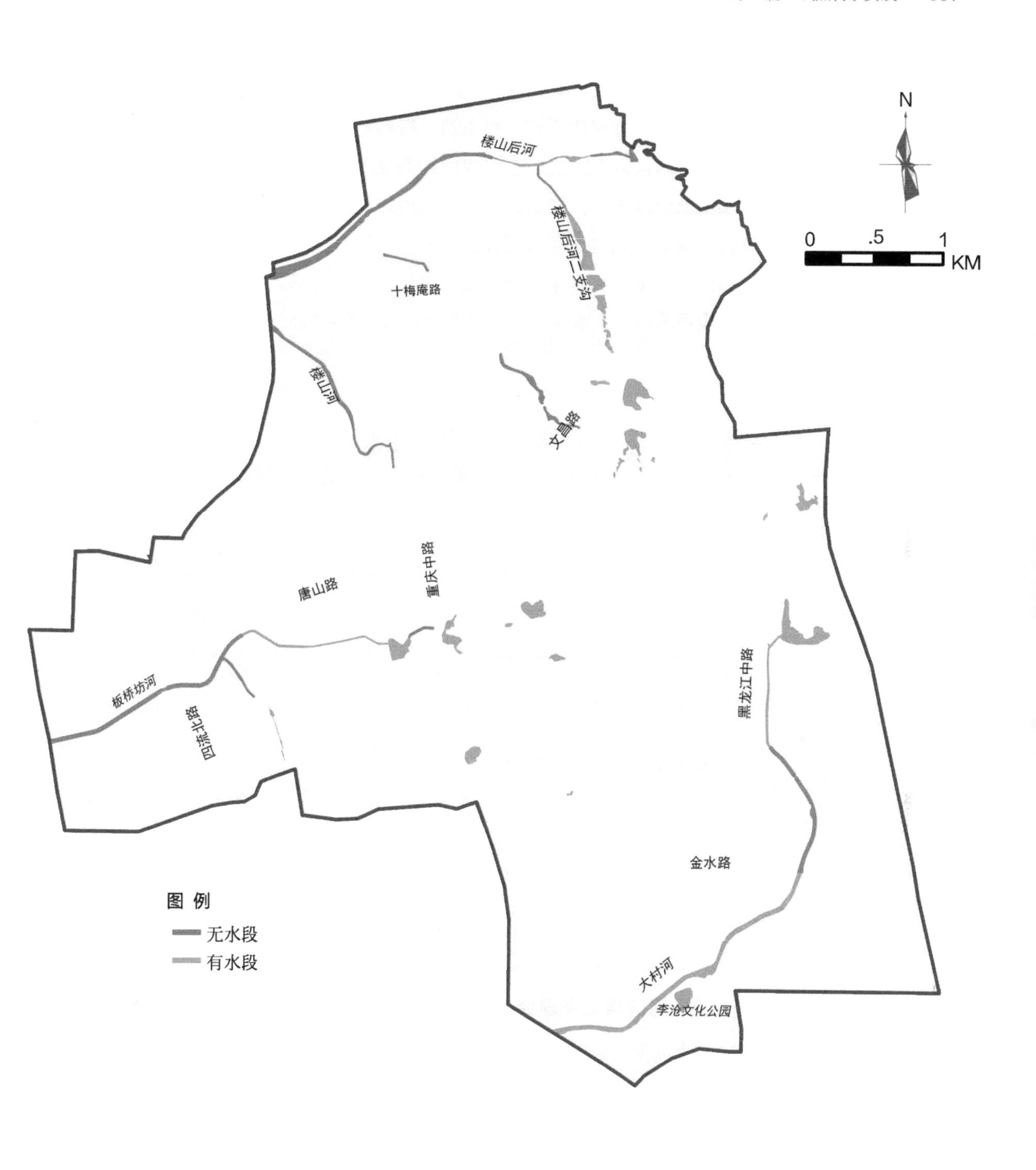

图 4-2

试点区现状河道水面分布图

现场调查显示，除大村河上游的上王埠水库能够进行生态补水外，其他主要河道如楼山后河、楼山河、板桥坊河均缺少生态补水。经过测算，试点区内三大流域有水河段比例仅为37%，其中，楼山河流域中楼山河全段无水，楼山后河有水河段占比为20%；板桥坊河有水河段占比36%；大村河有水河段占比80%。河道没有生态基流，无法维持河流基本形态和基本生态功能，水体丧失自净能力，进而造成河流水环境容量降低、水体环境恶化等一系列生态环境问题（表4-2）。

表4-2 试点区现状河道水面信息一览表

流域	有无水河段	长度/km	占比
楼山后河（包括支流）	有水河段	1.05	20%
	无水河段	4.15	80%
	合计	5.20	100%
楼山河	有水河段	0	0%
	无水河段	1.35	100%
	合计	1.35	100%
板桥坊河	有水河段	1.06	36%
	无水河段	1.89	64%
	合计	2.95	100%
大村河	有水河段	3.45	80%
	无水河段	0.85	20%
	合计	4.30	100%

（3）河道渠化问题突出

试点区内河道硬质化情况严重，硬化和渠化的砌筑堤岸过于单一，切断了地下水的补给通道，破坏水生态平衡，降低水体自净能力。试点区内现状生态岸线分布情况见图4-3。

通过现场调查，试点区内现状驳岸情况为：试点区内楼山河下游、楼山后河（湾头馨苑~入海口段）、楼山后河一支流下游段，楼山后河二支流下游段、板桥坊河（四流中路~入海口，该段为感潮河段，长度约0.9km）、板桥坊河（永平路~永平路支流）、永平路支流全段、大村河（金水路~黑龙江路）均为硬化石砌驳岸，全长约5.95km。

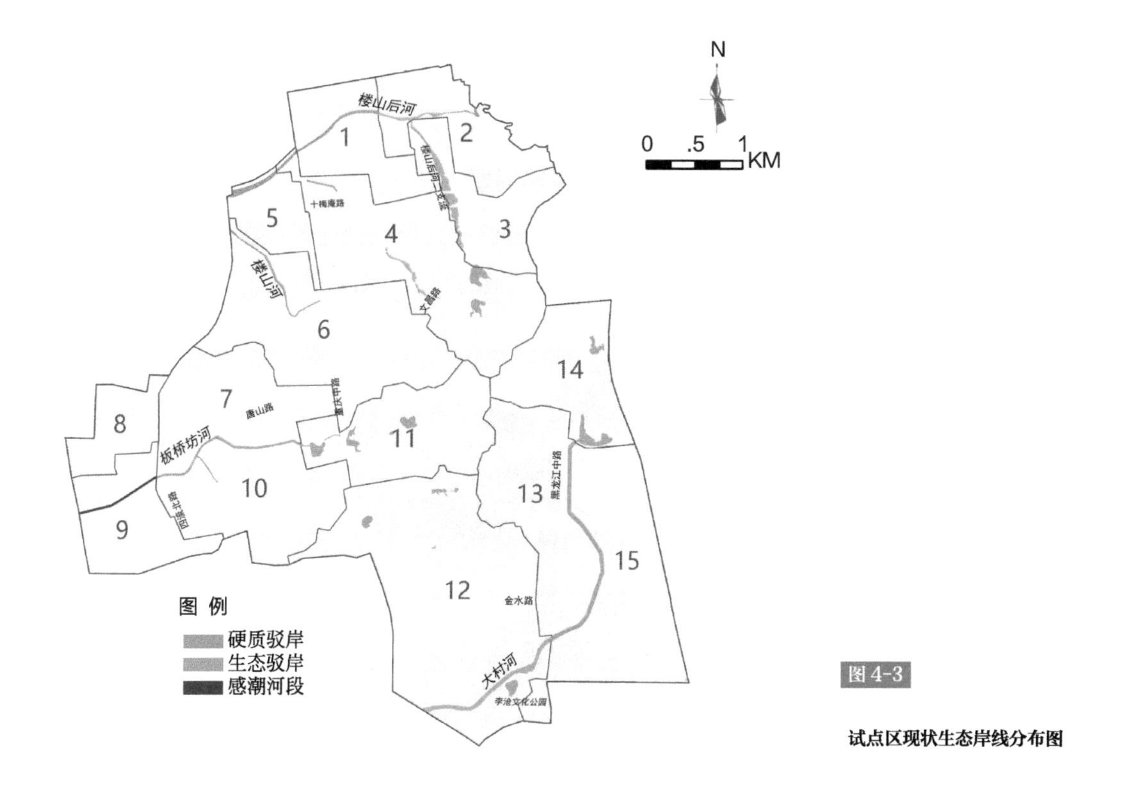

图4-3

试点区现状生态岸线分布图

试点区内现状河道总长度为12.9km（不含感潮河段），生态驳岸（单侧）总长度为7.85km，整体生态岸线比率为61%，见表4-3。

表4-3　现状河道岸线信息一览表（不含感潮河段）

流域	驳岸形态	岸线（单侧）长度/km	占比
楼山后河	硬质驳岸	2.35	45%
	生态驳岸	2.85	55%
	合计	5.20	
楼山河	硬质驳岸	0.40	30%
	生态驳岸	0.95	70%
	合计	1.35	
板桥坊河	硬质驳岸	1.30	63%
	生态驳岸	0.75	37%
	合计	2.05	
大村河	硬质驳岸	1.00	23%
	生态驳岸	3.30	77%
	合计	4.30	

4.2 水质恶化破坏城市形象

(1) 存在雨污混接等问题

试点区内排水体制为分流制，但个别地段存在雨污混接、旱季溢流和污水直排问题，造成河道的污染（图4-4）。

图4-4

试点区内部雨污混接区域分布图

楼山河和板桥坊河流域为青岛市的老工业区，市政路网很不完善，部分片区污水没有出路，存在污水通过沟渠收集排放和雨污混排入河的现象。例如，楼山河流域楼山后村、坊子街村、小枣园村、大枣园村、南岭村等多处村庄生活污水多由明渠收集排放，板桥坊河流域石沟旧村污水下游无出路等，增加了污水收集处理的难度，给水体造成很大污染。大村河沿线依然存大多处污染点源，例如夏庄路、君峰路等地沿河均存在雨污混流入河现象。

对试点区内河道进行排查，共有排水口124个，其中，纯雨水排口94个，污水排口2个，混接排口19个，混接溢流口9个（图4-5）。

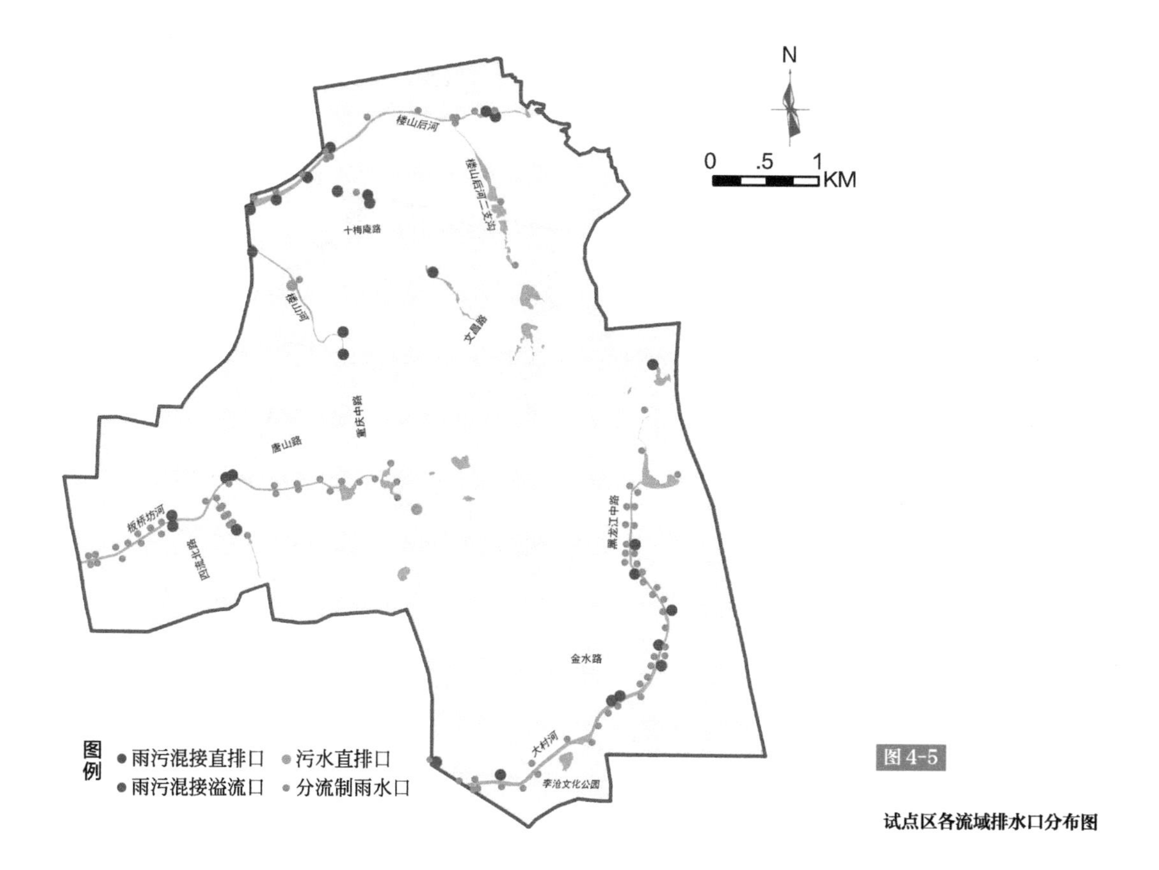

图4-5

试点区各流域排水口分布图

旱天污水出流的排口中，以河道流域进行分类统计，其中，楼山河流域污水排口1个，混接排口11个，混接溢流口2个；板桥坊河流域污水排口1个，混接排口1个，混接溢流口4个；大村河流域没有污水排口，混接排口7个，混接溢流口3个。具体分类统计见表4-4。

表4-4　流域排水口类型统计表

流域	纯雨水口	污水直排口	雨污混接直排口	雨污混接溢流口	合计
楼山河	17	1	11	2	31
板桥坊河	34	1	1	4	40
大村河	43	0	7	3	53
合计	94	2	19	9	124

（2）存在城市黑臭水体

2017年7月10日，在试点区三个流域中选择5个典型检测点位，对试点区内的河道水体背景值进行检测，检测点位分布见图4-6。

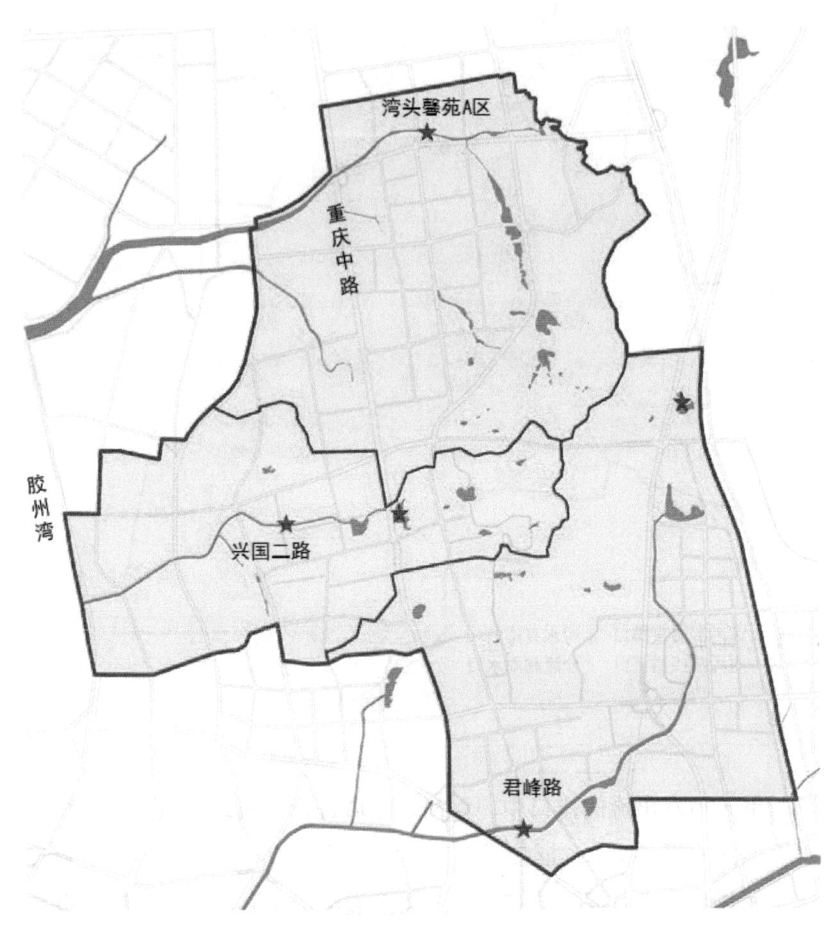

图4-6

试点区河湖背景值检测点分布图

5个点位分别为：楼山后河上游湾头馨苑A区、板桥坊河中游兴国二路、大村河中游君峰路、石沟水库和桃园水库。水质检测情况见表4-5。

表4-5 试点区河湖水质检测值

点位	COD/(mg/L)	水质标准	NH_3-N/(mg/L)	水质标准	TP/(mg/L)	水质标准
楼山后河上游（湾头馨苑）	55.6	劣V类	0.16	Ⅱ类	0.13	Ⅲ类
板桥坊河上游（兴国二路）	66.0	劣V类	1.00	Ⅲ类	0.351	V类
大村河中游（君峰路）	98.5	劣V类	0.51	Ⅲ类	0.197	Ⅲ类
石沟水库	64.7	劣V类	1.74	V类	0.18	V类
桃园水库	65.6	劣V类	0.18	Ⅱ类	0.108	Ⅳ类

根据检测结果，各检测断面COD均为劣Ⅴ类，NH_3-N和TP相对较好。另外，根据2016年2月全国城市黑臭水体整治信息发布平台公布的清单，楼山河（重庆路-入海口段）河道被列为青岛市黑臭水体，为重度黑臭，总长度约为3.3km（图4-7、图4-8）。

图4-7

试点区楼山河黑臭河段

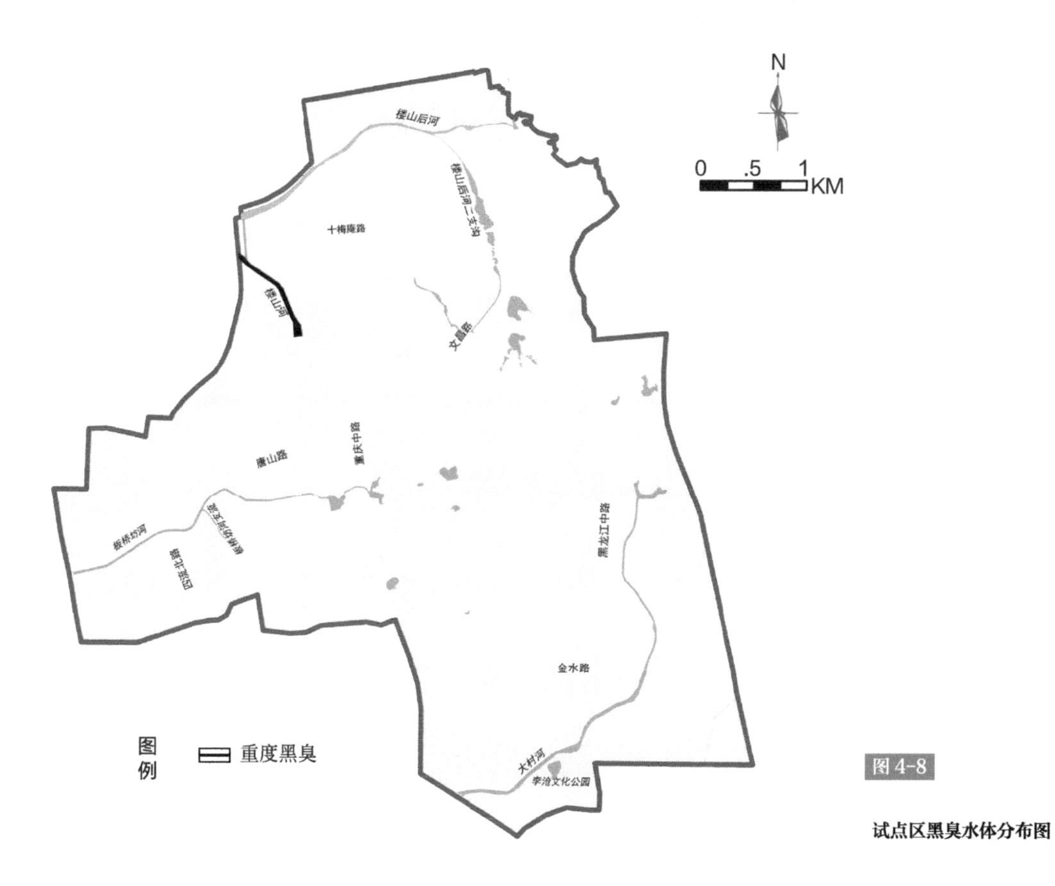

图4-8

试点区黑臭水体分布图

（3）存在河道内源污染

试点区内河道底泥淤积主要分布在楼山后河、楼山河、板桥坊河下游、大村河上游等河段；垃圾堆放主要分布在楼山后河、楼山河、楼山后河二支流及板桥坊河永平路西侧等区域（图4-9 ~ 图4-11）。

图4-9

楼山河流域河道垃圾堆放情况

图4-10

板桥坊河流域沿河垃圾堆放情况

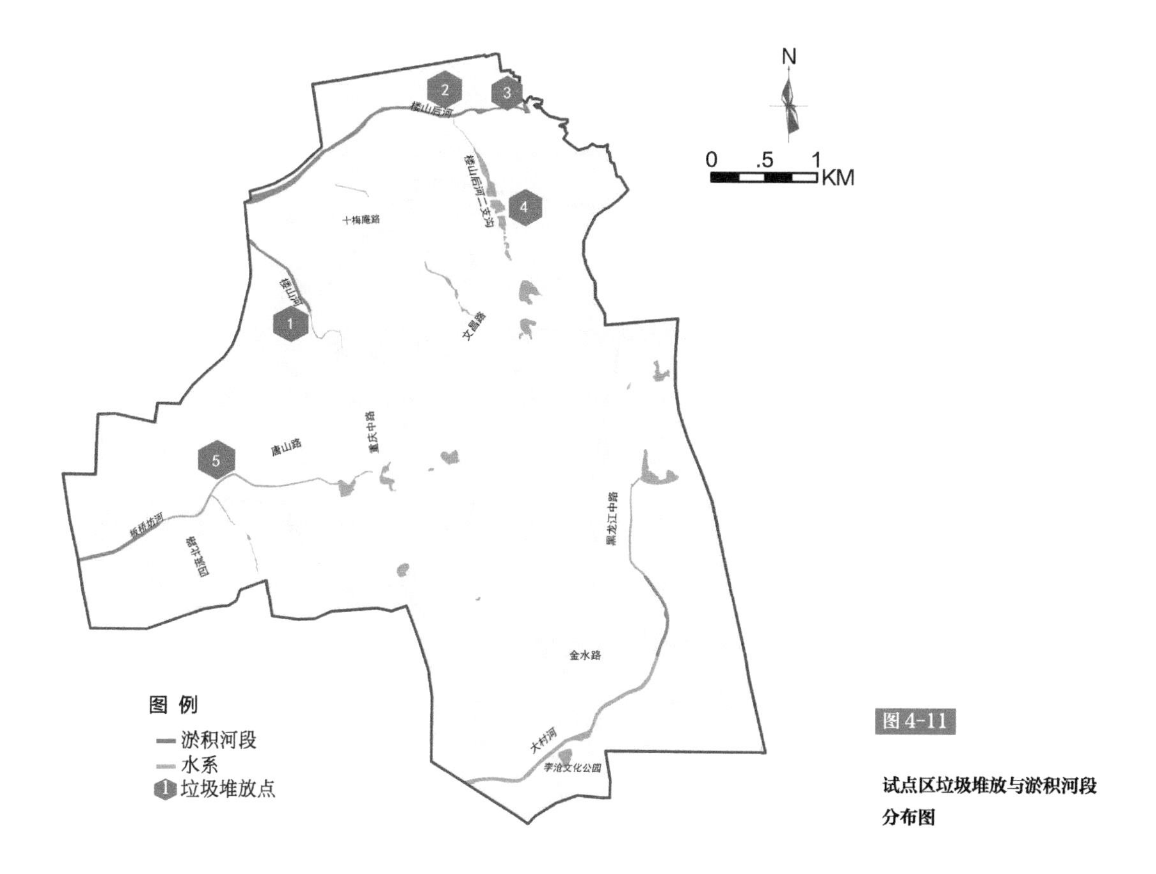

图 4-11

试点区垃圾堆放与淤积河段分布图

4.3 局部积水影响居民出行

目前，试点区内没有内涝点。积水点主要有三处，均为老旧小区内部的积水点，分别为梅庵新区积水点、翠湖小区积水点和湖畔雅居积水点，主要分布见图4-12。

根据实际调查，三处积水点积水深度均小于0.15m，可能会对居民出行产生影响，但不会造成交通堵塞等现象。

4.4 水资源严重短缺

试点区所在李沧区作为青岛市内三区之一，城市人口众多，城市建设与经济发展迅速，使得水资源的供需矛盾问题日益显著。且试点区内水资源开发潜力有限，开发难度大，成本较高。

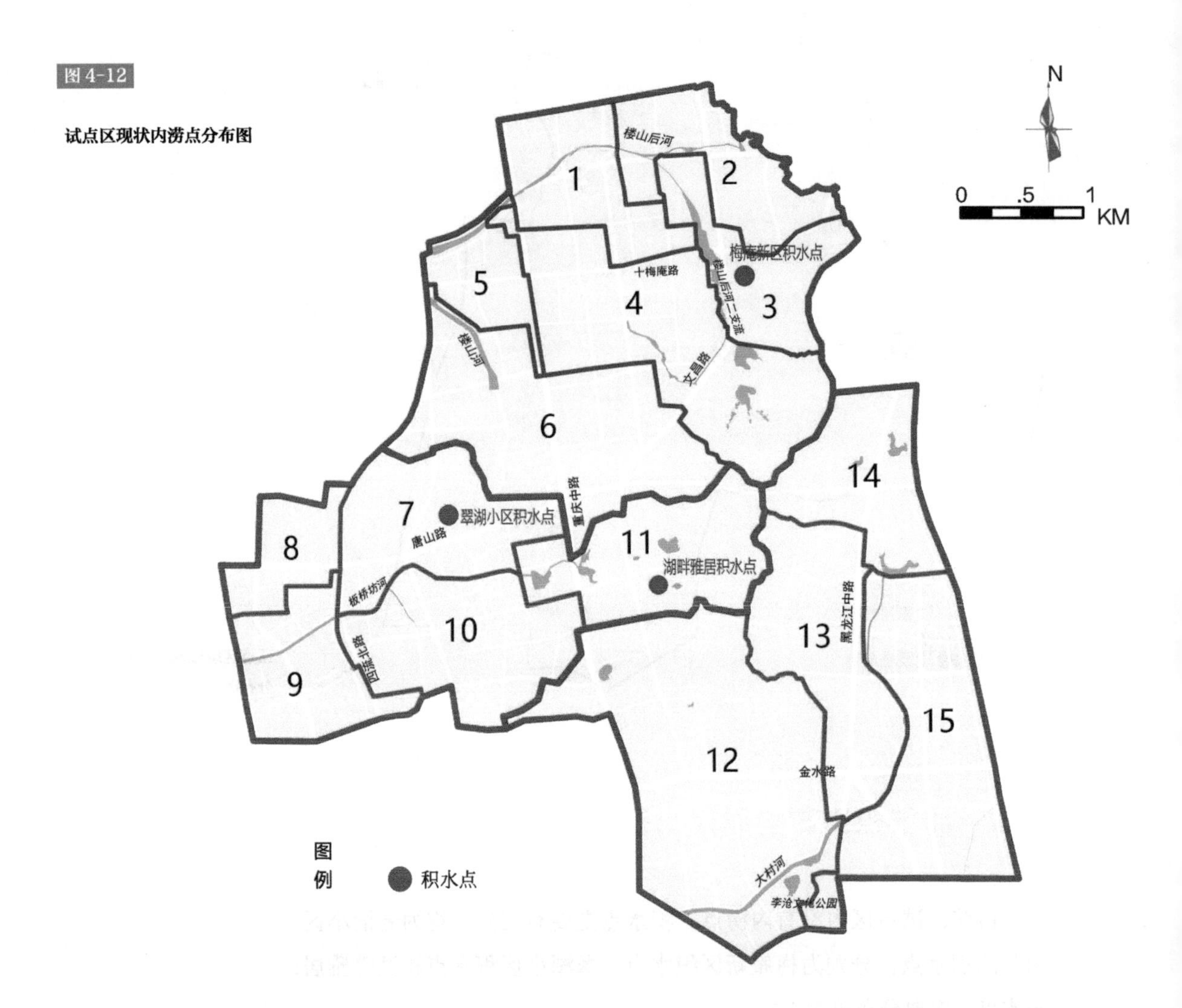

图 4-12

试点区现状内涝点分布图

根据供水规划，试点区所在李沧区规划水源为现有水源、污水厂再生水及海水淡化，供水能力比较紧张，对于非常规水资源利用的需求十分迫切，试点区内雨水资源化利用和再生水利用方面尚有待加强。

5

试点建设目标

5.1 “问题导向”的总体目标

针对试点区全部位于建成区、老城区的现状条件和北方山海城一体的区域特色，为系统性解决试点区涉水问题，消除黑臭水体，恢复自然水文循环，提升城市防灾减灾能力，缓解水资源供需矛盾，结合住房和城乡建设部相关要求及上位规划，试点区的海绵城市建设总体目标为：以城市建设和生态保护为核心，将海绵城市建设理念贯穿于城市规划、建设与管理的全过程，优先解决水体黑臭、防洪内涝等问题，实现“小雨不积水、大雨不内涝、水体不黑臭、热岛有缓解”的海绵城市建设总体目标。

5.2 明确提出各分项指标

海绵城市的建设是一项系统性很强的工作，建设的内容涉及水生态、水环境、水安全和水资源等方面，最终实现对城市降雨的有组织排放，达到对降雨的径流控制、峰值控制、污染控制和雨水资源化利用的目标。试点区海绵城市建设各分项指标见表5-1。

表5-1　试点区内海绵城市建设规划指标

类别	指标	单位	指标值
水生态	年径流总量控制率	%	75
	生态岸线比例	%	92
	水面率	%	2
	地下水埋深变化	—	保持不变

续表

类别	指标	单位	指标值
水安全	防洪标准达标率	%	100
	防洪堤达标率	%	100
	内涝标准	年	50
水环境	地表水体水质达标率	%	100
	初雨污染控制率（以TSS计）	%	65
水资源	雨水资源利用率	%	8
	污水再生利用率	%	30

依据地形地貌、场地高程等自然属性，以及排水管网、河流水系等特征将试点区划分为15个排水分区，将分项指标进一步细分到各排水分区中，见表5-2。

表5-2　试点区内排水分区指标分解表

汇水分区	排水分区	年径流总量控制率/%	生态岸线比例/%	地下水埋深变化	防洪标准达标率/%	防洪堤达标率/%	内涝标准/%	地表水体水质达标率/%	初雨污染控制率（TSS计）/%
楼山河	1	67	100	不变	100	100	50	100	50
	2	68	100	不变	100	100	50	100	56
	3	81	100	不变	100	100	50	100	62
	4	73	70	不变	100	100	50	100	60
	5	65	100	不变	100	100	50	100	59
	6	72	100	不变	100	100	50	100	64
板桥坊河	7	85	87.1	不变	100	100	50	100	78
	8	60	—	不变	100	100	50	100	42
	9	74	—	不变	100	100	50	100	59
	10	75	—	不变	100	100	50	100	63
	11	75	—	不变	100	100	50	100	71
大村河	12	74	100	不变	100	100	50	100	66
	13	86	100	不变	100	100	50	100	77
	14	80	—	不变	100	100	50	100	70
	15	75	—	不变	100	100	50	100	65

注：试点区内水面率总体为2%；雨水资源利用率总体为8%；污水再生利用率总体为30%。

5.2.1 水生态

（1）径流控制指标

住房城乡建设部发布的《海绵城市建设技术指南》将我国大陆地区大致分为五个区，并给出了各区年径流总量控制率α的最低和最高限值，即Ⅰ区（85%≤α≤90%）、Ⅱ区（80%≤α≤85%）、Ⅲ区（75%≤α≤85%）、Ⅳ区（70%≤α≤85%）、Ⅴ区（60%≤α≤85%），其中青岛市为Ⅳ区（70%≤α≤85%），初步确定区域年径流总量控制率为70%≤α≤85%。

根据国务院办公厅《关于推进海绵城市建设的指导意见》（国办发〔2015〕75号）和山东省人民政府办公厅《关于贯彻落实国办发〔2015〕75号推进海绵城市建设的实施意见》（鲁政办发〔2016〕5号）等文件的要求，青岛市年径流总量控制率不低于75%的控制目标。

根据《青岛市海绵城市专项规划（2016—2030年）》要求，青岛海绵城市中心城区的低影响开发雨水系统的年径流总量控制率要求达到75%，对应的设计降雨量为27.4 mm。试点区域涉及管控分区17、20、21，在总体规划层面确定三个分区的年径流总量控制率分别为73%、74%、75%。由于该指标为强制性指标，为保障该指标可达，试点区整体海绵城市建设指标确定为75%。结合各汇水分区本底条件及试点区年径流总量控制率目标，考虑近期改造可行性等因素，确定各汇水分区年径流总量控制率范围为50% ~ 86%，见表5-3。

表5-3 各排水分区年径流总量控制率与对应设计降雨量表

流域	排水分区	面积/ha	年径流总量控制率/%	设计降雨量/mm	年径流总量控制率/%
楼山河流域	1	117	67	20.6	72
	2	107	68	21.4	
	3	120	81	35.0	
	4	241	73	25.4	
	5	62	65	19.3	
	6	261	72	24.5	

续表

流域	排水分区	面积/ha	年径流总量控制率/%	设计降雨量/mm	年径流总量控制率/%
板桥坊河流域	7	162	85	41.4	75
	8	56	60	16.2	
	9	112	74	26.4	
	10	172	75	27.4	
	11	160	75	27.4	
大村河流域	12	409	74	26.4	77
	13	178	86	43.9	
	14	132	80	33.5	
	15	235	75	27.4	
试点区		2524	75	27.4	75

（2）生态岸线恢复

经现场调研和踏勘分析，试点区海绵城市建设前的生态岸线比例为65%，主要分为以下四种类型：

① 不适宜改造河段：板桥坊河下游为感潮河段，不适宜进行生态岸线改造，长度0.9km；

② 现状生态岸线：河道现状即为生态岸线，部分河段由于近年进行过整治，景观与生态效果较好无需改造，另一部分河道近期通过改造对其进行生态修复和景观提升；

③ 近期改造岸线：现状为石砌岸线，规划近期通过工程进行生态改造；

④ 远期改造岸线：部分区域近期无法改造，例如，板桥坊河中游部分河道上方覆有建筑，河道北岸为城中村，近期难以实现岸线改造，中游河段长度0.70km。楼山后河一支流两侧为城中村，近期难以实现改造，河段长度为0.30km（图5-1）。

试点区河道总长度13.8km，除去感潮河段不宜改造外，现有1.0km河段近期不宜改造，综合现状情况，近期不适宜改造河段比例

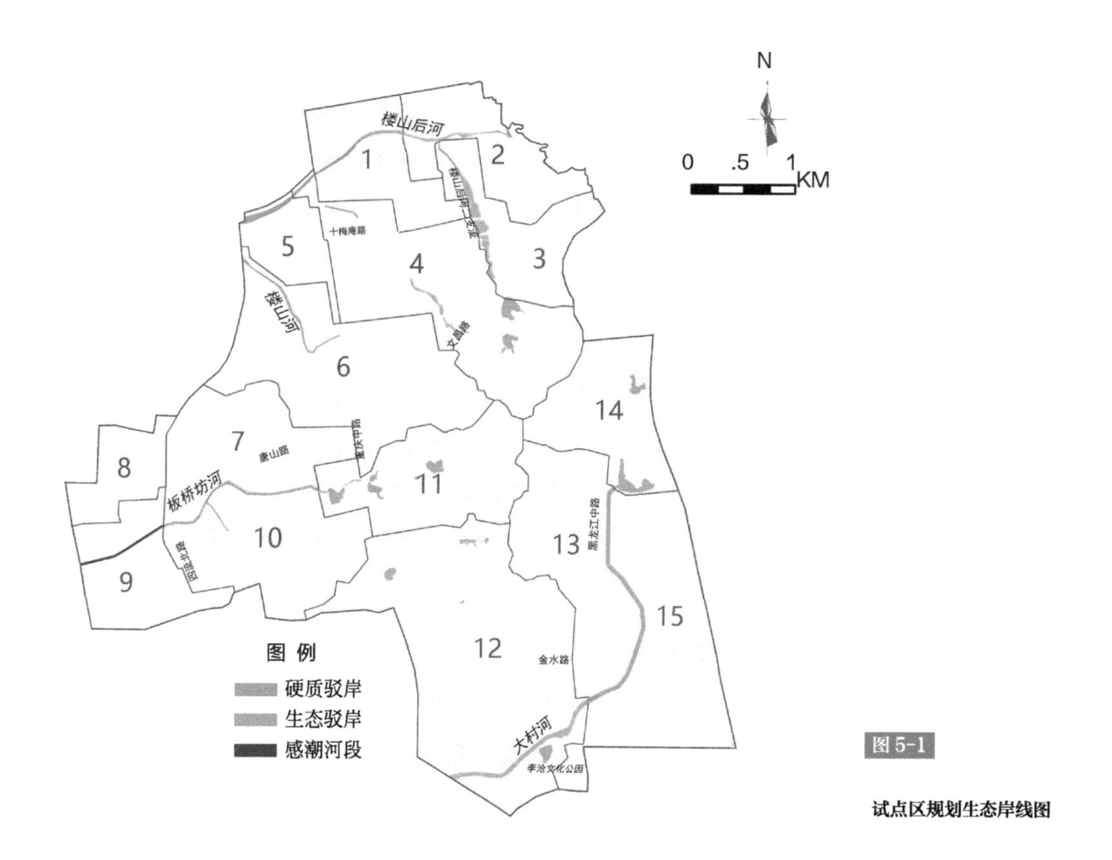

图 5-1

试点区规划生态岸线图

为7.7%，到2020年，试点区生态岸线比例应达到92%以上，与规划目标相符合。

（3）水面率

试点区河道主要为雨源型河道，非雨时段基本干涸，现状水面率为2%，到2020年，试点区水面率不低于现状水面率。各流域水面率目标见表5-4。

表5-4　各流域水面率目标

流域	水面率目标	
	水面面积/ha	水面率/%
楼山河流域	18.0	1.98
板桥坊河流域	12.1	1.83
大村河流域	20.5	2.15
合计	50.6	2.00

（4）地下水埋深

试点区通过海绵城市建设，可以增加雨水的渗、滞、蓄，补充地下水资源。通过监测地下水水位应不低于试点建设前水位，地下水埋深应保持不变，远期逐步回升。

5.2.2 水环境

（1）消除黑臭水体

根据国家《水污染防治行动计划》，青岛市作为计划单列市，市内建成区要于2017年底前基本消除黑臭水体。因此，试点区水环境治理首要目标是通过区域点源、面源污染的控制及河道水环境的治理，实现黑臭水体完全消除。

（2）水质环境标准

根据《青岛市水功能区划》要求，景观娱乐用水区水域应根据实际需要分别执行《地表水环境质量标准》Ⅲ、Ⅳ、Ⅴ类水质标准。其中规定了试点区邻近水域李村河和张村河分别执行Ⅴ类和Ⅳ类水质标准。《青岛市海绵城市专项规划（2016—2030年）》中对于地表水环境改造要求为达到地表水Ⅳ类标准。

试点区内整体河道水环境质量较差，为充分利用海绵城市改造契机，改善现有水环境质量，同时使区域水环境达到较高标准，最终确定试点区楼山河、楼山后河、板桥坊河、大村河等主要河流水质目标为达到地表水Ⅳ类水体标准。

（3）城市面源污染控制

从宏观角度分析，试点区现状面源污染排放量COD为574 t/a，NH_3-N为9 t/a，TP为1.31t/a。试点区水环境容量COD为291.1 t/a，NH_3-N 为14.3 t/a，TP 为2.9t/a。现状面源污染排放量中，COD排放已经远远高出水环境容量。考虑将面源污染排放量削减至水环境容量的水平，所需COD削减率为49%。

从微观角度分析，根据试点区城市不同下垫面的EMC，加权得到试点区面源污染平均浓度值为COD：70.8mg/L，NH_3-N：0.74mg/L，TP：0.15mg/L。试点区目标地表水Ⅳ类标准为COD：30mg/L，NH_3-N：1.5mg/L，TP：0.3mg/L，考虑将COD削减至地表水Ⅳ类标准，需要面源污染COD削减率为58%。

综合以上分析，试点区污染物削减率不宜低于58%，同时结合《青岛市海绵城市专项规划（2016—2030年）》的要求，确定试点区水环境污染物（以SS计）去除率到2020年达到65%以上。

结合各汇水分区本底条件及试点区面源污染削减率目标，考虑近期改造可行性等因素，确定各汇水分区面源污染削减率范围为20% ~ 78%，试点区面源污染削减率指标按各汇水分区面积加权为65%，见表5-5。

表5-5　各排水分区面源污染削减率指标

流域	排水分区	面积/ha	年径流总量控制率/%	面源污染削减率（以SS计）/%	面源污染削减率（以SS计）/%
楼山河流域	1	117	67	50	59
	2	107	68	56	
	3	120	81	62	
	4	241	73	60	
	5	62	65	59	
	6	261	72	64	
板桥坊河流域	7	162	85	78	67
	8	56	60	42	
	9	112	74	59	
	10	172	75	63	
	11	160	75	71	
大村河流域	12	409	74	66	68
	13	178	86	77	
	14	132	80	70	
	15	235	75	65	
试点区		2524	75	—	65

（4）其他指标

到2020年，通过海绵城市建设，试点区内地表水水体水质达标率100%。

5.2.3 水安全

（1）城市内涝防治标准

依据《室外排水设计规范》（GB 50014—2006）（2016年版）中的相关规定，参照《青岛市排水（雨水）防涝综合规划（2014—2025年）》，确定试点区城市内涝防治标准为50年一遇，即发生50年一遇的降雨时，在降雨过程中或降雨停止后30min内道路中一条车行道的积水深度不超过15cm，或居民住宅和工商业建筑物的底层不进水。

（2）城市防洪标准

根据《青岛市城市总体规划（2011—2020）》，试点区域内防洪工程设防等级为二级，实行分区域重点设防。其中，板桥坊河和大村河按照20年一遇标准设防；楼山河、楼山后河按50年一遇设防。

到2020年试点区内防洪达标率为100%。

5.2.4 水资源

（1）再生水利用率指标

根据《青岛市迎接国家节水型城市复查工作实施方案》，试点区再生水利用率应达到20%，同时根据《青岛市城市节约用水综合规划（2012—2020年）》，青岛市城六区远期再生水利用率达到50%。

综合考虑试点区实际情况，确定到2020年试点区再生水利用率指标为不小于30%。

（2）雨水资源利用率

根据《青岛市迎接国家节水型城市复查工作实施方案》，试点区非常规水资源替代率不小于5%，为达到这一目标，需要合理利用雨水资源。同时根据《青岛市海绵城市专项规划（2016—2030年）》，青岛市雨水资源化利用率2020年达到5%以上，2030年达到8%以上。

考虑到试点区的示范作用，同时综合试点区年径流总量控制目标的要求以及水资源供需、城市防洪和低影响开发改造的空间，确定试点区雨水资源化利用率应达到8%以上。

试点建设的总体思路

6.1 科学划分汇水分区

青岛海绵城市建设试点以汇水分区（即流域）为主要对象，汇水分区依据地形地貌、高程等自然属性，按照排水管网、河流水系等特征进行划分。为了在每一个汇水分区内系统性地构建项目体系，再将其细分为排水分区，排水分区划分以管网排水边界为依据，按照河道上、中、下游与支流的汇水情况进行划分。同时为了方便管控，每个排水分区的面积不宜过大或过小，且在每个排水分区中均需包含建筑小区、排水管网与排口末端等三要素（图6-1）。

确定排水分区后，在各个排水分区内构建包含“源头减排、过程控制、系统治理”等各类项目的工程项目体系，也为各项目划分了服务区域，项目在其服务的范围内发挥着相应的作用。通过统筹推进项目的建设和实施，综合解决区域内的主要问题。

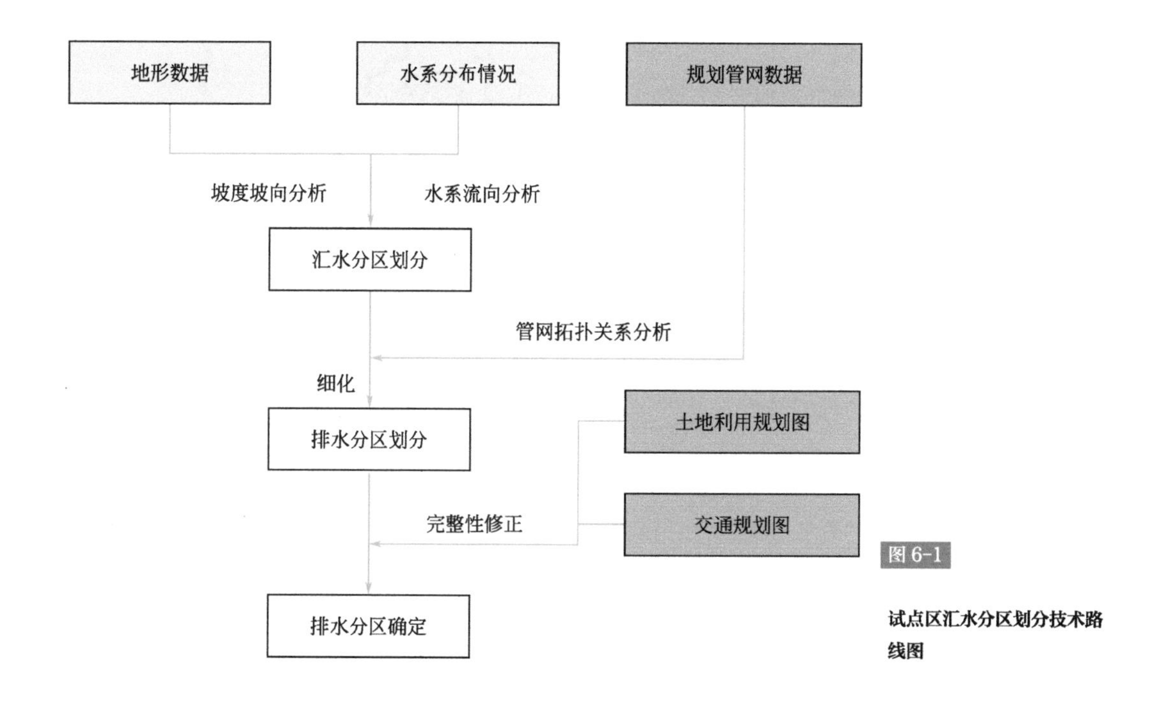

图6-1

试点区汇水分区划分技术路线图

通过数字高程模型（DEM模型）计算、管网布局分析、相关规划校核等方法，综合考虑试点区实际条件，青岛海绵城市建设试点区被划分为楼山河、板桥坊河、大村河3个流域汇水分区，细分为15个排水分区，总汇水面积25.24km^2（图6-2和表6-1）。

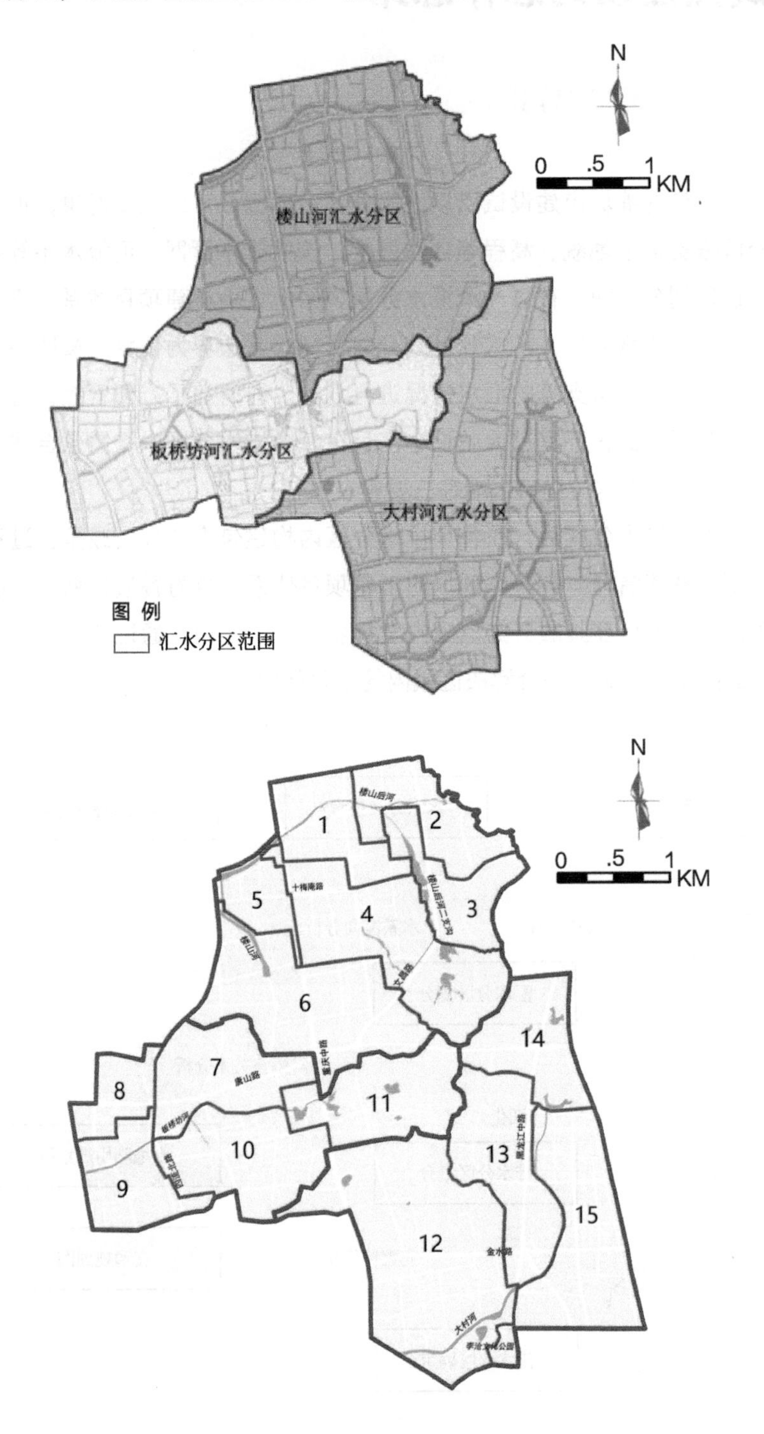

图 6-2

试点区流域汇水分区（上）和排水分区（下）分布图

表6-1　试点区分区情况一览表

序号	汇水分区名称	排水分区编号	排水分区名称	面积/km^2	
1	楼山河 汇水分区	1	楼山后河中游	1.17	9.08
		2	楼山后河上游	1.07	
		3	楼山后河二支流	1.20	
		4	楼山后河一支流	2.41	
		5	楼山后河下游	0.62	
		6	楼山河	2.61	
2	板桥坊河 汇水分区	7	板桥坊河中游右岸	1.62	6.62
		8	板桥坊河下游右岸	0.56	
		9	板桥坊河下游左岸	1.12	
		10	板桥坊河中游左岸	1.72	
		11	板桥坊河上游	1.60	
3	大村河 汇水分区	12	大村河下游	4.09	9.54
		13	大村河中游右岸	1.78	
		14	大村河上游	1.32	
		15	大村河中游左岸	2.35	
合计				25.24	

6.2　系统治理的技术路线

（1）水环境综合治理

青岛海绵城市建设试点区主要通过源头减排、过程控制和系统治理三个方面的工程建设达到提升水环境容量、杜绝点源污染直接排放、基本消除内源污染、最大程度削减面源污染等目标，最终实现了在2017年底消除试点区黑臭水体，在2018年水体水质达到地表水Ⅳ类标准的目标。

水环境综合治理以控源截污为基础，注重源头项目的控制效果。同时，对于源头改造难以完全解决问题的地块，采用过程控制的方式限制污染物入河。在合理的控制污染物入河量后，通过内源治理消除河道底泥污染，通过活水提质与生态修复提升河道的自净能力，构建和谐的水生态系统，最终实现以系统化的手段，解决水环境问题（图6-3）。

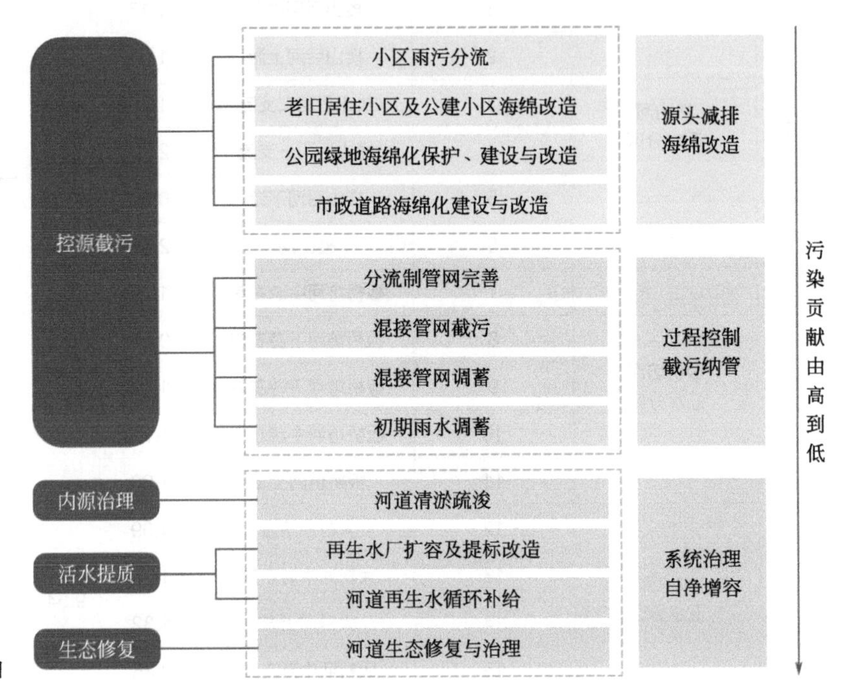

图6-3

水环境综合治理技术路线图

（2）水安全整体提升

由于试点区地势坡度较大，整体地形有利于排水。因此水安全提升方案从实际出发，优先利用现有条件，结合小区改造与道路建设，实现内涝风险削减的目标，同时对重点积水点进行综合整治。以风险评估为主线，以规划标准和内涝模型为基础，通过源头削减就地消纳、排水管渠系统完善及排涝除险三方面措施，合理布局相应工程体系，从本质上防治城市内涝风险（图6-4）。

（3）水资源合理利用

试点区的水资源利用主要包括雨水资源利用和再生水利用两个方面。雨水资源利用方面以源头小区为主，以市政道路、城区河道为辅，主要通过住宅、公共建筑、公园绿地等源头雨水利用设施实现雨水资源的有效利用，并结合区域内的部分初期雨水调蓄池实现雨水综合调控和利用目的。再生水利用方面以城区河道为主，主要通过河道生态补水工程中的再生水管线建设来实现再生水利用（图6-5）。

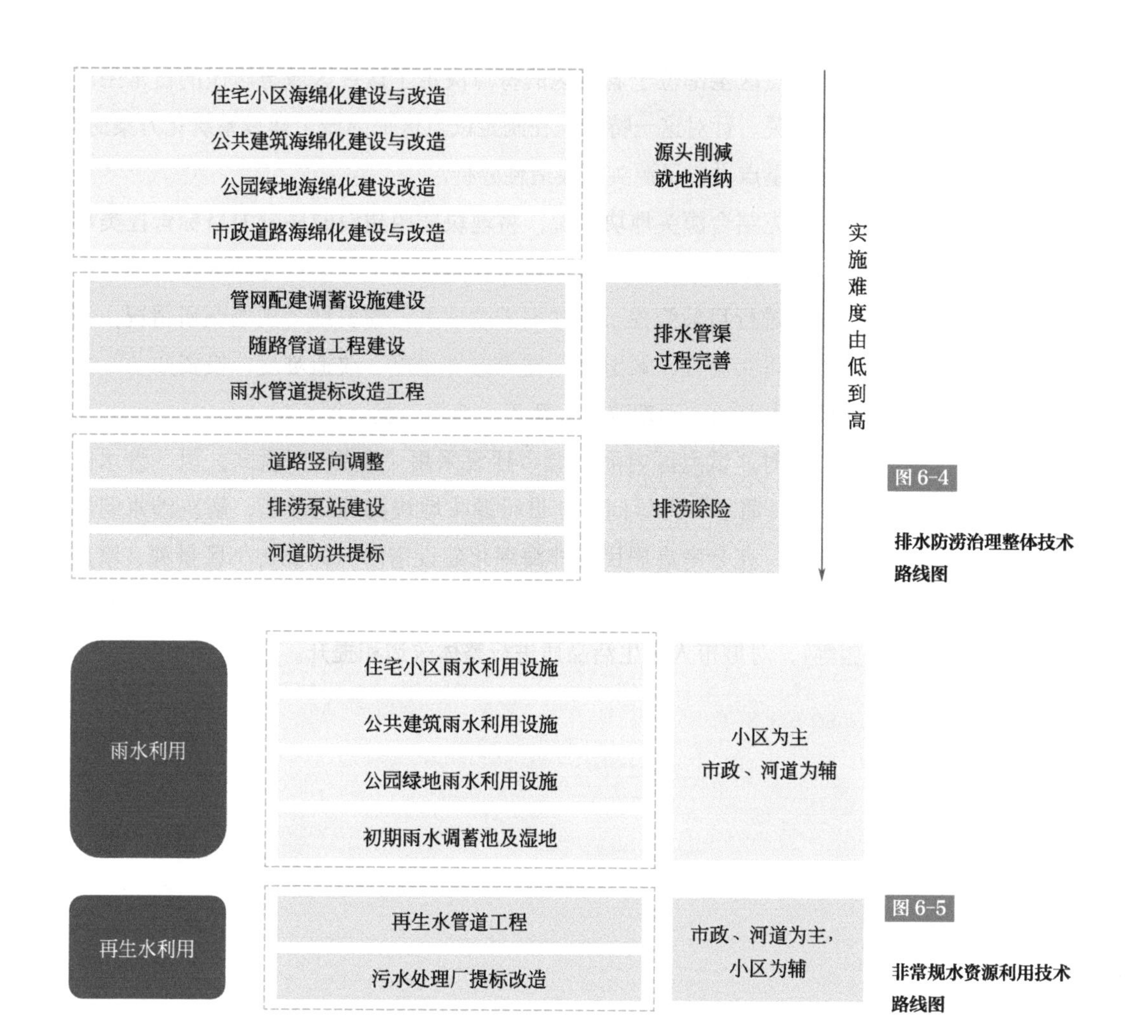

图 6-4

排水防涝治理整体技术路线图

图 6-5

非常规水资源利用技术路线图

6.3 注重源头可改造性分析

海绵城市建设注重解决水生态、水环境、水安全、水资源四个方面的问题，具体问题主要体现在水中，但问题的根源却更多地来自源头地块。源头控制设施建设的意义狭义上是为了落实海绵城市建设理念，体现低影响开发的设计思路，而广义上则是为了解决由源头地块问题导致的一系列涉水问题。

青岛海绵城市建设试点区内老旧楼院普遍建设年代久远，乱搭乱建、绿化圈地等现象严重。同时，老旧小区内部基础设施比较薄弱，雨污水管网和检查井老旧失修，淤积堵塞，部分小区内还缺少居民健身、休闲等娱乐活动空间。

试点区全部位于老城区的特点决定了这片区域与居民的日常生活息息相关。针对这一特点，在制定试点区海绵城市建设系统化方案时，青岛市重点进行了源头可改造性分析。

首先结合源头地块情况，将地块按照建设时序分为目标管控类和规划改造类，目标管控类主要是新建区域或规划拆迁的区域，通过上位规划进行目标管控；针对规划改造类，需要结合现场调研情况，综合考虑可实施性、紧迫性、需求迫切程度、改造难度、投资效益等分为近期可改造、远期改造、暂不改造等三类（图6-6）。

同时，试点区内海绵城市建设采用“海绵+”模式，以“涉水问题+居民需求”为导向，在进行源头地块海绵化改造，解决涉水问题的同时，充分考虑居民的非海绵化建设需求（如优化小区景观、增加停车位、刷新建筑外立面、增加无障碍和照明设施、增加休闲配套设施等），对城市人居生活品质进行整体改造和提升。

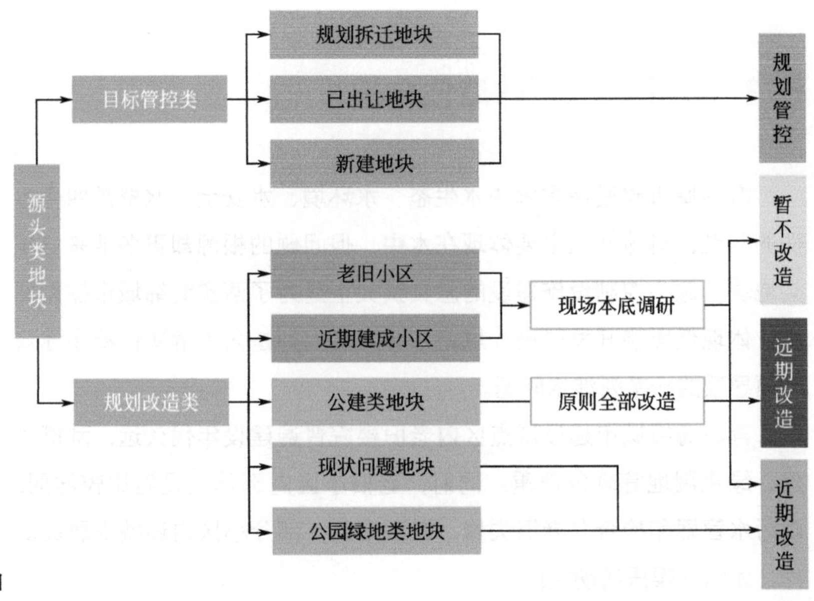

图6-6

源头可改造性分析技术路线图

试点区系统化实施方案

7.1 水环境综合治理方案

7.1.1 控源截污

（1）源头减排

首先是对工业排污进行严格管控。试点区内主要的工业厂区是位于楼山河南岸、四流北路东侧，占地面积13.8ha的红星化工集团（图7-1）。针对该集团工业排污问题，已通过环保督查、环境执法等手段对其进行整顿，计划近期搬迁。

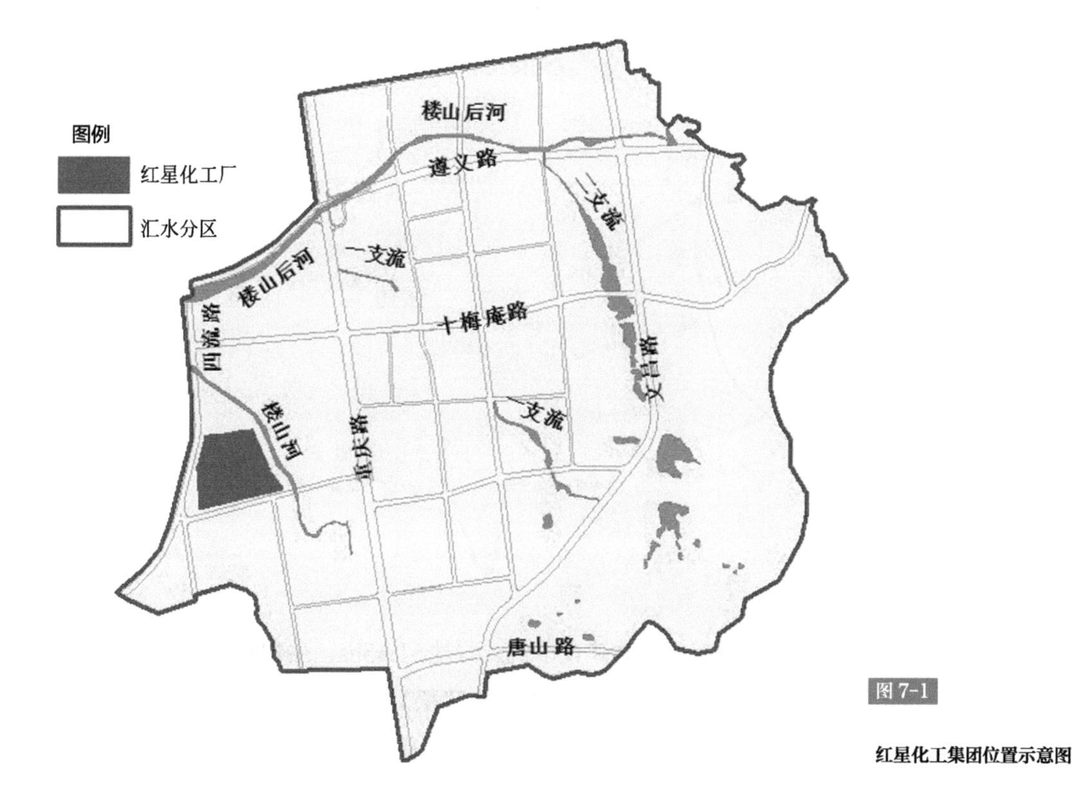

图7-1

红星化工集团位置示意图

其次是通过在建筑与小区、公园与绿地、市政道路等源头地块项目中建设下凹式绿地、雨水花园、植草沟、透水铺装等海绵措施，实现源头的雨水径流控制与面源污染控制，达到地块内部源头减排的效果。

其中，楼山河汇水分区近期地块内部进行源头减排的项目共22项，包括建筑小区、公园绿地、道路广场三大类，改造面积242.4ha（图7-2，表7-1）。

表7-1 楼山河汇水分区源头减排项目类型统计表

项目类型	项目数量	项目规模/ha
建筑小区	15	46.4
公园绿地	5	158.4
道路广场	2	37.6
总计	22	242.4

图7-2

楼山河汇水分区地块内部源头减排项目分布图

地块内部近期共建设下沉式绿地51.55ha，生物滞留设施13.81ha，透水铺装46.65ha，其他调蓄设施容积1629m^3。源头改造工程实施后，楼山河汇水分区年径流总量控制率由41%提高至54%（表7-2）。

表7-2 各子汇水分区源头改造后径流控制率及污染物削减率一览表

排水分区		1	2	3	4	5	6	总计
面积/ha		117	107	120	241	62	261	908
现状年径流总量控制率/%		31	40	61	45	27	39	41
改造后年径流总量控制率/%		36	44	78	61	32	52	54
改造前面源污染量/（t/a）	SS	18.82	28.67	27.25	47.56	17.4	57.4	197.1
	COD	19.2	29.6	26.83	48.46	19.99	47.89	191.97
	NH_3–N	0.37	0.55	0.5	0.91	0.32	1.02	3.67
	TP	0.05	0.07	0.08	0.12	0.05	0.13	0.5
削减量/（t/a）	SS	1.47	1.95	15.33	9.69	8.7	12	49.14
	COD	1.18	1.46	11.19	7.53	6.7	9.1	37.16
	NH_3–N	0.016	0.02	0.14	0.09	0.06	0.11	0.44
	TP	0.002	0.002	0.02	0.01	0.01	0.02	0.06
削减率/%	SS	7.8	6.8	56.3	20.4	50.0	20.9	24.9
	COD	6.1	4.9	41.7	15.5	33.5	19.0	19.4
	NH_3–N	4.3	3.6	28.0	9.9	18.8	10.8	11.9
	TP	4.4	2.9	25.0	8.3	18.0	15.4	12.6

板桥坊河汇水分区近期地块内部进行源头减排的项目共53项，包括：建筑小区、公园绿地、道路广场等三大类，改造面积230.0ha（表7-3，图7-3）。

表7-3 板桥坊河汇水分区源头减排项目类型统计表

项目类型	项目数量	项目规模/ha
建筑小区	45	137.5
公园绿地	2	44.0
道路广场	6	48.5
总计	53	230.0

源头项目共建设下沉式绿地53.56ha，生物滞留设施10.66ha，透水铺装46.59ha，其他调蓄设施3730m^3。源头改造工程实施后，板桥坊河汇水分区整体年径流总量控制率由39%提高至57%（表7-4）。

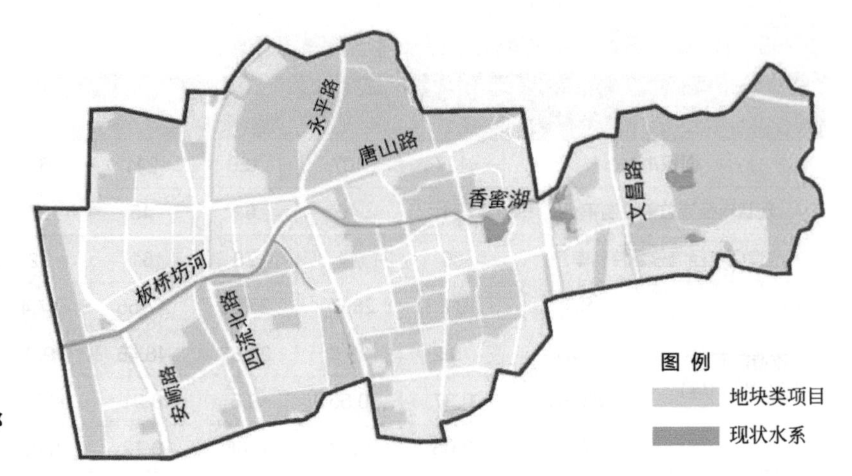

图 7-3

板桥坊河汇水分区地块内部源头减排项目分布图

表7-4　各子汇水分区源头改造后径流控制率及污染物削减率一览表

子汇水分区		7	8	9	10	11	总计
面积/ha		162	56	112	172	160	662
现状年径流总量控制率/%		41	37	31	34	47	39
改造后年径流总量控制率/%		66	60	52.6	51	63	57
改造前面源污染量/(t/a)	SS	38.26	11.08	26.67	46.98	42.7	165.69
	COD	40.04	11.42	27.79	48.8	43.09	171.14
	NH_3-N	0.48	0.14	0.35	0.6	0.64	2.21
	TP	0.08	0.02	0.05	0.1	0.09	0.34
削减量/(t/a)	SS	18.78	4.6	5.87	18.43	16.31	63.99
	COD	16.36	3.92	4.9	17.06	14.45	56.69
	NH_3-N	0.14	0.04	0.04	0.19	0.17	0.58
	TP	0.02	0.004	0.006	0.03	0.02	0.08
削减率/%	SS	49.1	41.5	22.8	39.2	38.2	38.6
	COD	40.9	34.3	17.8	35.0	33.5	33.1
	NH_3-N	29.2	28.6	12.2	31.7	26.6	26.2
	TP	25.0	20.0	12.4	30.0	25.6	24.3

大村河汇水分区近期地块内部进行源头减排的项目共53项。包括建筑小区、公园绿地、道路广场三大类，地块类改造面积320.9ha（表7-5，图7-4）。

表7-5　大村河汇水分区源头减排项目类型统计表

项目类型	项目数量	项目规模/ha
建筑小区	44	239.7
公园绿地	3	30.9
道路广场	6	50.3
总计	53	320.9

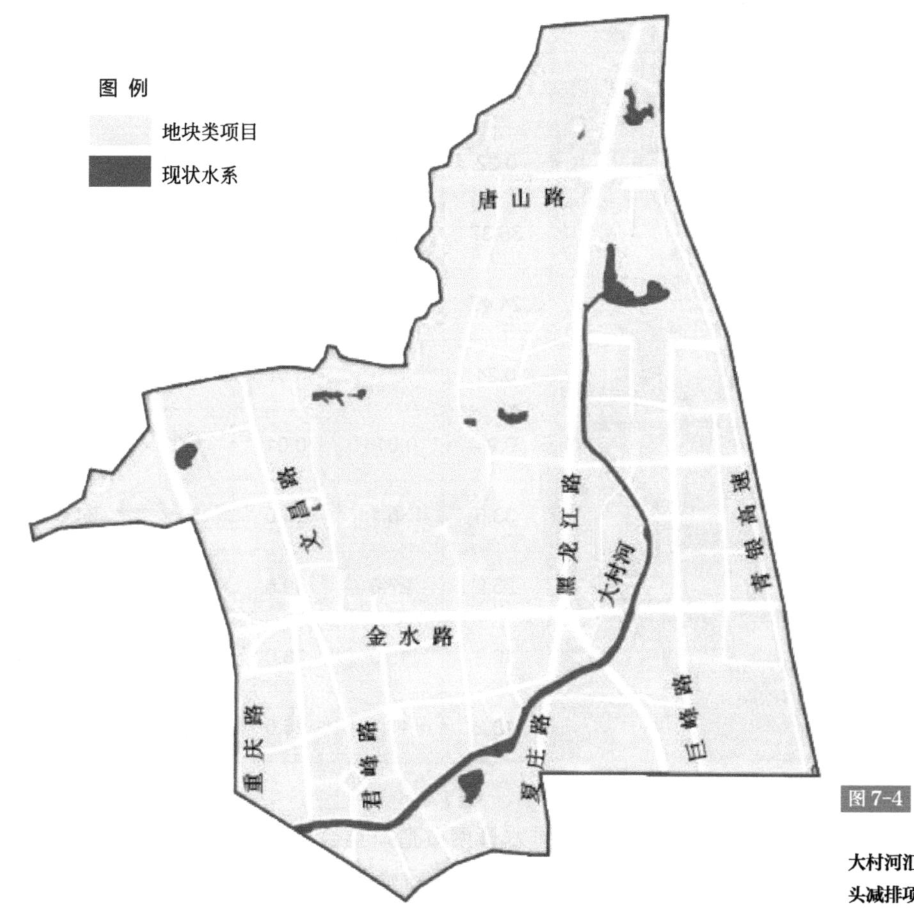

图7-4

大村河汇水分区地块内部源头减排项目分布图

大村河流域共建设下沉式绿地73.33ha，生物滞留设施14.68ha，透水铺装69.30ha，其他调蓄设施15122m³。源头改造工程实施后，大村河汇水分区整体能够达到63%的年径流总量控制率，面源SS削减率为34.6%（表7-6）。

表7-6　大村河各子汇水区源头改造后径流控制率及污染物削减率一览表

分区		12	13	14	15	合计
面积/ha		409	178	132	235	954
现状年径流总量控制率/%		41	45	55	40	43
改造后年径流总量控制率/%		60	64	76	59	63
改造前	SS/（t/a）	105.69	42.39	18.73	62.84	229.65
	COD/（t/a）	97.22	39.16	16.88	57.27	210.53
	NH_3-N/（t/a）	1.47	0.63	0.25	0.89	3.24
	TP/（t/a）	0.22	0.09	0.04	0.13	0.48
削减量	SS/（t/a）	35.37	15.32	9.93	18.95	79.57
	COD/（t/a）	24.47	10.59	6.83	12.8	54.69
	NH_3-N/（t/a）	0.24	0.1	0.07	0.14	0.55
	TP/（t/a）	0.04	0.016	0.01	0.02	0.086
削减率/%	SS	33.5	36.1	53.0	30.2	34.6
	COD	25.2	27.0	40.5	22.4	26.0
	NH_3-N	16.3	15.9	28.0	15.7	17.0
	TP	18.2	17.8	25.0	15.4	17.9

另外还有地块内部排水管网改造。结合管网普查资料和现场调研情况，针对源头老旧小区、公共建筑等地块内部存在的雨污管道淤积、

破损、阳台污水混接、厨房污水混接等问题，实施雨污管道疏通、雨水管网改造、阳台污水雨污分流改造等措施，有效削减污染物进入市政雨水管网。

其中，楼山河汇水分区内部管网主要问题为山洪入侵和雨污混接，需要管网改造的小区共5个，面积为19.3ha（表7-7，图7-5）。

表7-7　源头改造管网小区统计表

序号	小区名称	面积/ha	管网问题	解决措施
1	梅庵新区	3.5	山洪入侵	截流改造
2	帅潮集团	4.2	雨污混接	分流改造
3	楼山后社区	4.4	雨污混接	分流改造
4	帝都嘉苑	6.1	雨污混接	分流改造
5	南渠片区危旧房	1.1	雨污混接	分流改造
总计		19.3		

图7-5

楼山河汇水分区地块内部排水管网改造项目分布

板桥坊河汇水分区内部管网主要问题为管网破损、管网淤积、雨污混接，雨污合流等，实施内部管网改造的小区共10个，面积为44.35ha（表7-8，图7-6）。

表7-8　板桥坊河汇水分区源头改造管网小区一览表

序号	小区名称	面积/ha	管网问题	解决措施
1	湖畔雅居	3.50	雨污管网破损	雨水管网改造
2	兆鸿新村	2.11	厨房污水接雨水管	新建污水管线
3	翠湖小区	27.40	阳台污水接雨水管	阳台污水雨污分流改造
4	石沟自建楼	2.09	合流制	新建小区雨水管网
5	永平路小区	0.85	合流制	新建小区雨水管网
6	新俪都	3.10	雨污水管线破损	翻建破损雨污水管线
7	邢台路社区	1.00	雨污管道淤积	雨污管道疏通
8	国通嘉苑	1.54	雨污管网淤积	雨污管道疏通
9	兴华路51号	1.48	雨污管网淤积	雨污管道疏通
10	原橡胶二厂办公楼	1.28	雨污管网破损	雨水管网改造
总计		44.35		

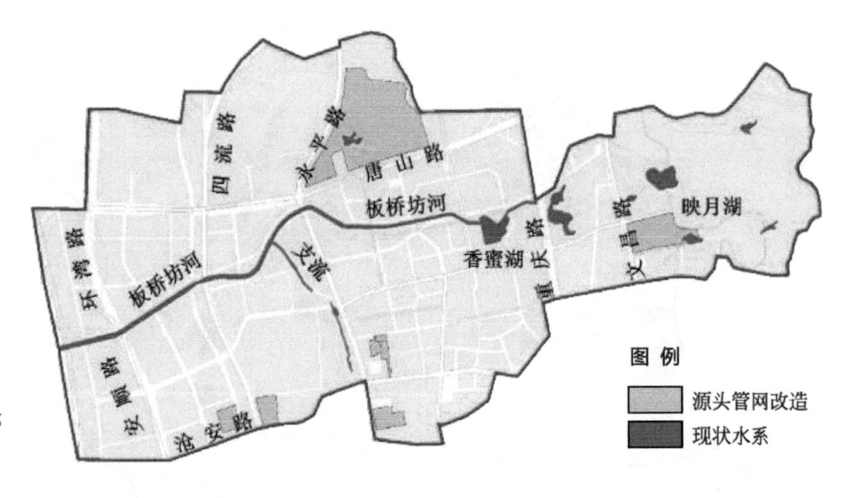

图7-6

板桥坊河汇水分区地块内部排水管网改造项目分布

大村河汇水分区内部管网主要问题为管网堵塞和雨污混接，实施内部管网改造的小区共5个，面积为35.56ha（表7-9，图7-7）。

表7-9　源头改造管网小区统计表

序号	名称	面积/ha	管网问题	解决措施
1	畜牧小区	7.6	管网堵塞	清通管道
2	果园路小区	1.5	管网堵塞	清通管道
3	虎山新苑	2.54	雨污混接	分流改造
4	裕丰小区	4.92	雨污混接	分流改造
5	虎山花苑	19.0	雨污混接	分流改造
总计		35.56		

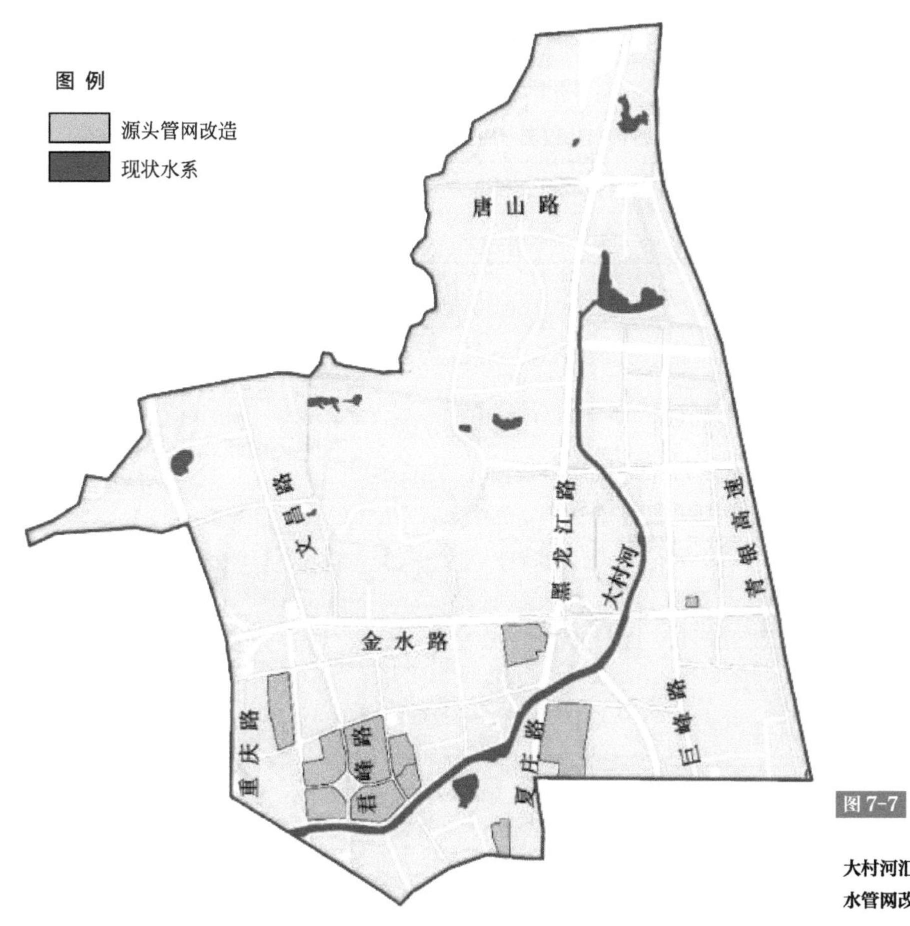

图 7-7

大村河汇水分区地块内部排水管网改造分布

（2）过程控制

试点区针对明沟排水铺设了截污管线，并结合道路工程，配套建设了污水管网。通过建设完善市政污水管网系统，尽可能实现试点区已建成地块的污水全收集、全处理。

其中，楼山河汇水分区共建设了市政污水管线建设长度8121m。针对明沟排水，共铺设截污管线4700m；结合道路工程建设，共配套建设污水管网3421m（表7-10，图7-8）。

表7-10 楼山河汇水分区新建污水管线项目汇总表

建设类型	区段	新建/改造	长度/m
解决污水	十梅庵片区污染点源治理	新建	4700
配合道路或地块建设	遵义路（文昌路－十三号线）	新建	556
	大枣园片区南岭三路	新建	788
	规划十一号线	新建	420
	规划十二号线（五号线－文昌路）	新建	766
	规划十三号线	新建	891
合计			8121

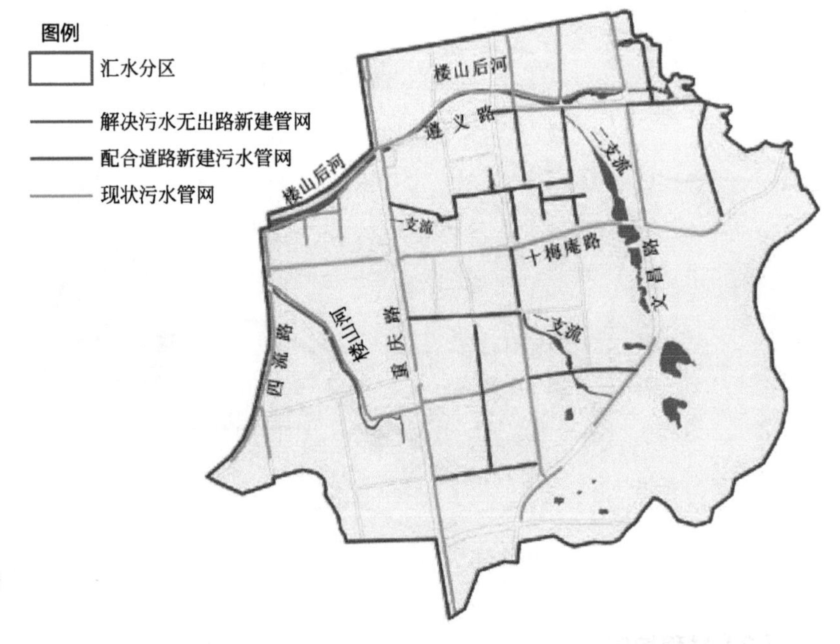

图7-8

楼山河汇水分区过程控制新建污水管网示意图

板桥坊河汇水分区主要开展了随道路或地块配套新建管网、解决污水无出路新建管网和老旧管网改造等三类项目建设，新建和改造污水管线长度为5857m（表7-11，图7-9）。

表7-11　板桥坊河汇水分区新建和改造污水管线工程量一览表

建设类型	区段	新建/改造	长度/m
解决污水	石沟农贸市场	新建	180
	石沟一号线（重庆路－环山路）	新建	762
	邢台路（重庆路－文昌路）	新建	500
配合道路或地块建设	安顺路（沧安路－汚阳路）	新建	860
	兴华路(重庆中路西侧）	新建	440
老旧管道改造	邢台路（兴国路－邢台路）	改造	500
	兴国二路（青岛大洋化工公司门前－兴国路）	改造	185
	兴国路（兴国二路至永平路）	改造	160
	兴华路（永平路东侧）	改造	800
	兴山路（桑园路至四流中路）	改造	160
	兴宁路（永平路至四流中路）	改造	710
	永平路（兴国路至板桥坊河）	改造	600
合计			5857

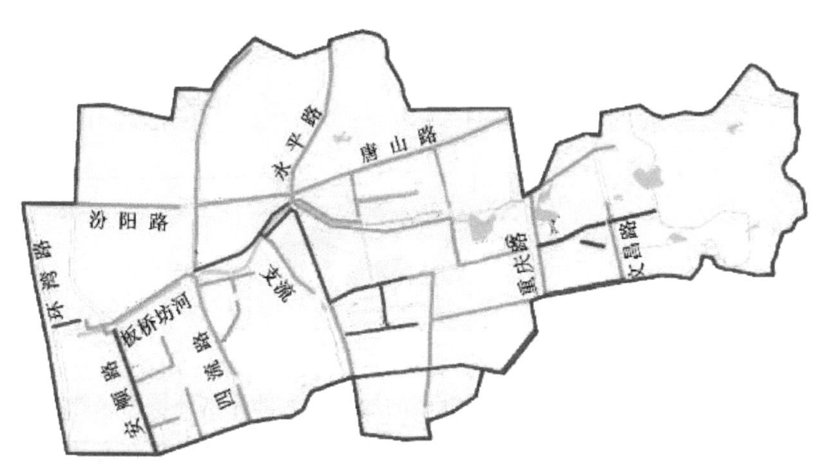

图7-9

板桥坊河汇水分区过程控制新建和改造污水管线图

大村河汇水分区通过完成了解决污水无出路新建管网、老旧管网改造等工程，新建和改造污水管线长度为2737m（表7-12，图7-10）。

表7-12　大村河汇水分区新建和改造污水管线工程量一览表

建设类型	区段	新建/改造	长度/m
解决污水	君峰路（虎山路－金水路）	新建	563
老旧管道改造	升平新城小区（振华路－永清路）	改造	294
	顺河支路（京口路－金水路）	改造	1100
	振华路（永平路－永清路）	改造	780
合计			2737

图7-10

大村河汇水分区过程控制新建和改造污水管线图

（3）末端处理

通过上述源头减排、过程控制的建设，大部分水环境污染物已经得到了有效地控制。为进一步控制污染物入河量，还需要在必要处建设末端截污设施，整体提升区域水环境质量。

为确保楼山河汇水分区无污水入河，共新建截污井9座，截污倍数3倍，最小截污量为1393m³/d。新建截污井可减少COD 484.21t/a、NH_3-N 43.15t/a、TP 6.29t/a点源污染物入河（图7-11）。

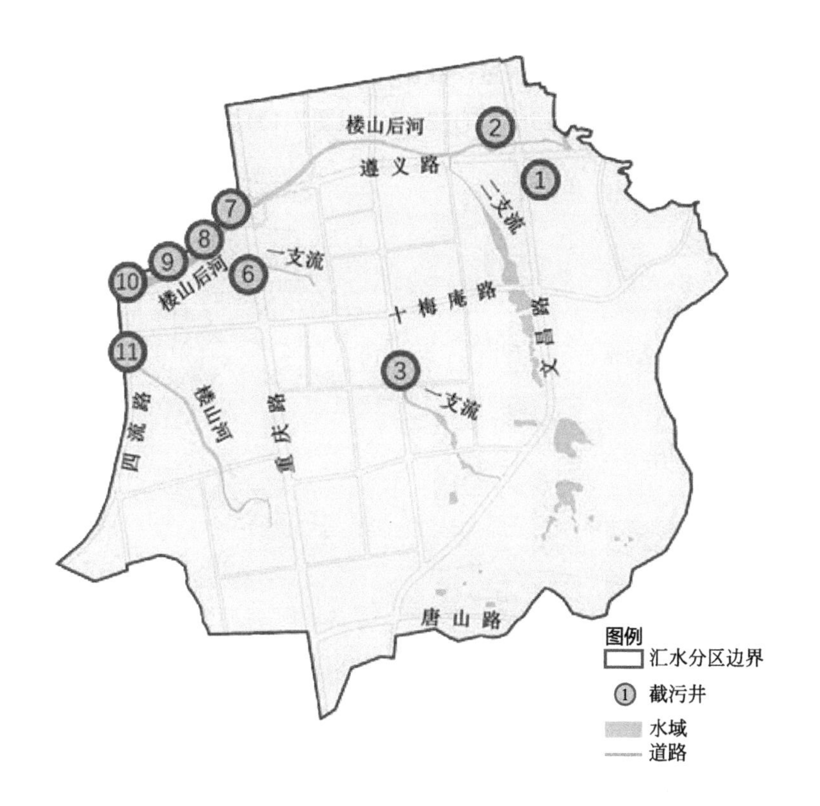

图7-11

楼山河汇水分区新建截污井位置示意图

板桥坊河汇水分区内存在较多的城中村和农贸商铺，偷排、漏排现象比较严重。采取末端截污的方式，将混接污水截流至市政污水管网。截污排口共4处，结合现状排污量及下游污水厂处理负荷，截流倍数为3倍。工程实施后可减少1408m³/d的现状污水溢流量，新建截污井可减少COD 245.23t/a、NH_3-N 23.06t/a、TP 3.19t/a点源污染物入河（图7-12）。

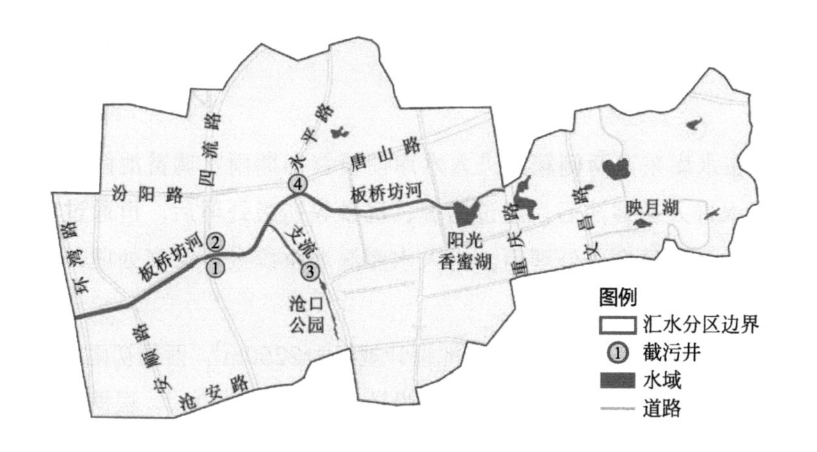

图7-12

板桥坊河汇水分区新建截污井位置分布图

对于大村河汇水区内无法彻底查清上游混错接原因或近期无法改造的排口，通过在管网末端新建截污井和截污管线，污水截流至下游污水处理厂。大村河汇水分区共修建截污井8座，截流倍数为3倍，可截流约2000m^3/d的污水量，截流井可减少点源污染物入河量COD 286.08t/a，NH_3-N 16.45t/a，TP 2.87t/a（图7-13）。

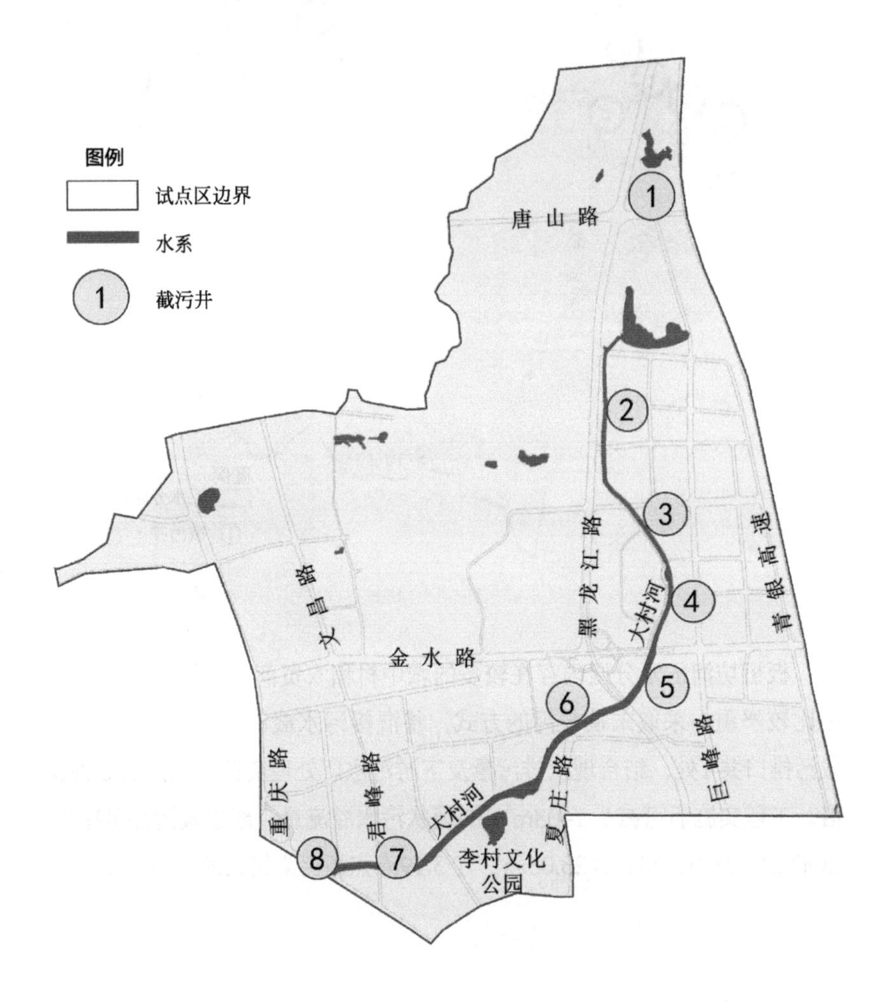

图7-13

大村河新建截污井位置分布图

在水库东西两侧箱涵进入水库前设置初期雨水调蓄池两座，初期雨水进入调蓄池后，经过格栅、沉砂等初级处理后，再通过雨水净化设备，经净化处理后，排入水库湿地系统进行深度处理，最终补充水库水源（图7-14）。

上王埠水库东侧初雨调蓄池设计规模为2250m^3，西侧初雨调蓄池设计规模为1800m^3。初雨调蓄池设计总容积为4050m^3。根据降雨数据分析，降雨年均溢流频次为7次，年均可削减COD污染总量为11.5t/a。

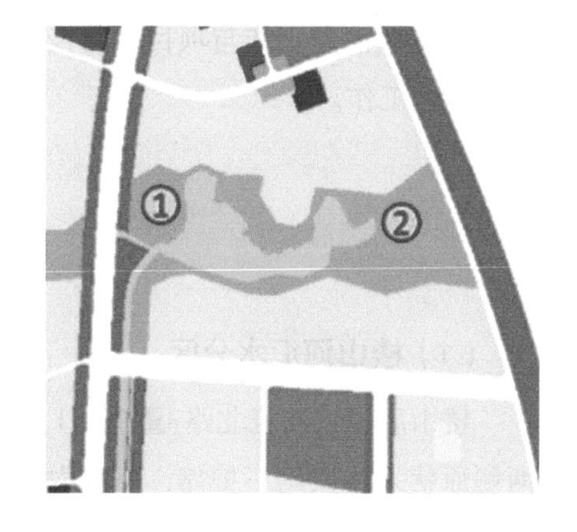

图 7-14

上王埠水库初雨调蓄池选址示意图

7.1.2 内源治理

内源治理主要包括河道底泥清淤和垃圾清理两方面工作。

首先，河道底泥清淤范围主要包括对楼山河、楼山后河两条干流及楼山后河一支流、楼山后河二支流、板桥坊河、大村河等主要河道进行清淤，清淤总长度为13.89km，清淤总量23.64万m^3。清淤后可以削减内源污染物为COD 1.11t/a、NH_3-N 0.57t/a、TP 0.35t/a。

以板桥坊河汇水分区为例。对板桥坊河（入海口至重庆路段）进行清淤，清淤段河道长3.4km，总清淤量为3.76万m^3（图7-15）。清淤后共可以削减内源污染物量分别为COD 0.08t/a、NH_3-N 0.04t/a、TP 0.03t/a，污染物去除率平均约为90%。

清出的底泥经检测重金属未超标的，按黑臭底泥进行处理，经现场晾晒后运至红岛和即墨的污泥集中处置场进行集中处理。

结合河道整治类项目开展的同时，对楼山河汇水分区、板桥坊河汇水分区、大村河汇水分区内沿河建筑垃圾和生活垃圾进行清理，一是清除现状河道内堆积垃圾，二是清理各条河道沿线违规垃圾倾倒点。

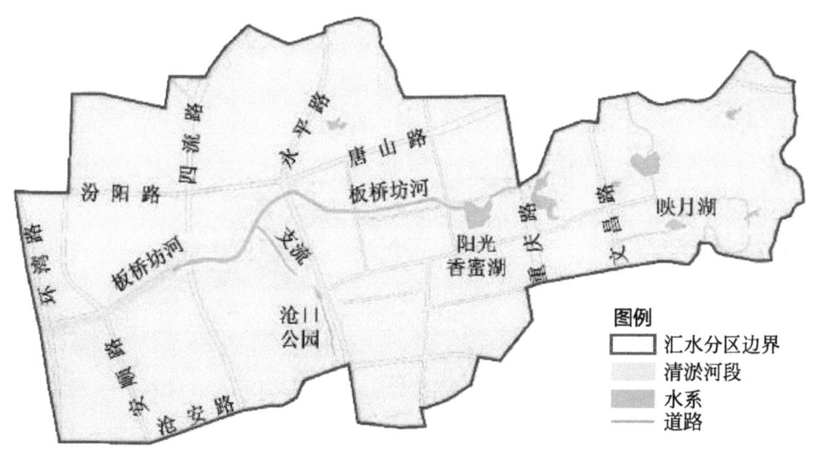

图 7-15

板桥坊河汇水分区清淤河段分布图

同时将垃圾清理工作与项目运营挂钩，成为海绵城市建设期结束后的日常运营工作。

7.1.3 生态修复

（1）楼山河汇水分区

楼山后河（四流北路-重庆路）、楼山河（四流北路-重庆路）河段两侧原状采用浆砌石护岸，河底为自然河床，植物长势良好，河床中部设混凝土子槽。结合楼山后河、楼山河截污、清淤和生态补水工程建设，拆除河道子槽，恢复生态蓄水空间。改造后河道护岸采用“格宾石笼+草坡”的形式，河底不做护砌，保证河道的自然生态属性。楼山后河改造长度0.88km，楼山河改造长度1.0km（图7-16 ~图7-18）。

图7-16

楼山（后）河生态湿地段河道断面图

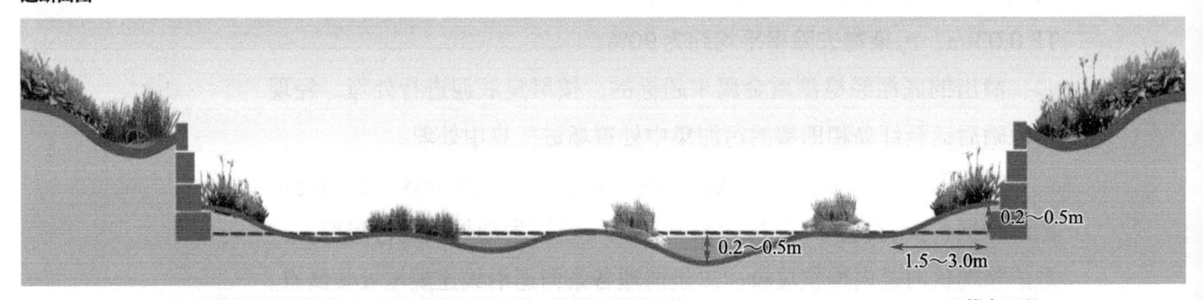

在不影响行洪的前提下，河底营造高低地形，散置不规则石块　　不蓄水河段

图7-17

楼山（后）河蓄水段河道断面图

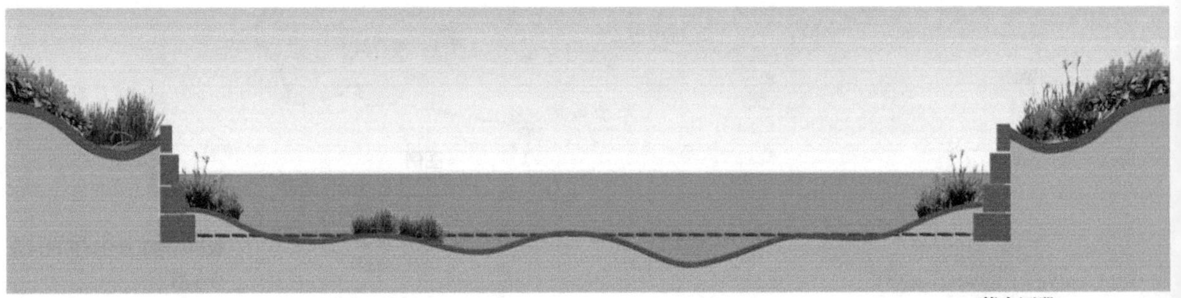

蓄水河段

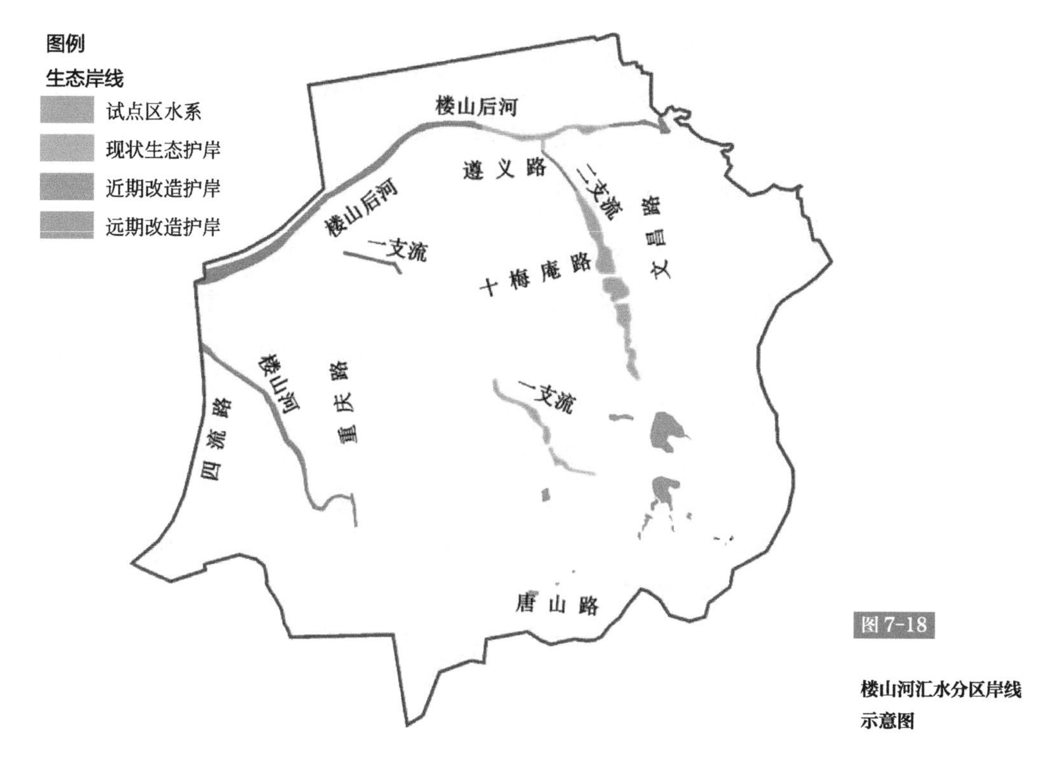

图 7-18

楼山河汇水分区岸线示意图

（2）板桥坊河汇水分区

板桥坊河上游（永平路-兴国二路）原状为复式生态断面，河道多处设挡水坝进行生态蓄水，栽植沉水、浮水、挺水和湿生等水生植物，提升水体生态自净能力，恢复河道生态功能（图 7-19）。

板桥坊河中游（四流北路-永平路）北岸城中村尚未拆迁，河道尚未实现规划线位和功能，近期无法进行有效改造，远期可结合规划河道的实施，采取生态护岸、滨水生态景观、生态蓄水等措施，保障和恢复河道生态功能。

板桥坊河下游（环湾路-四流北路）为感潮河段，为同时满足河道生

图 7-19

板桥坊河上游生态修复示意图

态恢复和防洪需求，入海口位置20m至四流北路段河底采用预制工字联锁块+框格梁的铺装方案；入海口位置20m范围内受潮汐影响较大，为保证抗冲刷能力，河底采用格宾石笼的铺装方案。河底铺装面积2.14ha。

（3）大村河汇水分区

大村河（金水路-规划六号线）河段，原状采用浆砌石护岸，河底采用多级跌水堰。受河道用地限制，在改造过程中保留现状护岸，对河底进行生态化改造并种植水生植物，恢复河道生态。河道生态化建设面积3.2ha，水生植物种植面积1.9ha。

大村河（李村河-金水路）河段，枣园路-京口路段两岸采用生态护岸，京口路-重庆路段南侧采用生态护岸，其余河段在保留现有驳岸的基础上，结合现有用地和景观需求，对部分护岸改造为悬挑式护岸。生态护岸改造长度1.0km。对河底进行生态化改造，换填土壤4.37万m^3，水生植物种植面积5.5ha，沿河恢复绿化3.8ha（图7-20）。

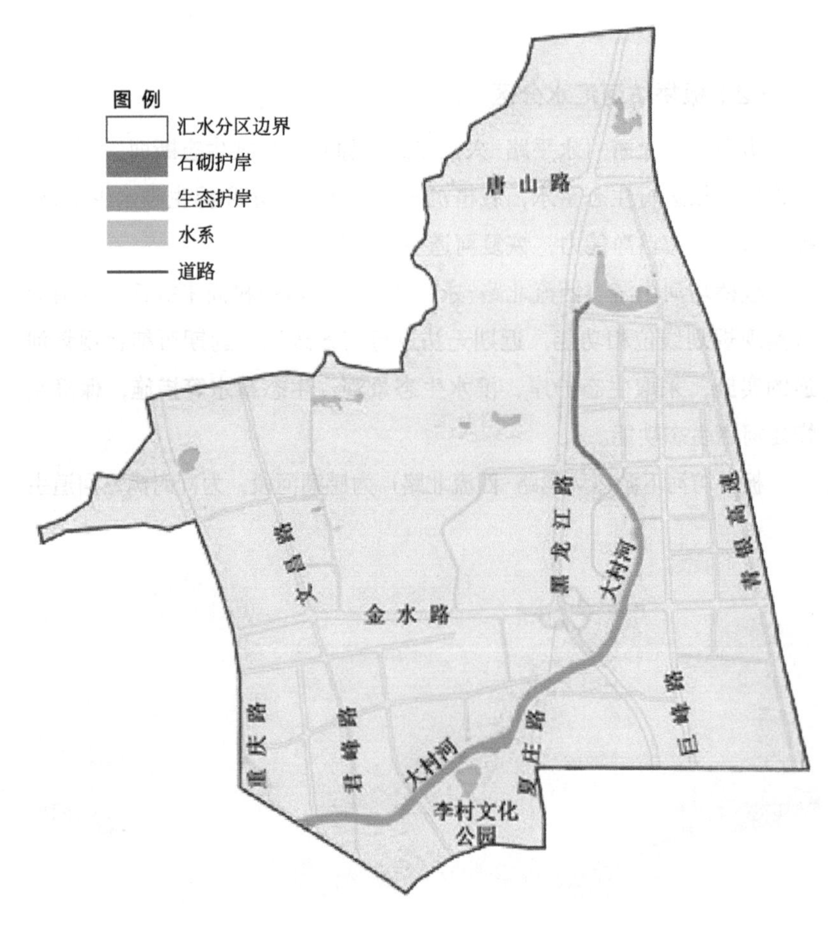

图7-20

大村河流域生态岸线示意图

7.1.4　活水提质

楼山河汇水分区活水提质主要通过再生水水源进行补水，通过沿河铺设管道，将再生水引至楼山河上游，增加河道水流循环，增加水动力，提高水体水质自净能力（图7-21）。

图7-21

楼山河流域生态补水系统示意图

板桥坊河汇水分区活水提质采取“近期循环补水，远期生态补水”的建设思路。近期河道循环水以河道内蓄存水量作为循环水水源；远期通过内源治理、生态修复等措施恢复河道生态蓄水空间，以雨水、再生水作为补水水源（图7-22）。板桥坊河永平路-兴国二路区间建设循环泵站一座，循环水管长度900m，同时建设水质处理设施一座，处理规模为1500m^3/d，位于上游香蜜湖，占地面积约1200m^2。采用物化+生化处理方式，处理水质达到再生水景观用水标准。

大村河汇水分区活水提质主要分为两段：大村河（金水路-规划六号线）河段以河道内蓄存水量作为循环水水源，将下游水体经“河道水处理设施”处理后，通过循环水泵输送到上游河道。一体化泵站

图7-22

板桥坊河河道循环补水系统示意图

位于大村河和晓翁村河交汇处内。泵站总规模为4000m³/d。沿大村河（晓翁村河-永清路）河段北侧现状绿化带内（现状管理路南侧2.5m）敷设补水管，长度约310m。西接污水处理模块，东接现状补水管道（图7-23）。

图7-23

大村河（金水路－规划六号线）补水及循环水工程位置示意图

大村河（李村河-金水路）河段利用李村河污水处理厂中水进行补水。在河口处接现状李村河再生水管道，沿大村河河底敷设再生水管道至晓翁村河东侧，接入新建一体化泵站，泵站出水接入上游循环水管道；打通穿金水路段循环水管，改造1座加压泵站，实现河道循环水管联通及河道补水。两座泵站设计规模均为4000m³/d，管道建设长度2.4km（图7-24）。

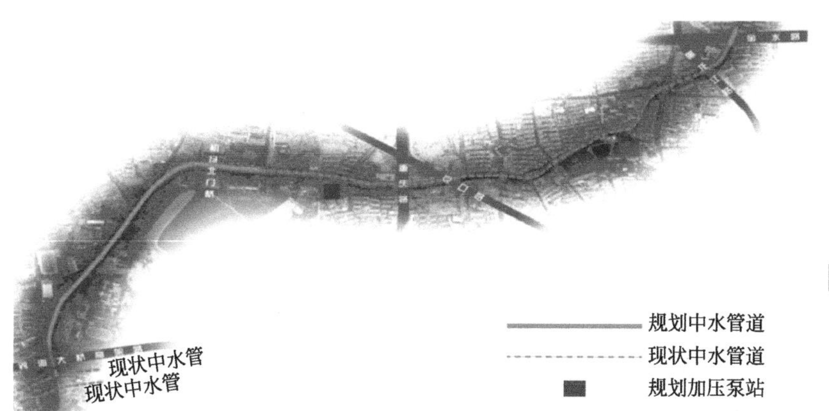

图 7-24

大村河（李村河－金水路）河道补水及循环水工程位置示意图

7.2　水安全整体提升方案

试点区通过优先利用现有条件，结合小区改造、道路建设、河道治理等工程项目，综合统筹“源头削减、过程控制、系统治理”措施，合理布局相关设施，整体保障城市水安全。

(1) 源头削减

首先通过源头减排项目对雨水径流进行控制，一方面解决部分老旧小区存在的客水入侵问题，消除地块现有积水点，同时整体控制源头地块径流，提高年径流总量控制率，提升下游雨水系统控制能力。

根据前述水环境综合治理章节中地块内部源头减排，通过源头削减，楼山河汇水分区整体能够达到54%的年径流总量控制率，板桥坊河汇水分区整体能够达到57%的年径流总量控制率，大村河汇水分区整体能够达到63%的年径流总量控制率。

(2) 过程控制

通过新建雨水管网和对现有雨水管网的提标改造，使雨水管渠排水能力达到规划管网设计标准，排走雨水，达到明显减缓内涝积水的目标。

楼山河汇水分区结合道路改造，对雨水管网同步进行提标改造，楼山路（四流北路-重庆中路）段改造管网长度800m。另外，规划三号线、五号线、六号线、七号线、九号线、十号线、十一号线、十二号线、十三号线、南岭三路、遵义路等为新建道路，配合道路及地块开发，同步进行管网建设，满足管网最新设计标准。新建管网长度为8.26km（图7-25，表7-13）。

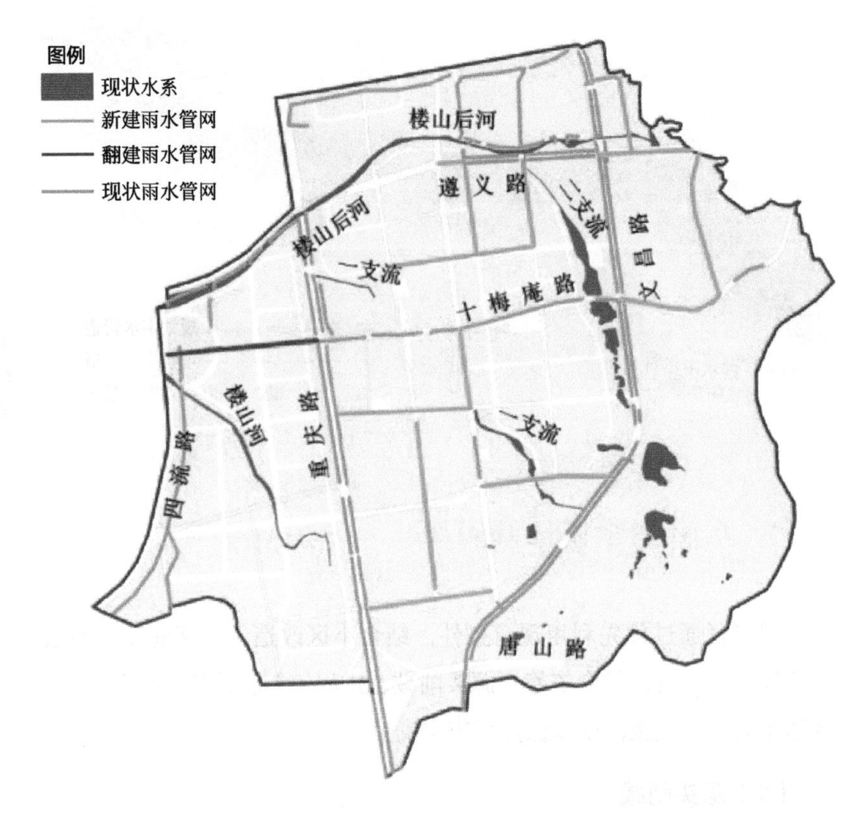

图 7-25

楼山河汇水分区雨水管线分布图

表7-13 楼山河汇水分区新建和改造雨水管线项目汇总表

类型	区段	建设类型	长度/m
翻建改造	楼山路（四流路–重庆路）	改造	800
配合道路或地块新建	遵义路（五号线–七号线）	新建	140
	遵义路（文昌路 – 十三线）	新建	556
	大枣园片区南岭三路	新建	788
	规划三号线（十号线–南岭三路）	新建	960
	规划五号线（十号线–湘潭路）	新建	1700
	规划六号线（七号线–九号线）	新建	300
	规划七号线（六号线–遵义路）	新建	487
	规划九号线（六号线–遵义路）	新建	460
	规划十号线（重庆路–五号线）	新建	789
	规划十一号线	新建	420
	规划十二号线（五号线–文昌路）	新建	766
	规划十三号线	新建	891
合计			9057

板桥坊河汇水分区通过新建雨水管网和暗渠清淤来提高现有管网排水能力，降低内涝风险。板桥坊河汇水分区排水管网体系，管网总规划长度26km，其中新增管网3.5km，沿用旧管网22.5km。板桥坊河汇水分区暗渠清淤段为汾阳路（浏阳路-安顺路）雨水暗渠总长620m（图7-26，表7-14）。

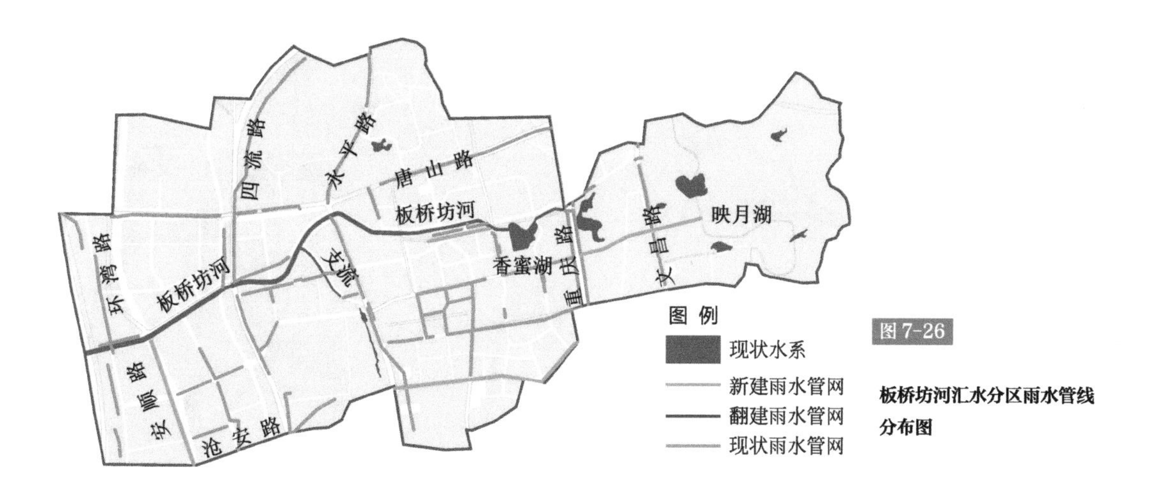

图7-26
板桥坊河汇水分区雨水管线分布图

表7-14　板桥坊河汇水分区新建雨水管线项目汇总表

区段	长度/m
石沟一号线线（重庆路-环山路）	745
邢台路（重庆路-文昌路）	440
安顺路（沧安路-沔阳路）	860
兴华路(重庆中路西侧)	1290
兴山路（桑园路至四流中路）	150
合计	3485

大村河汇水分区通过新建和改造雨水管渠来提高现有管网排水能力，新建雨水管渠0.23km，改造现状管渠1.47km(图7-27，表7-15)。

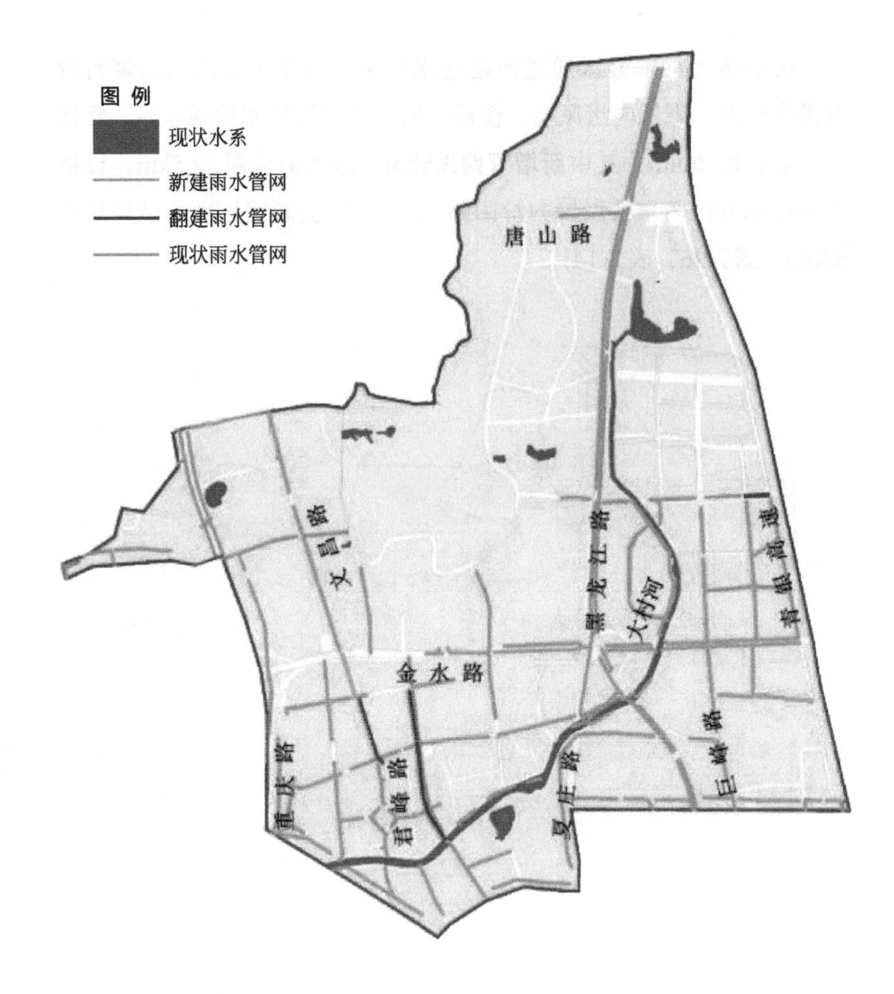

图 7-27

大村河汇水分区雨水管线分布图

表7-15　大村河汇水分区新建与改造雨水管线项目汇总表

改造类型	项目名称	技术措施	建设类型	长度/m
新建雨水	君峰路（虎山路-金水路）	雨水管线	新建	231
		雨水暗渠	改造	411
老旧管道改造	月龙峰路西侧排水管网翻扩建	雨水暗渠	改造	100
	升平新城小区（振华路-永清路）	雨水管线	改造	294
	鸿园路排水管网工程	雨水管线	改造	660

（3）系统治理

在源头减排、过程控制的基础上，针对试点区东侧老虎山雨季山洪侵袭的风险，结合地形现状进行除险加固；同时针对部分河道行洪能力不足的问题，进行河道防洪堤改造、塘坝加固、河道清淤等系统治理工程，保持河道行洪能力和水系的整体连通性。

楼山河汇水分区一方面对楼山后河（重庆路-七号线）、楼山后河（文昌路-区界）、楼山后河二支流、楼山河（四流北路-坊子街）进行防洪提标改造和工程建设，治理河道4.3km（表7-16）。

表7-16　楼山河汇水分区河道防洪提标改造工程汇总表

河道	提标改造段	提标长度/km	规划防洪标准/年	防洪提标工程
楼山后河	文昌路-区界	0.35	20	护岸改造、河道清淤
	重庆路-七号线	1.1	50	河道清淤、河道拓宽至护岸改造
	二支流	1.5	20	河道拓宽疏浚、新建护岸
楼山河	四流路-坊子街	1.35	20	河道清淤、护岸修复、堤防加高

同时对区域内年久失修的十梅庵1#、2#、3#、4#塘坝进行加固，使水库防洪能力达到20年一遇标准之上，并在四个塘坝之间设置溢洪道，在满足泄洪需要的同时，保证水系整体的连通性。

板桥坊河汇水分区除对板桥坊河下游河道进行清淤和护岸改造、解决大枣园塘坝年久失修问题之外，主要针对蓝山湾小区和石沟片区东侧紧邻的老虎山雨季山洪侵袭风险，结合地形现状进行除险加固（图7-28）。

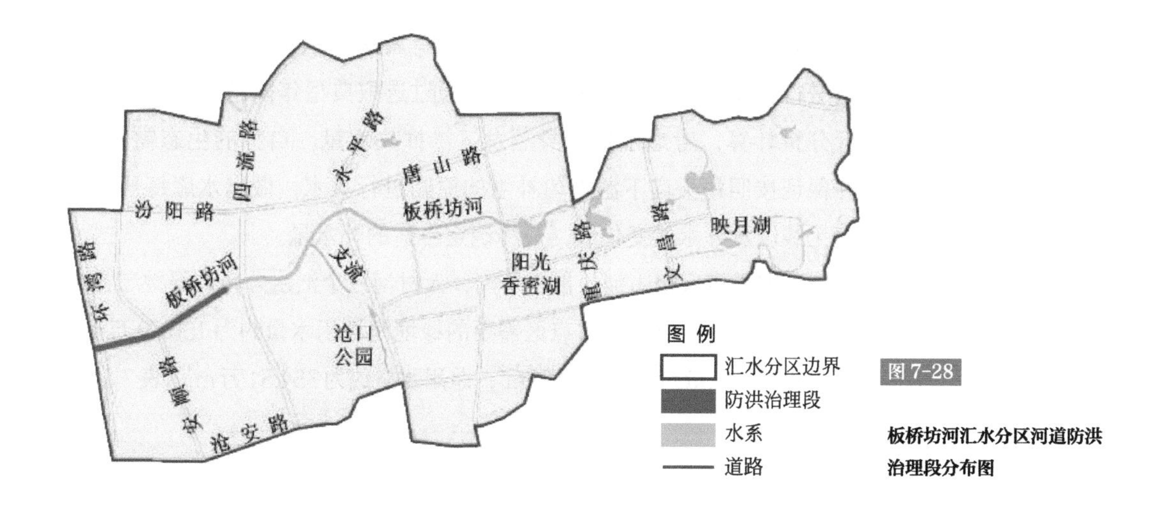

图7-28

板桥坊河汇水分区河道防洪治理段分布图

大村河汇水分区主要对大村河（金水路至规划六号线段）河道进行清淤和护岸改造，同步提升河道行洪能力。

7.3 水资源合理利用方案

7.3.1 理想水资源利用率

水资源利用方式主要包括：

① 通过地块的蓄滞渗，合理平衡净用排；

② 通过上游水库的蓄水，补充下游河道的需水；

③ 通过下游污水处理厂的再生水回用，补充上游河道的基态流量；

④ 河道内部新建蓄水坝，有效利用有限的水资源。

试点区属于北方缺水地区，降雨及降雪期间不进行道路和绿化浇洒。通过分析区域气象资料，全年道路和绿化浇洒天数定为270天，根据《室外给水设计规范》，规划制定道路浇洒额度和绿地浇洒额度分别为2.0L/（$m^2 \cdot d$）、1L/（$m^2 \cdot d$）。

（1）地块需水量计算公式：

绿地浇灌用水量=绿地面积×绿地浇灌定额；

道路喷洒用水=道路面积×道路喷洒定额。

（2）雨水收集量计算公式：

雨水收集量=降雨量×汇水面积×径流系数×收集率。

同时，试点区内存在多处水库，不仅可以起到防洪调蓄作用，而且可以储存雨水。通过合理调度，现有调蓄水库能够向下游景观、河道进行补水，有效利用雨水资源。通过选取典型年降雨及蒸发数据进行分析计算，考虑水库自身蒸发下渗损失水量，自身的生态需水量，并保证按照每天向下游均匀补水的原则进行补水，做出水库每日水量变化线以及补水量变化线，最终确定合适的补水量。

根据试点区楼山河、板桥坊河、大村河三个汇水分区内绿地和道路面积，计算得到一年内试点区需要的绿地浇洒用水量约为150.39万m^3，道路浇洒用水量约为164.12万m^3，总用水量约为354.51万m^3（表7-17）。

表7-17　试点区各汇水分区绿化、道路浇洒需水量

汇水分区	绿地面积/ha	道路面积/ha	绿地浇洒需水量/（m^3/d）	道路浇洒需水量/（m^3/d）	总用水量/（m^3/d）
楼山河	346	154	3460	3080	6540
板桥坊河	73	93	730	1860	2590
大村河	138	131	1380	2620	4000
合计	557	378	150.39万m^3/a	164.12万m^3/a	354.51万m^3/a

根据典型年降雨资料分析，试点区全年降水量为1597.19万m^3，经计算得到试点区理想化的雨水资源利用量为156.73万m^3，理想条件下，雨水资源利用率可达为9.8%。

以楼山河汇水分区为例，根据汇水分区内绿地和道路面积，计算得到一年内需要的绿地浇洒用水量约为93.42万m^3，道路浇洒用水量约为83.16万m^3，总用水量约为176.58万m^3（表7-18，图7-29）。

表7-18　楼山河汇水分区绿化、道路浇洒需水量

汇水分区	绿地面积/ha	道路面积/ha	绿地浇洒需水量	道路浇洒需水量	总用水量
楼山河	346	154	3460m^3/d	3080m^3/d	6540m^3/d
合计			93.42万t/a	83.16万t/a	176.58万t/a

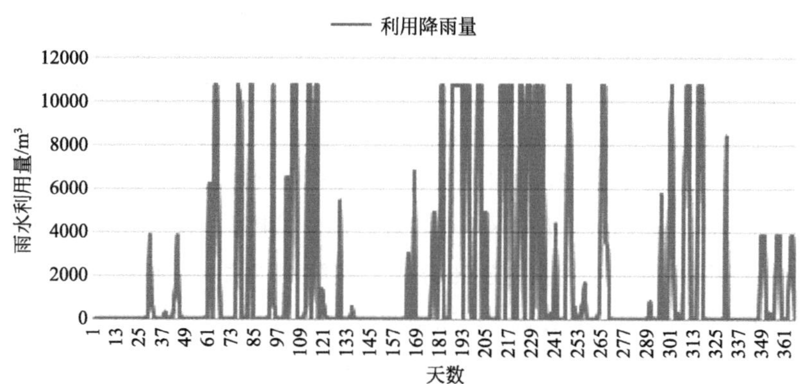

图7-29

楼山河汇水分区典型年每天理想雨水资源利用量

根据典型年降雨资料分析，楼山河汇水分区内全年降水量为574.93万m^3，经计算得到该流域内理想化的雨水资源利用量为72.85万m^3，理想条件下，雨水资源利用率可达为12.7%，可满足地块内道路及绿地浇洒的天数为111天（图7-30，表7-19）。

表7-19 楼山河汇水分区每月理想雨水资源利用量（t）

月份	1	2	3	4	5	6
利用降雨量/m^3	4905	6813	77406	101279	5995	41161
降雨量/m^3	16350	22710	282510	560480	19983	228917
月份	7	8	9	10	11	12
利用降雨量/m^3	155957	143530	59693	29977	69111	32707
降雨量/m^3	1752303	1506127	239817	99923	733987	286143

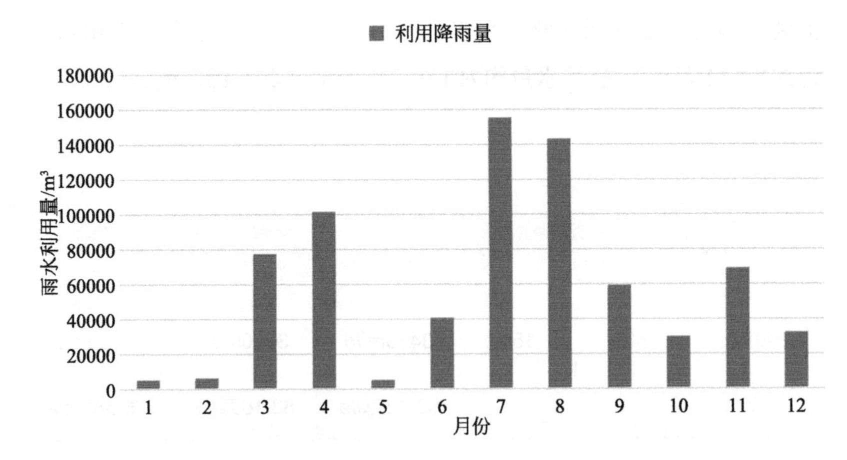

图7-30

楼山河汇水分区典型年每月理想雨水资源利用量

7.3.2 实际水资源利用量

根据各改造地块的实际调蓄容积大小，计算每个地块一年的可利用雨量。试点区通过源头地块改造，共建设调蓄容积或调蓄水体20481m^3，经计算一年可利用的雨水资源利用量为33.66万m^3。

其中，楼山河汇水分区内建设调蓄容积或调蓄水体1629m^3，年可利用的雨水资源利用量为3.56万m^3，实际水资源利用率为0.6%；板桥坊河汇水分区内建设调蓄容积或调蓄水体3730m^3，年可利用的雨水资源利用量为6.67万m^3，实际水资源利用率为1.6%；大村河汇水分区内建设调蓄容积或调蓄水体15122m³，年可利用的雨水资源利用量为23.43万m³，实际水资源利用率为3.9%（图7-31 ～图7-33）。

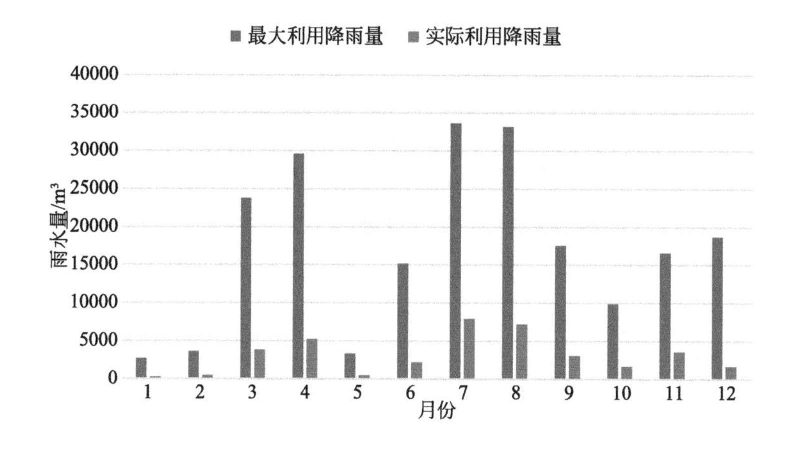

图7-31

楼山河汇水分区典型年雨水资源利用量

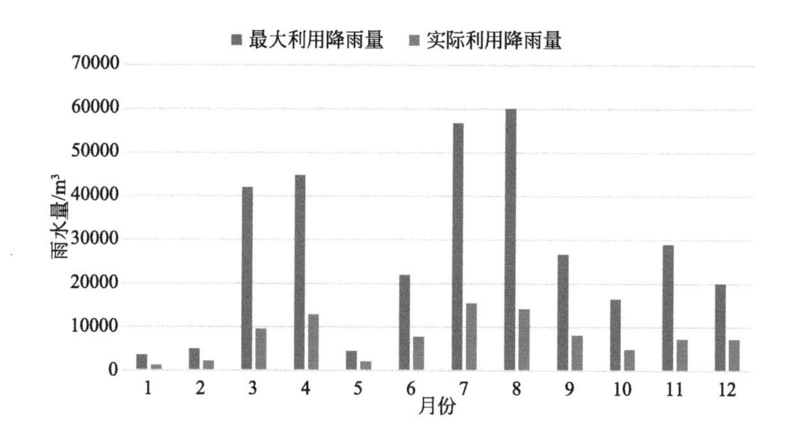

图7-32

板桥坊河汇水分区典型年雨水资源利用量

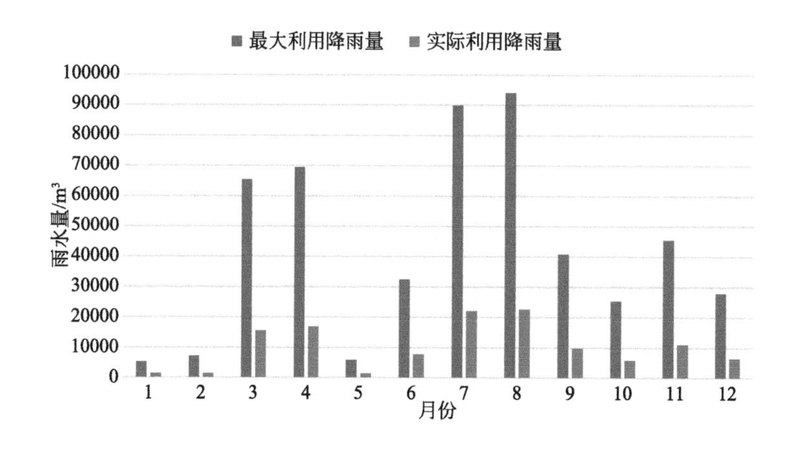

图7-33

大村河汇水分区典型年雨水资源利用量

7.3.3 水库水资源利用

通过合理调度试点区内现有四清水库、羊栏顶水库、石沟水库、上王埠水库等多处水库积蓄的雨水，向下游水体景观、河道进行补水，可以实现雨水资源的有效利用。在确定水库向下游补水水量时，需要综合考虑水库自身蒸发下渗损失水量、自身生态需水量，并以能够保证按照每天向下游均匀补水的原则进行补水。

以楼山河上游的四清水库为例（表7-20），通过选择4种不同的日补水量对下游河道进行补水，得到表7-21中数据。在日补水量在850m^{3}时能够保证每天稳定的补水，同时保证水库较高的水位，而当日均补水量继续上涨时，对于水库的生态系统维持和统一调度的便利性来说较不利，甚至出现补水量不足或水库干涸（图7-34）。

表7-20 青岛海绵城市建设试点区四清水库基本信息表

水库	汇水面积/ha	总库容/万m^3	调洪库容/万m^3	兴利库容/万m^3	死库容/万m^3
四清水库	330	22.07	5.42	16.65	0

表7-21 不同情景下四清水库补水情况表

情景	日均补水量/（m^3/d）	保证补水天数/d	该情景下水库最低存水量/万m^3
1	850	366	5.5
2	950	366	3.2
3	1150	366	1.0
4	1250	356	0

经计算，试点区各主要水库全年补水量113.46万m^3，结合地块水资源利用，区域全年雨水资源利用总量为147.12万m^3，区域雨水资源利用率可达9.3%（表7-22）。

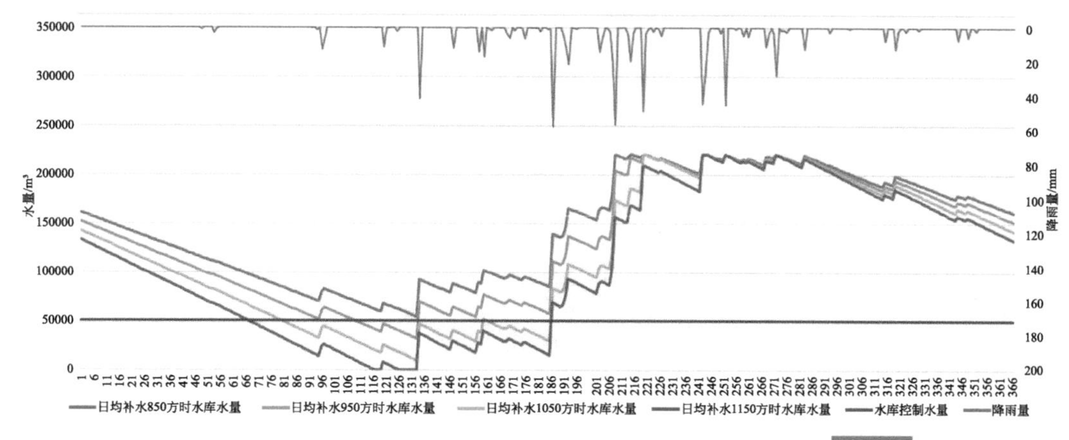

图7-34

典型年四清水库不同补水量条件下库容变化图

表7-22 试点区主要补水水库基本信息表

汇水分区	水库	汇水面积/ha	总库容/万m³	兴利库容/万m³	日均补水量/m³	年补水量/万m³
楼山河	四清水库	330	22.07	16.65	850	31.11
	羊栏顶水库	454	30.37	22.90	1050	38.43
板桥坊河	石沟水库	130	10.97	5.51	300	10.98
大村河	上王埠水库	380	26.01	17.02	900	32.94
总计		1294	89.42	62.08	3100	113.46

7.4 工程措施优化统筹

7.4.1 工程措施统筹安排

海绵城市是雨洪发展的一种新理念，该理念通过“源头-过程-末端”手段，最终实现降雨的径流控制、峰值控制、污染控制和雨水的资源化利用。青岛市海绵城市建设以问题为导向，因地制宜，系统化、统筹建设每一个设施。下面以御景山庄海绵城市改造项目为例，具体说明如何通过统筹安排工程措施，解决具体涉水问题。

御景山庄位于青岛市李沧区唐山路37号，东侧靠近重庆中路，南侧靠近唐山路，西侧紧邻翠湖小区，占地面积约11ha（图7-35）。

图7-35

御景山庄位置图

御景山庄属板桥坊河汇水分区，小区住房由商品房、回迁房和安置房三部分组成，共39栋楼，1902户，属中高强度开发小区。

御景山庄的海绵城市建设以问题为导向，着重解决地块内部存在的雨污混接、小区积水等问题，统筹源头减排、过程控制、末端处理各环节，因地制宜解决小区内部问题。

一方面通过建筑物雨落管断接，将屋面雨水导入建筑物前后的植草沟内，通过植草沟汇入雨水花园内，延缓地表雨水径流；同时拆除违法乱搭乱建，裸露的土地改造为雨水花园和下凹式绿地等，路面及人行道进行改造修复，增加透水铺装比例。

同时，将雨水花园、下凹式绿地、透水铺装溢流的雨水，通过连接管导入小区内部雨水管网；同时清通和修复小区内部破损的雨水管网及检查井，保证排水的畅通（图7-36）。

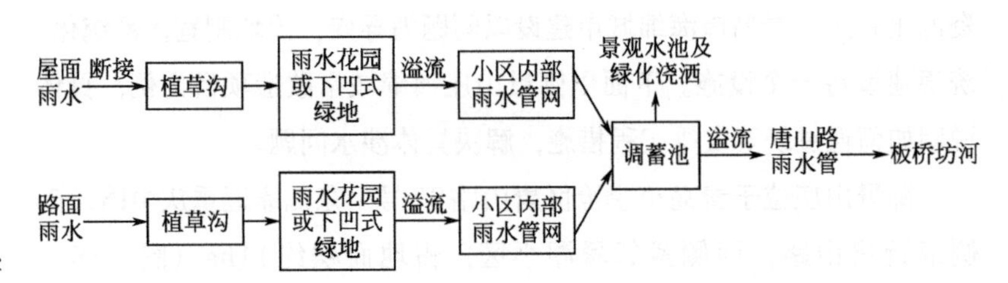

图7-36

御景山庄雨水径流组织路径

最后，在小区内部雨水排水管网末端新建调蓄水池，调蓄的雨水用于绿化浇灌和小区景观水池的补水，促进雨水资源化利用。超过调蓄水池的雨水溢流入小区外部市政雨水管网，最终排入板桥坊河（图7-37）。

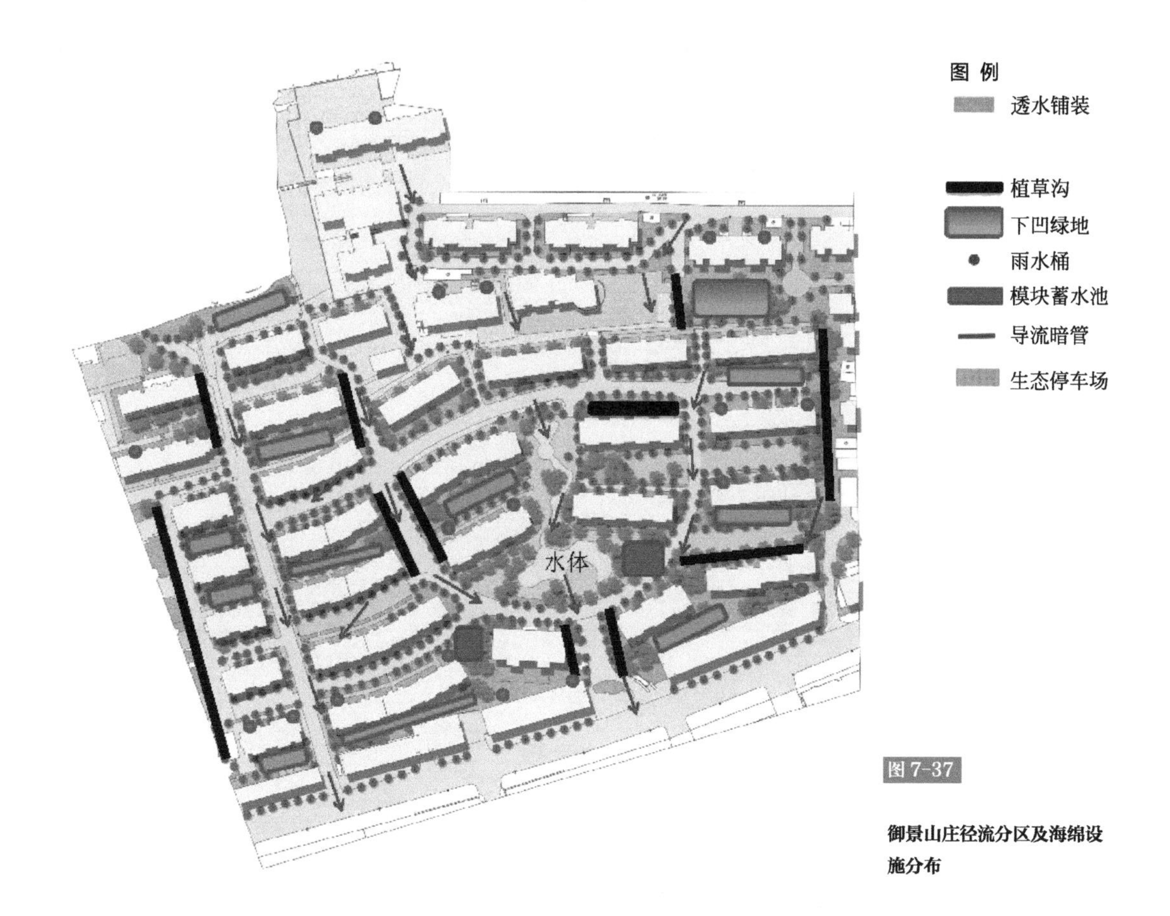

图 7-37

御景山庄径流分区及海绵设施分布

通过上述海绵设施的统筹安排，雨水径流有了科学合理的组织排放，实现了海绵城市对于水生态、水环境、水安全和水资源的建设目标。

7.4.2 工程措施分担情况

依据地块坡度、雨洪组织与溢流收排、管网布局等，青岛市海绵城市建设试点区内海绵项目总计为189项（工程项目188项、能力建设1项），涵盖了建筑小区、公园绿地、道路广场、管网建设、防洪工程、水系综合治理、能力建设等7种类型（图7-38）。

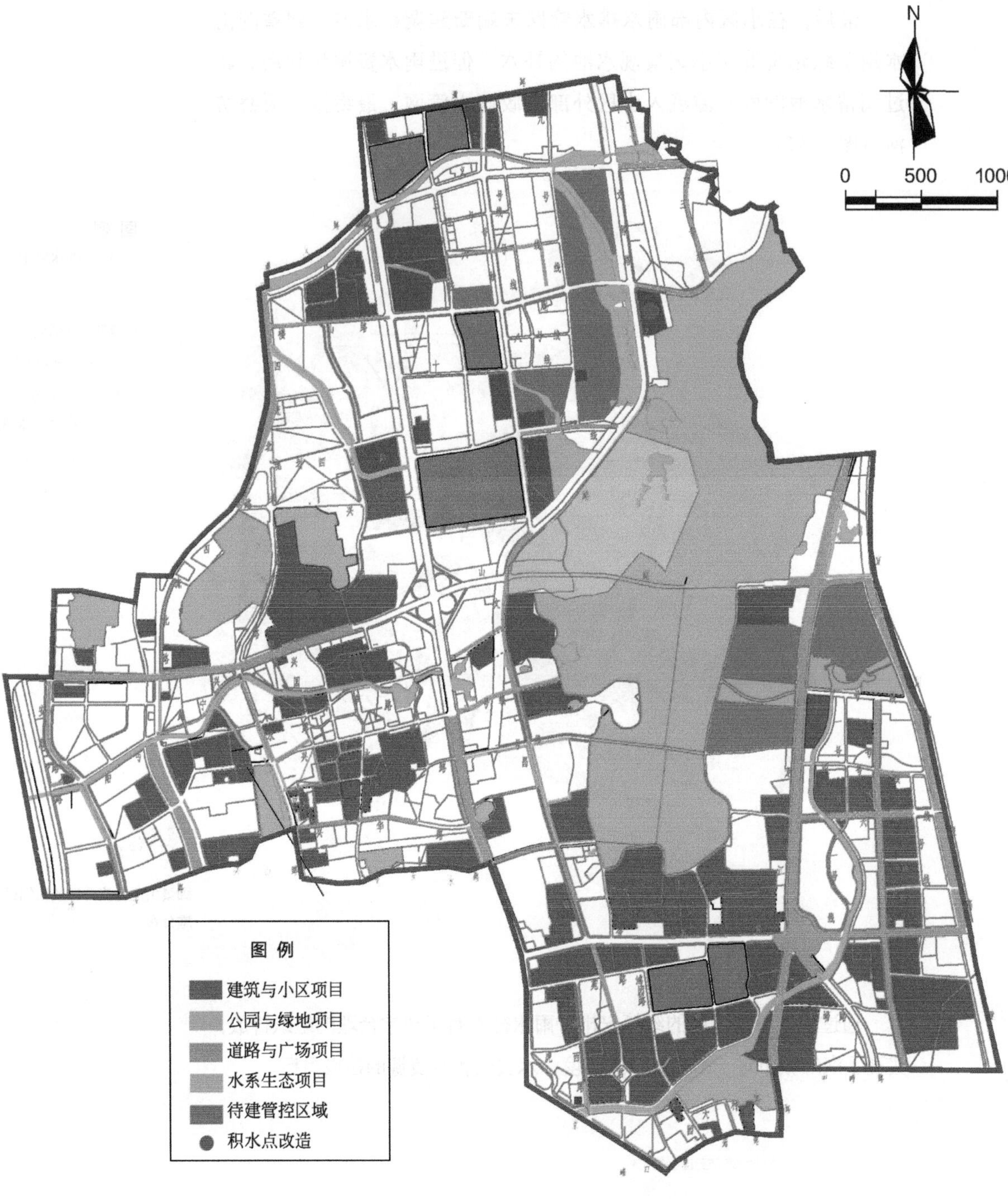

图 7-38

试点区项目服务区总体分布图

青岛市海绵城市建设针对试点区内楼山河、板桥坊河、大村河三大片区特征与问题，因地制宜选择源头减排、过程控制、系统治理工程措施。实施源头项目128项，源头改造389.35ha，达到年径流总量控制率75%（设计降雨量27.4mm）；实施过程项目39项，新建雨水管网12km，改造雨水管网2.27km，开展管网清淤等，升级优化城市排水系统；开展系统治理项目21项，楼山河、楼山后河等开展清淤与防洪提标改造，提高河道行泄能力，保障超标雨水的有序排放。通过综合工程措施，保证试点区水生态、水环境、水资源、水安全海绵城市建设指标的达成。

通过“源头减排、过程控制、系统治理”的各类措施分担比例、对目标的贡献程度见图7-39。

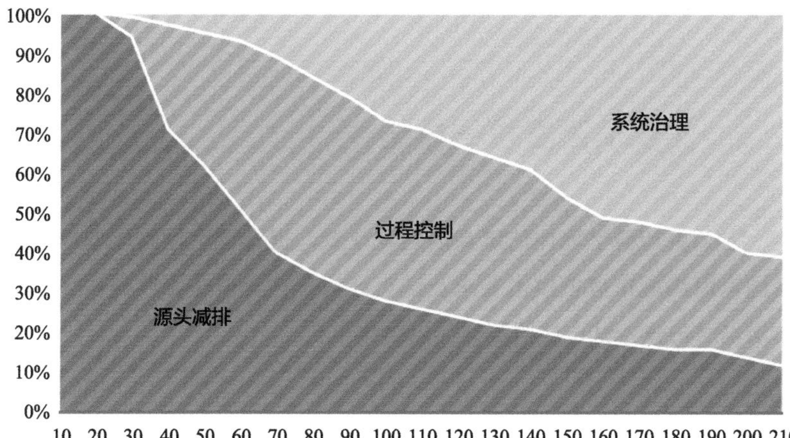

图7-39

试点区各类措施在不同降雨情景下对目标的贡献程度

海绵城市建设试点成效

青岛市海绵城市建设试点区位于李沧区，分为楼山河、板桥坊河、大村河3个汇水分区、15个排水分区，海绵城市建设项目总数189项。

经过3年多的建设，2019年青岛市海绵城市建设试点区189个试点项目全部完工，结合模型评估及在线监测数据分析，试点区各项海绵城市建设指标均达到目标要求，实现了“小雨不积水、大雨不内涝、水体不黑臭”。

8.1 实现监测管控一体化

为了更加科学地评估试点区建设成效，提升试点区管理效率，结合国家海绵城市考核技术要求及试点区情况，青岛市专门建设了青岛市海绵城市建设试点区监测评估一体化平台。

8.1.1 搭建监测评估一体化管控平台

试点区以详细的在线监测、人工填报等过程数据为支撑，以数据库技术、GIS技术、模型技术和监测技术为基础进行建设，搭建了数据库、可视化地图子系统。项目管控子系统、决策支持子系统、考核指标评估及展示子系统。具备建设情况分级显示、在线监测数据集成、指标动态评估、项目巡查信息管理等功能，实现了建设目标、建设项目、考核指标、监测数据的“一张图”展示，以及建设项目类型、进度、投资的“一张表”管理，为试点区海绵城市综合管理、动态监管以及科学决策提供支持，实现了青岛市海绵城市试点区建设的可视化、动态化、精细化管理（图8-1）。

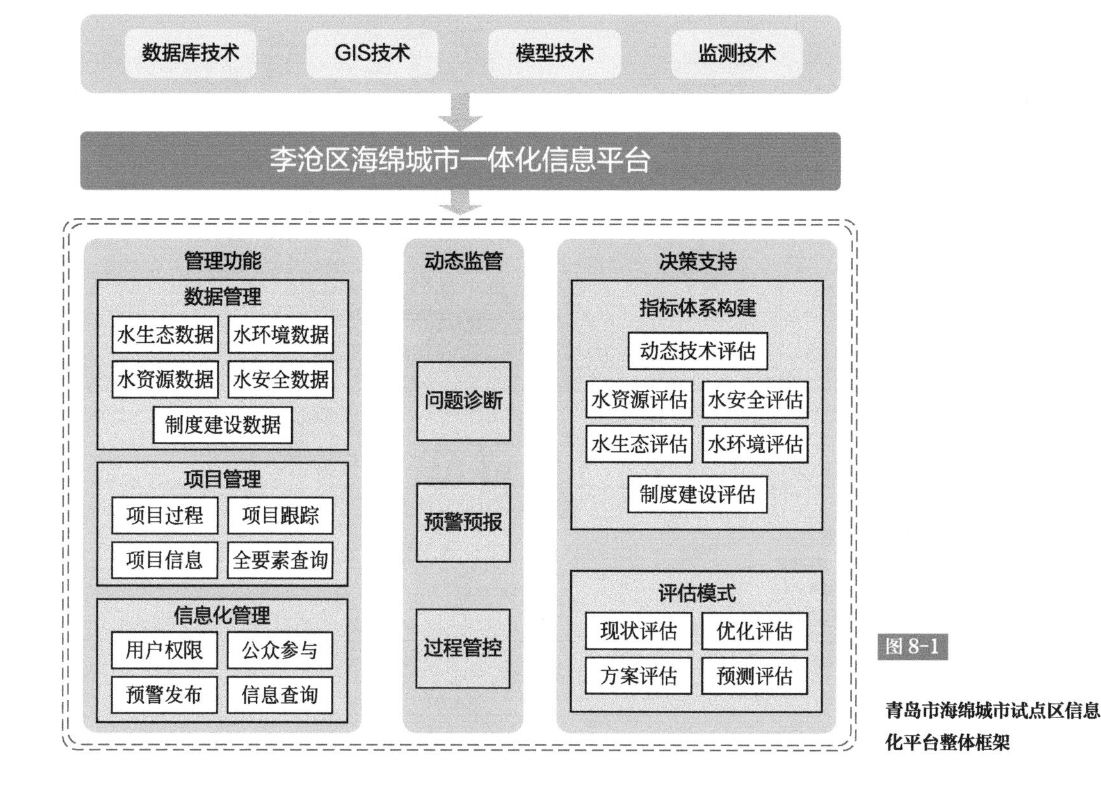

图 8-1

青岛市海绵城市试点区信息化平台整体框架

8.1.2　模型和监测相结合的评估方法

青岛采用了“模型评估+在线监测”联合评估的方法，对海绵城市建设试点区的建设效果进行了定量化评估。

首先，以海绵城市绩效考核指标体系为核心，青岛在海绵城市建设试点区构建了海绵城市“设施-项目-区域”三级监测网络体系。一是设施层级，主要监测评价典型海绵技术设施对其服务区域的雨水径流控制效果；二是项目层级，主要监测评价指标包括项目年径流总量控制率、项目年径流污染总量削减率；三是区域层级，主要监测评价指标包括年径流总量控制率、年径流污染总量削减率、城市水体环境质量。

试点区共布设了监测设备347台，包括雨量计4台、温度仪3台、流量计150台、液位计131台、SS检测仪59台，监测点位覆盖试点区源头设施、过程管网、末端水体等重要节点，能够科学全面地评估试点建成效果（图8-2，图8-3）。

同时，为了保证对内涝防治、初雨污染控制率等指标评估的科学

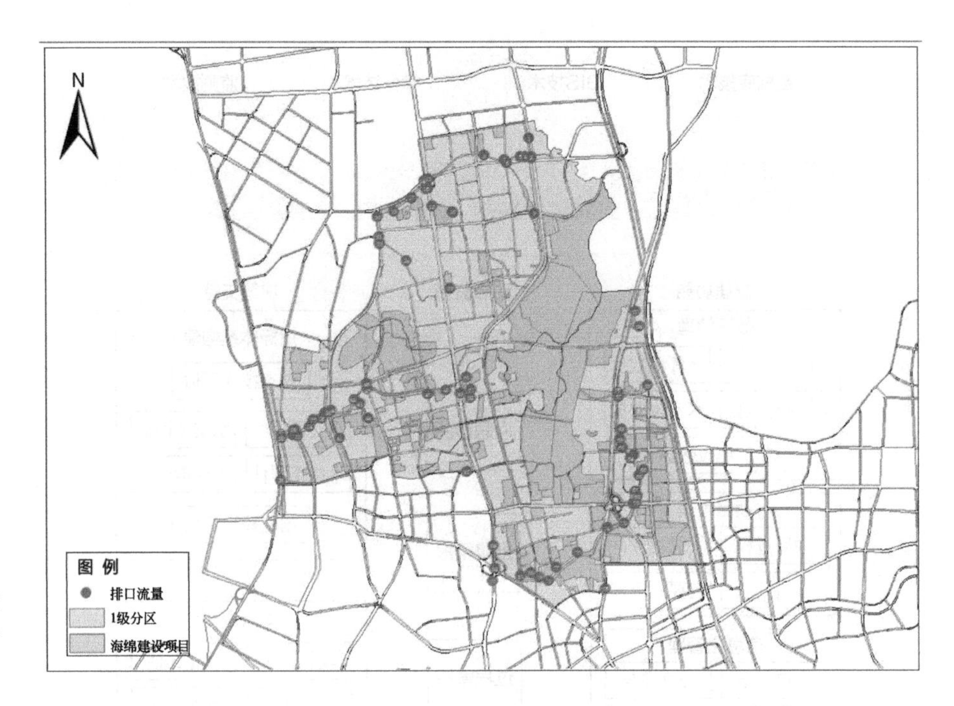

图 8-2

青岛海绵城市试点区排口监测在线流量计分布

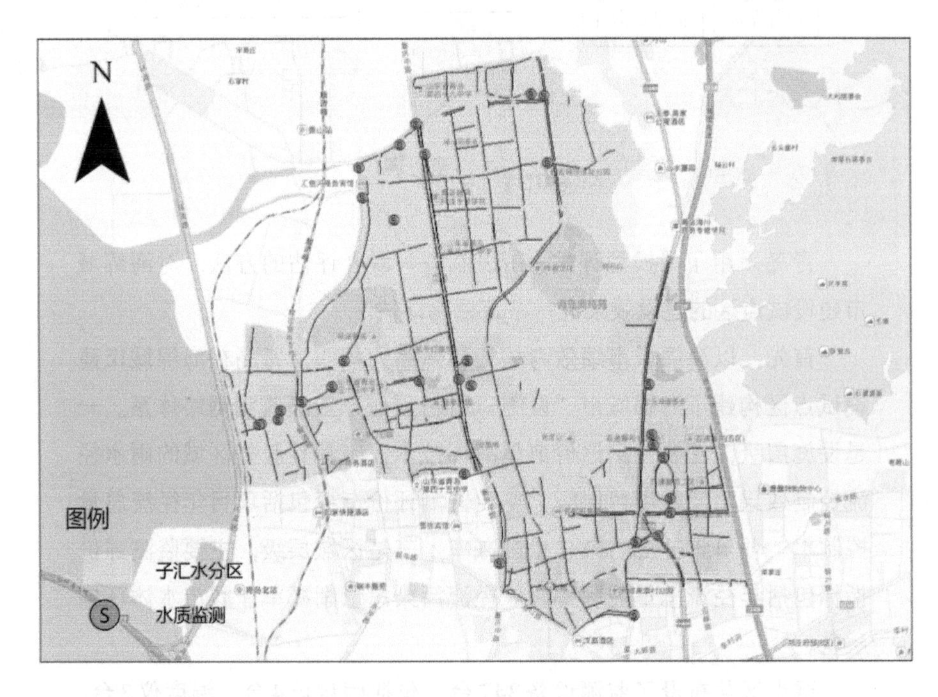

图 8-3

青岛海绵城市试点区排口监测在线SS检测仪分布

性和可信度，青岛根据各项目单位提交的项目资料，在试点区排水模型中输入各完工项目海绵设施工程量及设施主要参数，并根据在线监测数据对模型关键参数进行率定分析，从项目及片区层面分别分析海绵城市建设改造效果（图8-4，图8-5）。

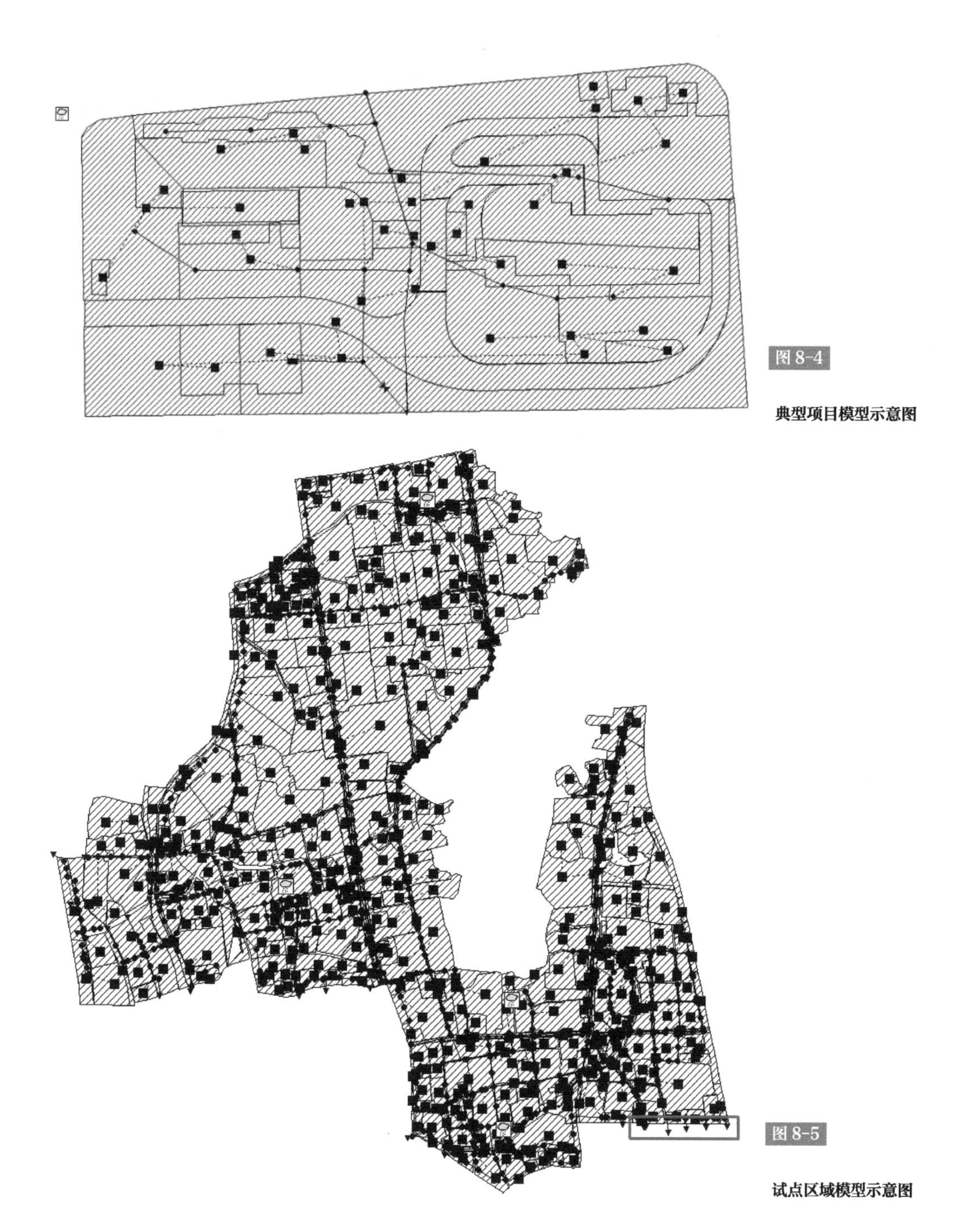

图 8-4

典型项目模型示意图

图 8-5

试点区域模型示意图

8.1.3　试点区各项指标全面达标

（1）雨水年径流总量得到有效控制

采用模型对青岛市海绵城市建设试点区各排水分区的年径流总量控制率进行分析，根据监测数据对排水模型参数进行率定与验证，保证模型结果的可信性。经模型计算典型年数据，通过源头减排、过程控制、系统治理后，青岛市海绵城市试点区年径流总量控制率为79%。

同时，根据排水分区、重点项目的排口在线监测数据对年径流总量控制率进行分析评估，根据监测结果，试点区整体年径流总量控制率达到83%，与模型评估结果基本保持一致（表8-1）。

表8-1　各排水分区年径流总量控制率模型及监测评估结果一览表

汇水分区	排水分区	面积/ha	年径流总量控制率/%		
			目标	模拟结果	监测结果
楼山河	1	117	67	82.6	82.9
	2	107	68	69.4	70.1
	3	120	81	83.4	82.6
	4	241	73	76.3	76.8
	5	62	65	70.6	78.1
	6	261	72	82.6	83.4
板桥坊河	7	162	85	86.5	89.4
	8	56	50	54.1	—
	9	112	74	83.2	87.2
	10	172	75	77.9	75.4
	11	160	75	77.3	83.8
大村河	12	409	74	75.2	82.0
	13	178	86	86.0	88.9
	14	132	80	82.4	80.3
	15	235	75	79.0	83.6
试点区合计		2524	75	79.0	83.4

注：排水分区8临海，排口长期受到潮水倒灌的影响，流量不能反映实际排水情况，因此不具备监测条件。

（2）水环境质量明显改善

海绵城市建设后，试点区内污染物排放量降低，点源污染和内源污染基本消除，降雨径流污染得到削减，水环境容量得到提升。以COD

为例，COD排放削减率总体达到90.5%，水环境容量提升42.3%，COD排放负荷与水环境容量比值由8.8降低至0.59。根据典型年降雨模拟评估，试点区初雨污染控制率达到80%（以TSS计）（表8-2）。

表8-2　试点区水环境效果复核计算表

类别		COD	NH_3-N	TP
污染物负荷/（t/a）	现状污染物排放量	2572.8	185.7	25.8
	污染物削减量	2328.69	180.94	25.09
	工程实施后污染物排放量	244.11	4.76	0.71
水环境容量/（t/a）	现状水环境容量	291.1	14.3	2.9
	工程实施后水环境容量	414.21	18.01	3.6
综合削减率		90.5%	97.4%	97.2%
污染负荷量/水环境容量		0.59	0.26	0.2

水环境质量方面，通过海绵城市建设试点区消除了黑臭水体。根据试点区内楼山河、楼山后河、板桥坊河、桃园水库、上王埠水库等河道与水库的持续性监测数据，海绵城市建设实施以来，监测断面水质呈好转性趋势。以试点区内板桥坊河（兴国二路监测断面）为例，海绵城市建设实施以来，化学需氧量、氨氮、总磷2019年均值分别较2017年下降56.1%、14.5%、37.1%，水环境质量有明显好转（图8-6～图8-8）。

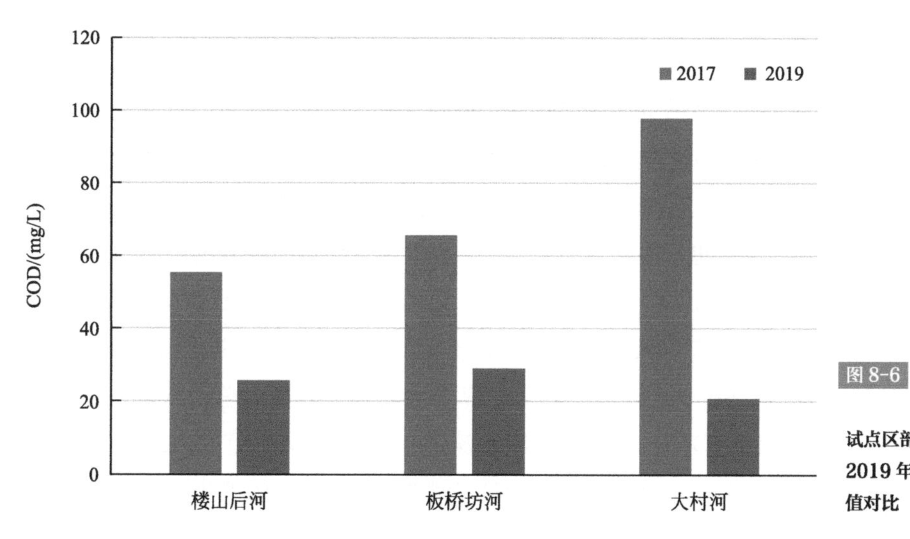

图8-6

试点区部分河道2017、2019年COD监测数据均值对比

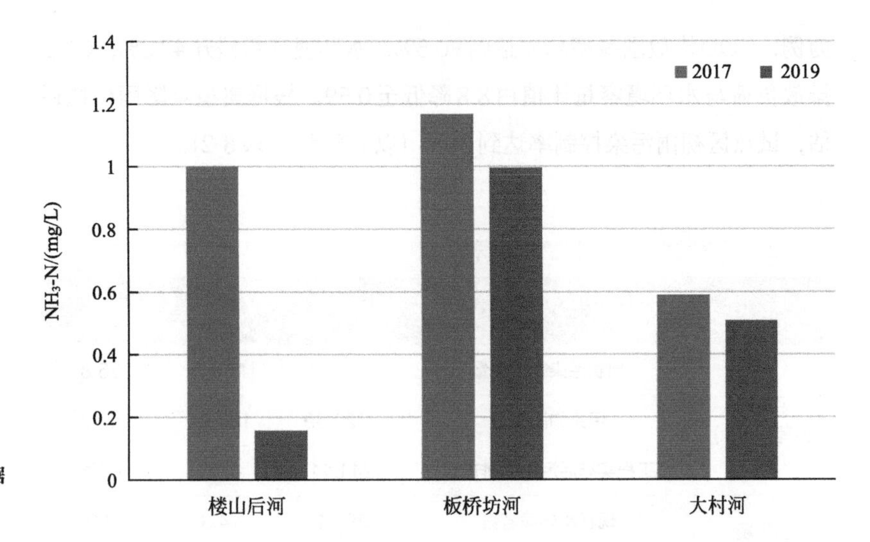

图 8-7

试点区部分河道 2017、2019 年 NH_3-N 监测数据均值对比

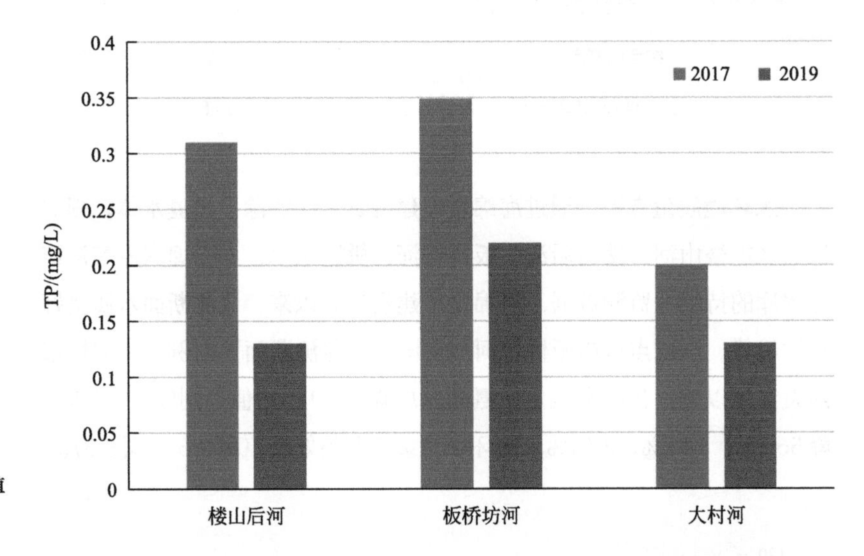

图 8-8

试点区部分河道 2017、2019 年 TP 监测数据均值对比

(3) 基本消除积水内涝风险

应用模型软件，基于试点区管网普查数据、下垫面、高程数据等，耦合试点区排水管网模型与二维地表模型，利用在线降雨监测数据对模型参数进行率定与验证，保障模型评估结果的科学性。

利用50年一遇24小时设计降雨评估试点区内涝情况。经模型评估，通过海绵城市建设工程系统实施后，试点区内防洪排涝能力显著增强。50年一遇降雨设计工况下，试点区内最大总积水量由3.35万m^3缩小至不足4000m^3，积水深度不超过0.27m，且最大积水深度和积水时间明显减小，基本消除了对群众出行造成的威胁（图8-9）。

图 8-9

青岛市海绵城市试点区建设后内涝风险评估（50年一遇24h降雨）

8.2　生态效益

8.2.1　保护自然生态本底

通过大村河上游、楼山后河二支流等工程建设，试点区共改造生态岸线4.05km，生态岸线率为92.2%；建成生态、美化、人与自然和谐的城市生态体系，实现青山碧水、河湖山色的独特自然景观。试点过程中对现状河道、水体进行严格保护，通过楼山后河、楼山后河二支流、四清水库等综合整治工程，试点区增加水面面积0.74ha，水面率达到2.03%（图8-10）。

图 8-10

试点区改造后的生态岸线

8.2.2 增加生态产品供给

通过“控源截污、内源治理、生态修复、活水保质”等综合工程措施，试点区对楼山后河、板桥坊河、大村河、上王埠水库等11处水体进行了全面整治，整治河道长度达到12km；采用控制源头污染、底泥清淤、生态修复和补水等措施，消除了楼山河黑臭水体，大村河、四清水库等实现了水清岸绿，形成了“人水和谐”的景象（图8-11）。

图8-11

大村河上游海绵城市改造工程

试点区改造公园绿地共21个，打造了十梅庵公园、楼山公园、牛毛山公园、沧口公园、李沧文化公园、上王埠中心绿地等一批高品质城市公园，试点区内增加绿化面积357ha，基本实现“300米见绿、500米见园”（图8-12 ~图8-15）。

图8-12

海绵改造后的楼山公园

图 8-13

海绵改造后的李沧文化公园

图 8-14

海绵改造后的沧口公园

图 8-15

上王埠中心绿地二期

公园绿地整治和水系治理覆盖试点区全流域，形成了试点区蓝绿交织的生态安全屏障，缓解了青岛城区热岛效应，城市生态环境得到显著提升。

8.2.3　优化水资源结构

水是城市生存与发展的命脉与活力体现，海绵城市建设缓解了水资源供需矛盾。试点区结合源头治理项目新增调蓄容积2.05万m^3，将调蓄的雨水资源用于道路冲洗、绿地浇洒、生态补水等，通过合理调度四清水库、羊栏顶水库、石沟水库、上王埠水库等，向下游河道补水，雨水资源年利用量达147万m^3，雨水资源利用率达到8.2%（图8-16）。

图8-16

青岛市海绵城市试点区雨水资源利用

污水再生利用方面，李村河污水处理厂再生水利用主要用于河道景观补水，2019年李村河污水处理厂污水处理量7225.60万m^3，李村河生态补水量3869.92万m^3，污水再生水利用率达到53%（图8-17）。

图8-17

李村河污水处理厂再生水河道补水口

8.3　社会效益

8.3.1　百姓幸福感增强

（1）尊重民意

青岛市海绵城市建设坚持以人为本的发展理念，尊重市民对海绵城市建设决策的知情权、参与权、监督权，鼓励企业和市民通过各种方式参与城市建设、管理，真正实现共治共管、共建共享。

试点区建设在规划初期阶段，即建立了“涉水问题+居民需求”双导向的工作机制，通过采用问卷调查、走访座谈、公布征求意见电话等方式，深入调查研究，广泛听取意见，编制规划时充分考虑群众各方面诉求，让海绵城市建设与群众需求同频共振（图8-18）。

图8-18

《青岛市海绵城市试点区系统化实施方案》征求意见

（2）汇集民智

在试点区各类海绵城市建设项目中，老旧小区、公园绿地的海绵化改造与群众关系最为密切，在方案设计初期，通过方案公示、公众宣讲等方式，充分征求小区业主和周边居民的意见，并将意见反馈充分融入到设计方案中；在入场施工前，再次征集群众意见，优化完善设计方案。

以李沧文化公园海绵城市提升改造项目为例，青岛市组织当地设计院与公园养护管理单位，在李沧文化公园主入口设专门展板，听取、收集市民意见建议，解答市民疑问，现场群众均积极参与、主动询问、献计献策，整个听取意见建议工作持续十天（图8-19）。

图8-19

李沧文化公园改造方案征求群众意见

（3）凝聚民力

青岛市海绵城市建设试点过程广泛接受群众监督。市、区两级主管部门多次通过民生在线、网络问政等形式，听取群众关于海绵城市建设的意见和建议，到现场对接解决问题，形成“政民”良性互动，群策群力共谋青岛市海绵城市建设（图8-20）。

图8-20

青岛市海绵城市建设网络问政

（4）改善民生

青岛市海绵城市建设从小处着眼民生，针对小区停车泊位短缺、雨天积水、绿化休闲设施偏少等百姓身边事，通过海绵化改造带动停车位改造、内涝整治、雨污分流和小区环境品质提升等，一揽子解决老旧小区民生痛点顽疾，让群众看得见、摸得着、得实惠，让海绵城市建设更有温度。

①“海绵”停车位改造

针对部分小区停车位不足的问题，海绵城市建设过程中对小区进行“海绵”生态透水停车位建设，新增及改造停车位1.2万余个，近5万社区居民直接受益。翠湖小区改造前停车位远远不满足居民停车需求，乱停车给居民日常生活带来了极大不便。结合海绵城市建设，对小区夜间车辆停放数量进行了实地调查，合理规划，新增设停车位235个，解决了小区停车难问题（图8-21）。

图8-21

翠湖小区停车位改造前后

② 雨天积水问题改善

海绵城市建设前，积水问题是一直以来困扰梅庵新区、翠湖小区、湖畔雅居、华泰社区等小区居民的顽疾。青岛海绵城市建设构建了“上截-中蓄-下排”的排水系统，用截洪沟将山体客水截流引导，通过源头设施增加小区蓄滞雨水能力，完善小区排水管网增强排水能力，从根本上解决了青岛的建筑小区客水入侵的问题，大幅改善小区积水情况，改造后的小区基本实现“小雨不湿鞋、大雨不积水”（图8-22）。

图8-22

湖畔雅居积水改善情况

③ 小区公共环境提升

将海绵城市建设与小区基础设施完善、景观提升相融合，对小区入口、广场等公共活动空间重点打造，对公共设施更新和功能提升，打造干净整洁的小区环境。如公共绿地旁增设休闲座椅；对小区的围栏进行更换，减少安全隐患；保留群众要求的花草树木，部分小区还铺设景观绿道，形成社区海绵绿道，最大程度满足民生需求（图8-23）。

图8-23

御景山庄入口园路改造前后

8.3.2　城市品质提升

（1）补齐市政基础设施短板

青岛市海绵城市建设试点区位于老城区，部分基础设施建设年代久远，排水管网排水能力不足，存在部分管网空白区域；污水管网系统不完善，有污水直排现象。海绵城市试点建设期间，对试点区问题管网进行全面摸查，对原有排水系统升级优化，新建改建雨污水管网35km，改造雨污混接135处，消除了上王埠、西流庄等管网空白区。经过市政基础设施系统提升改造后，彻底消除试点区内污水直排污染，城区排水防涝能力得到显著提升。2019年，超强台风“利奇马”来袭，受台风影响，青岛市普遍出现大到暴雨，全市平均降雨量达136.8mm，试点区未出现大面积内涝积水现象，城市水安全得到切实保障（图8-24）。

(a)李沧文化公园

图 8-24

“利奇马”台风降雨部分试点项目情况

（2）更新城市建设发展理念

青岛市在海绵城市试点建设过程中，将海绵城市建设理念充分与其他城市建设工作相结合，开展了“老旧小区整治+海绵”“城市黑臭水体专项整治+海绵”“城市品质提升+海绵”等多项行动与海绵城市相结合的方式，改善枣园路片区、北园路片区、虎山路片区等老旧居民小区81个，升级城区道路14条，完成城区12处黑臭水体治理，将海绵城市落实在城市开发、建设、管理的方方面面，真正将海绵城市建设理念融入城市更新发展中（图8-25）。

图 8-25

图 8-25

海绵城市改造效果

（3）提升城市影响力和知名度

① 社会公众评价

海绵城市建设切实改善了老城区人居环境，让广大人民群众切实受益，加深了对海绵城市理念的认识，提高了对政府工作的支持度和满意度。百姓多次送来锦旗、感谢信函，华泰社区居民赋诗赞赏，有居民主动在网络论坛发帖，点赞青岛市海绵城市建设。试点区海绵城市建设的良好成效让周边居民感受到了海绵城市建设带来的实惠，桃园路小区、顺河家园等20多个小区居民主动要求进行海绵改造（图8-26）。

昔日华泰杂草丛生，道路坑洼雨后难行

今天社区树茂草青，鲜花盛开路平道整

一场大雨不见水坑，海绵吸水储备利用

政府规划造福百姓，民心向党其乐融融

汇成一句话：这边风景独好。

——华泰社区居民

图 8-26

华泰居民赋诗赞赏青岛海绵城市建设

② 主流媒体报道

青岛海绵城市建设试点的显著成效，进一步为青岛滨海旅游度假旅游城市建设助力，也提升了城市形象和吸引力。各类新闻媒体报道青岛市海绵城市建设50余次，青岛市海绵城市建设受到社会各界高度关注、多方赞许。

央视新闻频道制作专题新闻，介绍青岛海绵城市建设试点成效，推广“青岛经验”（图8-27）。

图8-27

央视新闻报道青岛海绵城市建设成效

人民网、环球网、人民日报等国内国际一线主流媒体也在重要版面宣传报道青岛市海绵城市建设经验报道（图8-28，图8-29）。

青岛：全域构建海绵城市 提升城市品质

新华社

发布时间: 20-07-22 10:50 | 新华社官方帐号

海绵城市是指城市能够像海绵一样，下雨时吸水、蓄水、渗水、净水，需要时将蓄存的水释放并加以利用，实现雨水在城市中自由迁移。2016年，青岛入选全国第二批海

图8-28

新华社报道《青岛：全域构建海绵城市 提升城市品质》

图 8-29

青岛市海绵城市建设相关新闻报道

③ 城市交流学习

自成为海绵城市建设试点以来，广州市、武汉市、邯郸市、庆阳市、威海市等国内兄弟城市，以及澳大利亚南澳州等国外代表来青交流访问12次，就海绵城市规划管控管理办法、设施运营维护、监测平台建设等海绵城市建设经验进行学习交流。青岛市参与海绵城市建设论坛、国际研讨会、建设博览会等国内外会议6次，吸引了众多城市、单位参观学习（图8-30）。

图 8-30

2018 海绵城市建设国际研讨会青岛展台

8.4 经济效益

8.4.1 拓展投融资渠道、拉动投资

试点区在建设过程中积极推广政府和社会资本合作（PPP）模式，吸引社会资本广泛参与海绵城市建设，促进投资主体的多元化，发挥政府、社会资本各自优势，形成互利合作关系，以最有效的成本为公众提供高质量服务。

试点区按照“流域和项目层级相结合，以汇水分区为基础”的边界切分方式，打包PPP项目。在流域层级，依据试点区内主要河流水系、排水管网及汇水分区分布情况，将试点区内PPP建设项目划分为楼山河、板桥坊河、大村河等3个流域包。三个项目包（每个流域分区为一个项目包，分别采购三家社会资本）的项目资本金为本项目包所有PPP项目总投资的30%。资本金的到位次数及时间应满足股东协议要求，以及满足项目的工程建设、融资要求和法律规定。除自有资金外，其他资金筹集方式主要包括银行贷款、发行债券等，鼓励社会资本多渠道融资、鼓励社会资本同等条件下优先向李沧区辖区内注册纳税的金融机构融资，对项目建设给予及时的资金支持，未新增政府隐性债务。

8.4.2 带动土地增值

试点区域的海绵城市建设过程中，改善了传统城市开发模式的水环境和生态环境，提升小区居住环境，使得周边的土地价值得到了增加。如大村河上游综合整治项目-上王埠中心绿地（二期）海绵城市改造项目采用了政商共建模式，引入社会资本，探索政企“共同出资、统一建设、移交管理”的海绵城市建设模式（图8-31）。项目建成后，一是达到控制初期雨水径流、解决源头水体污染问题、增加水库调蓄空间的建设目标；二是实现了增加了公共服务设施和生态产品供给，拓展了市民休闲活动空间；三是带动区域开发建设、土地增值。实现了政府节约财政资金、企业获得投资回报、群众提升幸福感“三方共赢”，为突破传统的城市开发模式探索了新思路（图8-32）。

图 8-31

上王埠中心绿地“政企共建”模式

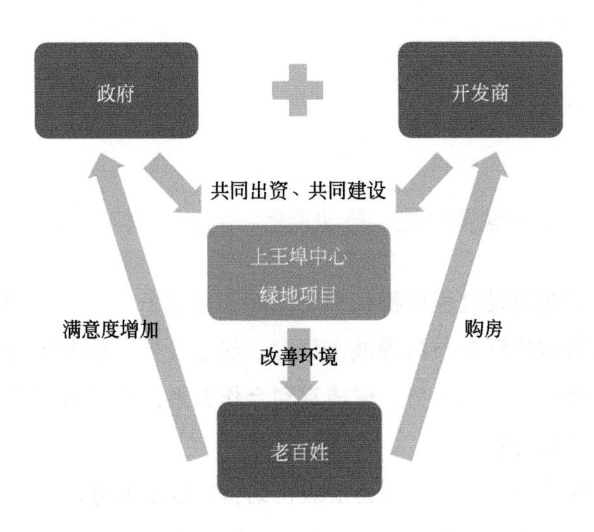

图 8-32

上王埠中心绿地建设成效

8.4.3　推动产业升级

青岛市牢牢抓住海绵城市试点建设机遇，将海绵城市建设与新旧动能转换相结合，推动青岛本地海绵城市产业发展。带动本地传统的陶瓷、管道等建材企业成功转型，已孵化培育地方规划设计、新型材料设备、施工、监理、模型、监测、咨询、运行维护管理等各类海绵城市建设相关企业36家，如青岛桑德海绵城市建设工程有限公司、青岛德润海绵城市建设工程有限公司、青岛青新海绵城市配套有限公司等，并且吸引了一批与海绵城市相关的企业落户青岛，如北京清环智慧水务青岛分公司等，2018年，这些企业全年共实现海绵城市建设营业收入约3.9亿元，极大推动了地方产业转型升级与地方经济健康发展。

第三篇

全市系统推进

9. 坚持多级规划的引领作用

10. 强化多方联动的组织保障

11. 构建多维度的制度保障

12. 建立多渠道的资金保障

13. 创新多方参与的运营模式

14. 强化多行业的技术支撑

15. 落实多角度的评估管理

16. 加强多媒体的宣传培训

通过海绵城市建设试点的探索，青岛市从规划体系、组织机构、政策制度、规范标准、市场化模式等方面，初步构建了一套适应于青岛地方特色的海绵城市建设管理体制机制，从试点区获得的宝贵经验为海绵城市在青岛市的全面推进打下了坚实基础。

试点区面积相对较小、建设项目数量较少、领导重视程度高，并且有国家补助资金、专项政策的支持，青岛市对海绵城市试点区规划、设计、建设、运维等各个环节进行了全过程、高规格的管控，这些都是试点工作高效推进的保障。在全域推进的过程中，一方面需要通过体制机制的建设，将试点过程中形成的有效的管控经验以政策制度的形式固化下来；另一方面，综合考虑长期资金和人员投入等原因，针对试点建设的高强度、高规格管控方式不能够完全适用于全域常态化推进，尤其是对于青岛这种大型城市来说，如何建立一整套完善的、行之有效的管控机制，系统全面地保障海绵城市建设和推进，成为必须要解决的一道难题。

青岛市立足长远发展和实际需求，不断总结经验，优化体制机制，完善顶层设计、政策制度和规范标准体系，创新投资建设运营模式，按照“多级规划、多维协调、多元建设、多重保障、多方参与”的全市推进模式，以规划为引领，以制度为依托，系统化全域推进海绵城市建设。

坚持多级规划的引领作用

规划是海绵城市建设的基础，尤其是对于青岛这样的大型或特大型城市来说，将海绵城市的工作要求通过规划的形式，从空间和时间两个维度层层细化，一方面能够在总体管控上保障海绵城市建设的系统性，另一方面也能够为具体项目建设提供科学指导。

为了系统指导全市海绵城市建设，青岛市构建了全市统一标准的“专项规划定格局、详细规划定指标、系统化方案定项目”多级海绵城市顶层规划设计体系，在国内首创性地提出了全市统一的海绵城市详细规划和系统化方案技术标准，科学指导全市海绵城市规划编制工作（图9-1）。

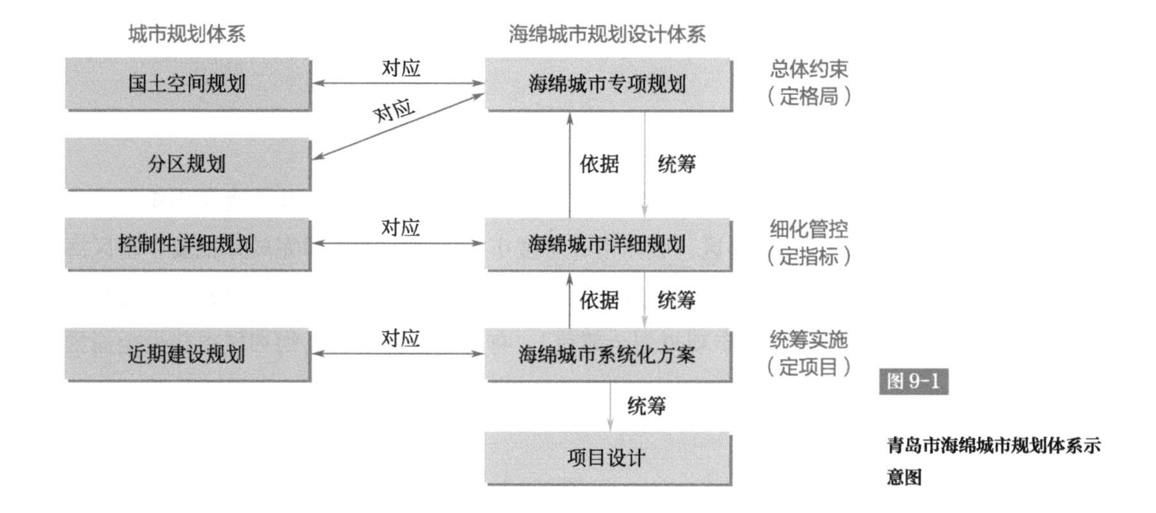

图9-1

青岛市海绵城市规划体系示意图

9.1 专项规划统定格局

专项规划着重构建“山水林田湖海草”生态空间安全格局和涉水重要基础设施布局，对各汇水分区提出海绵城市控制要求，统筹涉水规划，保证生态安全空间格局系统化。

2016年4月，青岛市按照《海绵城市专项规划暂行规定》的要求，在摸清城市本底的基础上，完成了《青岛市海绵城市专项规划（2016—2030）》，并经市人民政府批复实施，规划范围为中心城区，率先完成了城市核心区域海绵城市建设格局和目标的规划（图9-2）。

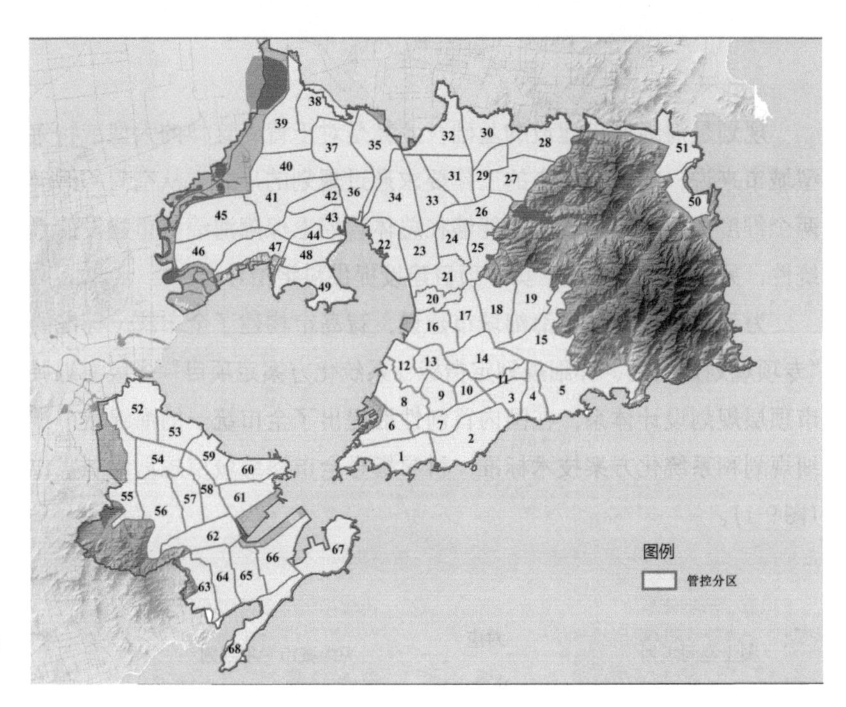

图9-2

青岛市海绵城市专项规划管控分区图

着眼于全市海绵城市建设的整体推进，2018年青岛市组织西海岸新区、即墨区、胶州市、平度市、莱西市等先后完成并批复了辖区海绵城市专项规划，规划范围由中心城区向全市范围辐射延伸，实现了“海绵城市专项规划全覆盖”，有效地指导了青岛海绵城市建设全面推进（表9-1）。

表9-1　青岛市各区（市）海绵城市专项规划一览表

序号	区（市）	批准日期	批准文号	批准部门
1	市南区	2016年4月8日	青政办发［2016］10号	青岛市政府
2	市北区	2016年4月8日	青政办发［2016］10号	青岛市政府
3	李沧区	2016年4月8日	青政办发［2016］10号	青岛市政府
4	崂山区	2016年4月8日	青政办发［2016］10号	青岛市政府

续表

序号	区（市）	批准日期	批准文号	批准部门
5	西海岸新区	2017年11月22日	会议纪要［2017］5号	西海岸新区规委会
6	城阳区	2016年4月8日	青政办发［2016］10号	青岛市政府
7	即墨区	2017年7月31日	即政办发［2017］68号	即墨区政府
8	胶州市	2018年1月2日	胶政发［2018］2号	胶州市政府
9	平度市	2017年8月26日	平政字［2017］76号	平度市政府
10	莱西市	2017年6月9日	会议纪要2017年第1次	莱西市规委会
11	高新区	2018年2月14日	会议纪要（第01期）	高新区规委会

随着海绵城市建设工作的不断推进，青岛市积极总结建设经验，结合本地特点，2019年完成了海绵城市专项规划的修编工作，彰显青岛海绵城市“优先保护天然海绵体，充分衔接老城风貌保护，加强相关规划统筹协调”的总体建设特色，不断完善规划引领的科学性、系统性。

9.2　详细规划定指标

青岛市在实践过程中发现，如缺乏详细规划指引，自然资源和规划部门在发放“两证一书”时，海绵城市建设相关的年径流总量控制率、面源污染削减率等指标只能按照专项规划指标统一发放，但专项规划管控区域尺度较大，不能充分考虑各类用地和各个地块的实际建设条件，导致各地块在开发建设过程中为达到规划指标，往往存在“过度海绵化”或“去海绵化”等问题。

为系统性解决这一问题，发挥好详细规划在海绵城市建设中分解总体目标，细化落实地块指标的指导性作用，青岛市研究制定了《青岛市海绵城市详细规划编制大纲》和《青岛市海绵城市系统化实施方案编制大纲》，统一全市规划编制技术要求（图9-3）。各区（市）按照海绵城市规划环节管控要求，结合区域控规修编调整，编制辖区海绵城市详细规划，根据专项规划确定的总体目标和指标，划定区域汇水分区和排水分区，落实各地块的具体控制指标，为规划部门发放规划设计条件等提供支撑，保证新建项目全面达到海绵城市建设要求。

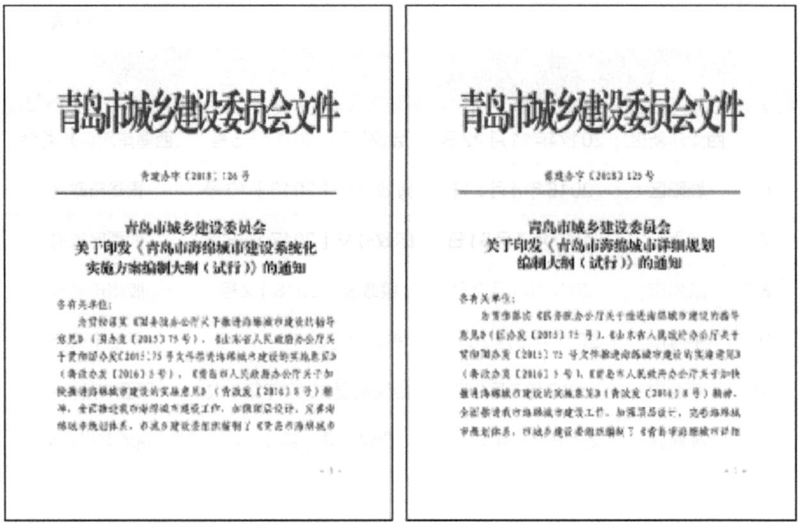

青岛市城乡建设委员会文件

青建办字〔2018〕126号

青岛市城乡建设委员会
关于印发《青岛市海绵城市建设系统化实施方案编制大纲（试行）》的通知

各有关单位：

青岛市城乡建设委员会文件

青建办字〔2018〕125号

青岛市城乡建设委员会
关于印发《青岛市海绵城市详细规划编制大纲（试行）》的通知

各有关单位：

图 9-3

青岛市海绵城市规划编制大纲印发通知

9.3 系统化方案统筹项目

“十三五”期间，青岛市通过“多级规划”推进模式，要求各区（市）结合辖区特点，编制海绵城市重点建设区域系统化方案，以流域为单元，统筹灰色和绿色基础设施，建立“源头减排-过程控制-系统治理”的工程体系，梳理工程体系与多目标实现之间的关系，因地制宜确定控制目标和工程项目，避免海绵城市建设碎片化，整体推动青岛市“2020年25%的城市建成区达标”。

2020年7月经过初步评估，青岛全市可达到《海绵城市建设评价标准》的片区（排水分区）50个、项目729项，总达标面积（城市建成区）216km^2，占青岛市总建成区面积的26%（表9-2）。

表9-2 各区（市）海绵城市达标情况一览表

序号	区（市）	建成区面积/km^2	达标面积/km^2	达标面积比例/%
1	市南区	30.02	5.56	18%
2	市北区	63.18	20.9	33%
3	李沧区	77.31	25.24	33%
4	崂山区	66.33	15.04	23%
5	西海岸新区	233	48.37	21%

续表

序号	区（市）	建成区面积/km²	达标面积/km²	达标面积比例/%
6	城阳区（含高新区）	138.25	29.04	21%
7	即墨区	59.69	12.31	21%
8	胶州市	72.39	29.23	40%
9	平度市	61.6	21.47	35%
10	莱西市	34.29	8.97	26%
	合　计	836.06	216.13	26%

“十四五”期间，青岛将继续总结推广“十三五”工作经验，发挥规划引领作用，持续推进海绵城市在全域范围系统化建设。

强化多方联动的组织保障

海绵城市建设涉及部门及专业广泛，涵盖各类型项目统筹建设管理，如何高效协调各部门、各专业和各项建设工作有序开展，是海绵城市建设的首要问题。为加强全市海绵城市建设统筹推进工作，青岛市从高位协调、市区联动和长效推进等方面，构建多级组织管理体系，全力推进海绵城市长效管理。

10.1 完善组织架构

青岛市委市政府高度重视海绵城市建设工作，成立了市长任组长的海绵城市建设工作领导小组，相关职能部门、各区（市）主要负责同志为领导小组成员。市海绵城市建设工作领导小组坚持高位协调，定期召开会议，专题研究部署加快政策制度、规划方案、试点建设、创新示范、资金计划、全面推进等海绵城市建设中的重大问题，为海绵城市建设在全市的稳步推进提供了有力保障，确保各级政府和部门统一思想，协作配合，将海绵城市相关目标任务落到实处（图10-1）。

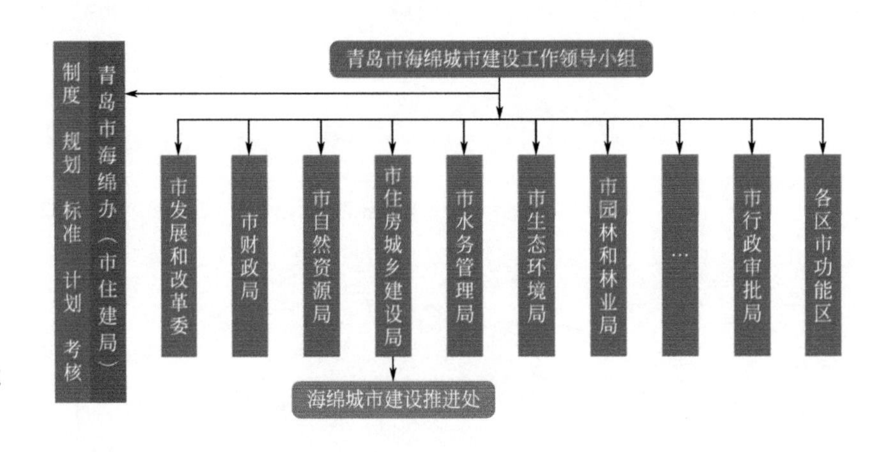

图10-1

青岛市海绵城市建设组织体系

10.2　市区两级联动

在领导小组高位协调推动的基础上，青岛市海绵城市建设工作领导小组下设海绵办，负责统筹协调海绵城市建设日常工作，保障海绵城市建设各项工作有序开展。

10.2.1　组建高效“指挥部办公室”

青岛市海绵办按照指挥部模式，从住建、发改、财政、自然资源和规划等部门和单位抽调20余名业务骨干，内设综合协调部、规划建设部、资金计划部、督查考核部等4个部门，全面负责海绵城市日常推进的各项工作。

（1）综合协调部

负责办公室的具体工作的总体协调与调度；包括工作制度、车辆配备、办公地点、人员管理等，牵头组织通知、简报、会议纪要、领导讲话、新闻宣传等各类材料，办理各类综合性会议，做好文件收发、信息报送、档案管理、宣传等；牵头对接协调国家相关部委、省政府、省住建厅、市政府等上级部门。

（2）规划建设部

负责全市海绵城市建设专项规划编制和修订工作，指导和督促即墨、胶州、平度、莱西等区（市）编制海绵城市专项规划；组织各区（市）开展海绵城市详细规划和系统化实施方案编制；指导海绵城市专项规划、详细规划、标准规范、技术导则等编制、修订工作；提出年度建设目标；负责指导全过程全方位策划、规划、设计、施工、验收等相关工作；开展海绵城市技术培训和科学技术研究等。

（3）资金计划部

负责海绵城市建设财政资金筹措及预算计划安排；制定补助资金管理办法，及时下达补助资金计划；指导、监督、拨付、使用补助资金；协调指导各类建设项目造价咨询及财政评审工作；负责海绵城市建设社会资金筹措，制定政府采购及遴选社会资本合作方程序，组织组建PPP（基金）项目公司；完善PPP合同体系，设置合理的权益融合、收益分配及风险分担机制。

（4）督查考核部

负责协调建立海绵城市督查问责工作机制，制定督查与考核办法，组织实施建设目标和年度指标的考核；协调组织拟定海绵城市建设项目，简化行政审批工作流程及加强关键环节管控等相关工作；负责协调督导试点区、试点项目建设的组织推进；负责全市海绵城市建设日常工作调度和现场督导检查；负责建立督查通报周报、月报、季报、年报制度并编发相关工作通报等。

10.2.2　建立部门联动和信息上报机制

为全面掌握海绵城市建设工作的总体进度和各区（市）工作推进情况，协调沟通相关问题，青岛市海绵办建立了部门联动和信息报送制度，一方面与发改、财政、自然资源和规划等部门建立海绵城市日常联络机制，另一方面要求各区（市）海绵城市建设牵头部门确定专人负责，按时上报海绵城市建设情况，及时了解全市海绵城市政策和项目的推进情况进度，做到提前谋划，有序推进。

10.2.3　加强市区联动和定期调度

为进一步加强工作统筹、技术指导和绩效考核，市、区两级通过建立“统一指挥、综合协调、市区联动、定期调度”的工作机制，高效联动、形成合力，及时解决试点建设的痛点、难点、堵点。

市海绵办建立“周动态、月通报、定期调度、现场巡查”的工作机制。主任办公会每月召开一次，由市海绵办主任（副主任）召集，各成员单位分管领导参加；工作例会每周召开，研究解决海绵城市建设工作中的具体问题。每周发布工作动态、每月发布建设情况通报，协调解决试点建设推进过程中出现的资金、质安监等问题，指导督促试点项目建设。试点期间，市海绵办共组织召开专题会议53次，发布工作动态55期，发布工作通报24期（图10-2）。

图 10-2

青岛市海绵办工作动态

政 办 通 报

第 1 期

青岛市人民政府办公厅　　2017 年 2 月 13 日

在海绵城市地下综合管廊建设和黑臭水体整治工作推进会议上的讲话

（2017 年 2 月 4 日）

牛俊宪

同志们：

今天，在这里召开海绵城市、地下综合管廊建设和黑臭水体整治工作推进会，主要任务是梳理 2016 年几项工作推进情况，查找存在问题，研究部署下一步工作。刚才，市城乡建设委汇报了海绵城市、地下综合管廊建设和黑臭水体整治工作总体进展情况，对存在的问题进行梳理，并提出相关工作建议。各区、市

— 1 —

青岛市海绵城市建设工作领导小组办公室 会议纪要

〔2019〕第 17 号

海绵城市建设项目评估会议纪要

为优化李村河上游、金水河环境提升及海绵改造工程的设计方案，2019 年 10 月 24 日，青岛市住房和城乡建设局委托青岛市工程咨询院组织召开李村河上游、金水河环境提升及海绵改造工程两个项目可行性研究报告评估会议。会议邀请了海绵城市、排水、景观、技经方面的专家组成了专家组，市水务管理局、李沧区财政局、区城市管理局、区海绵办、市自然资源局李沧分局、市生态环境局李沧分局等部门相关负责人员参加。会前，专家组认真审阅了有关资料，踏勘了项目现场；会上听取了编制单位青岛市政院的汇报和与会部门代表的意见，经过认真讨论和评估，一致认为该《可研》编制深度基本达到相关要求，但方案设计应加强系统性，完善总体技术路线和落地性，增强项目的可行性分

-1-

青岛市海绵城市建设 工作动态

〔2018〕第 11 期

市海绵城市建设工作领导小组办公室　　2018 年 6 月 15 日

目　录

- 1 -

10.3 设置专职机构

青岛市立足长远发展和实际需求，坚持“试点先行、以点带面，全域展开、有序推进”原则，推动海绵城市建设由试点示范向全域推进转变，由试点建设向长效推进转变。

2016 ~ 2018年，青岛市及所辖各区（市）先后成立海绵城市建设工作领导小组及办公室，但具体建设和管理工作实际由各区（市）城市管理局、城乡建设局等部门相关科室兼职负责，海绵城市建设长效推进的组织保障力度不足，在市区两级对接、辖区海绵城市建设远期目标完成等方面仍有待加强。

（1）成立市级海绵城市管理机构

为全面提高海绵城市长效推进力度，2018年3月，经市政府批准，青岛在全国率先成立海绵城市建设推进处，作为海绵城市规划建设管理专职机构，确定编内人员4名，实现市领导小组和海绵办工作常态化。2019年机构改革和部门职能调整后，青岛市将海绵城市建设职能纳入市住房城乡建设局“三定”方案，保留海绵城市建设推进处，负责拟订海绵城市规划计划、规范标准并组织实施（图10-1）。

（2）明确区级职能管理部门

在青岛市设立专职机构的带领下，各区（市）也积极落实属地化责任，结合机构改革，明确海绵城市建设责任部门。如李沧区将海绵城市建设职能纳入区城市管理局“三定”方案；崂山区在城市管理局下设海绵推进科，专职负责推进辖区海绵城市建设和日常管理等工作。

市区两级专职机构的设置对于青岛市进一步加强全市海绵城市日常协调调度、信息沟通、全过程监管、督查考核等相关工作具有重要意义，为海绵城市建设“后试点”时代系统化全域推进提供了强有力的组织保障，确保青岛市海绵城市建设工作持续推进。

构建多维度的制度保障

海绵城市建设是城市发展理念和建设方式转型的重要标志，青岛市在不增加审批环节的前提下，紧抓规划、建设等关键环节，将海绵城市建设要求纳入审批全流程，以公共政策推动政府和公众共同参与海绵城市建设，在深化“放管服”改革的同时，同步落实海绵城市建设管控要求（图11-1）。

立项规划用地许可阶段

审批部门	审批事项	海绵管控内容
市发展改革委	政府投资项目建议书审批（含专家评审）	审查海绵专篇

↓

审批部门	审批事项	海绵管控内容
市自然资源和规划局	建设项目用地预审	—
市自然资源和规划局	选址意见书核发	意见书中提出海绵城市建设要求

市自然资源和规划局	建设用地（含临时用地）规划许可证核发	核发证书

↓

工程建设许可阶段

审批部门	审批事项	海绵管控内容
市自然资源和规划局	设计方案联合审查	审查海绵专篇，落实是否达到选址意见书中海绵城市建设要求

↓

市自然资源和规划局	建设工程规划许可证核发	在证书中明确落实海绵城市建设要求

↓

图11-1

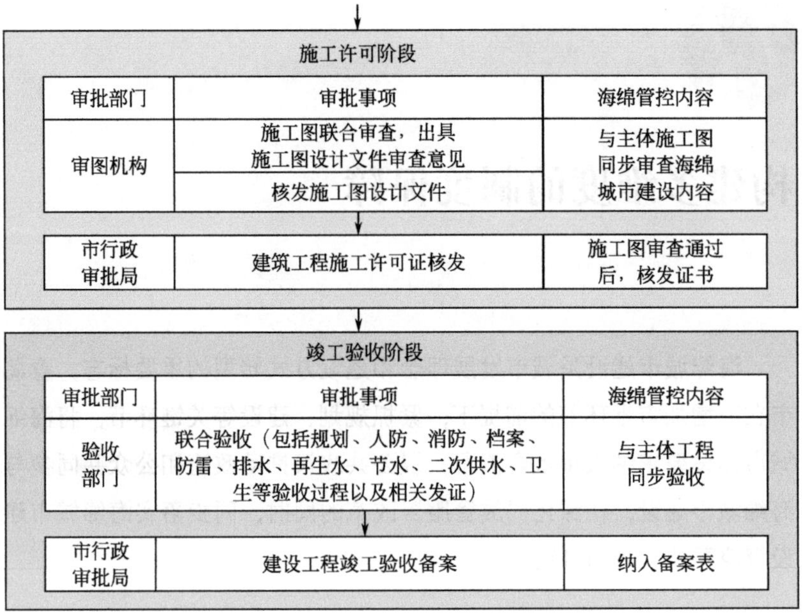

施工许可阶段

审批部门	审批事项	海绵管控内容
审图机构	施工图联合审查，出具施工图设计文件审查意见 核发施工图设计文件	与主体施工图同步审查海绵城市建设内容
市行政审批局	建筑工程施工许可证核发	施工图审查通过后，核发证书

竣工验收阶段

审批部门	审批事项	海绵管控内容
验收部门	联合验收（包括规划、人防、消防、档案、防雷、排水、再生水、节水、二次供水、卫生等验收过程以及相关发证）	与主体工程同步验收
市行政审批局	建设工程竣工验收备案	纳入备案表

图 11-1

青岛市海绵城市规划建设管控流程图

11.1 逐步开展地方性立法

为强化海绵城市建设的刚性约束，将全市统筹协调管理的体制机制通过法律法规进一步固化下来，青岛市启动了海绵城市建设的地方性立法工作。

结合现行法律法规修编，2020年3月，青岛市在《青岛市排水条例》中明确要求“规划部门组织编制控制性详细规划时，按照海绵城市专项规划及详细规划，确定雨水年径流总量控制率”。同时，在总结试点经验的基础上，2018—2020年，青岛市开展大量工作，编制《青岛市海绵城市规划建设管理条例》调研报告，推动海绵城市专项立法列入市人大中长期立法计划。立法工作的启动将更有效的推动海绵城市建设持久发展。

11.2 构建全流程管控体系

海绵城市是近几年新兴起的一种建设模式，在原有的管控体系中并未包含相关建设内容。为了保证海绵城市管控指标有效落地，青岛市结合区域实际情况，将海绵城市建设理念和要求融入建设管理、规划管控、技术审查、竣工验收、项目审批等全流程，形成了一套立竿见影的海绵城市管控体系（图11-2）。

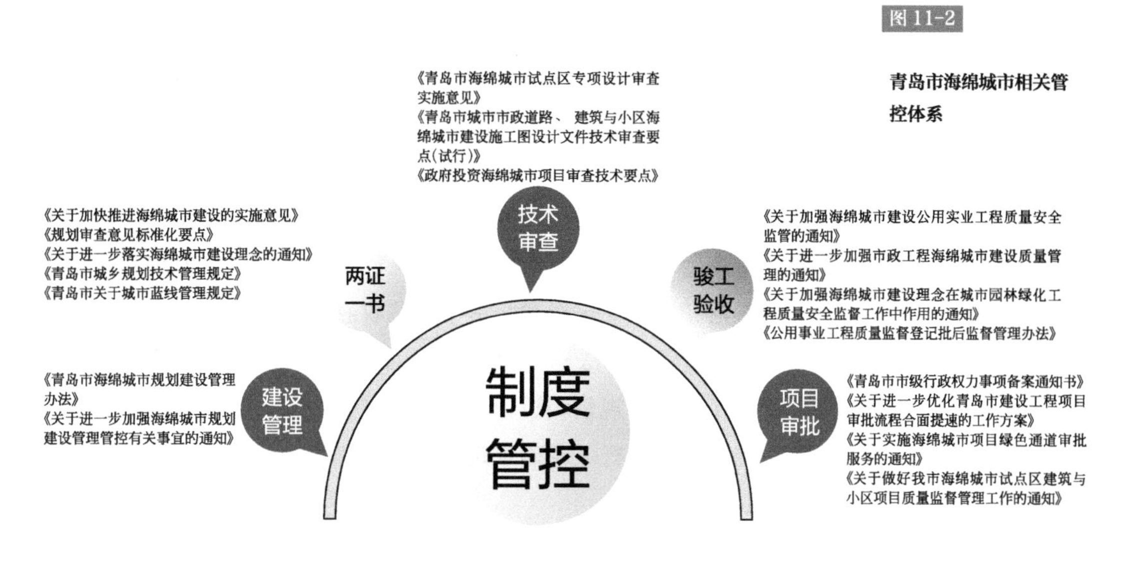

图 11-2

青岛市海绵城市相关管控体系

11.2.1　严格的规划建设管控

2016年初，青岛市多部门联合印发《青岛市海绵城市规划建设管理暂行办法》（以下简称《暂行办法》），要求青岛市规划区各类新、改、扩建工程进行海绵规划建设管控，第一次在全市范围内构建起从项目立项、土地规划选址、设计、建设到质量监督、竣工验收、运营管理等全流程的海绵城市管控制度（图11-3）。

QDCR-2016-013003

青岛市城乡建设委员会
青岛市财政局
青岛市规划局
青岛市国土资源和房屋管理局
青岛市水利局
青岛市城市管理局
文件

青建城字〔2016〕42号

关于印发《青岛市城乡建设委员会海绵城市规划建设管理暂行办法》的通知

各有关单位：

为贯彻落实《国务院办公厅关于推进海绵城市建设的指导意

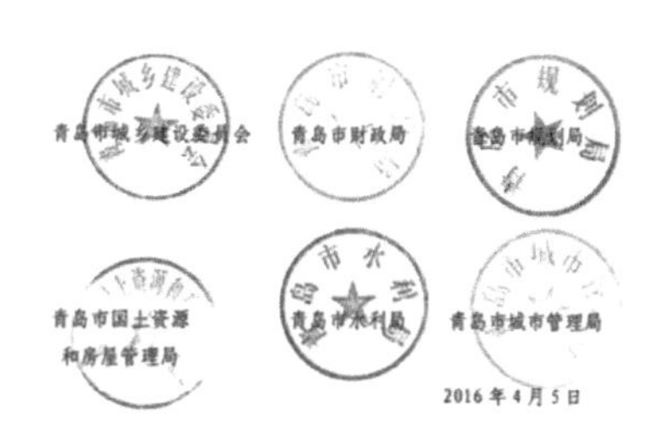
见》（国办发〔2015〕75号）、《山东省人民政府办公厅关于贯彻国办发〔2015〕75号文件推进海绵城市建设的实施意见》（鲁政办发〔2016〕5号）文件精神，加强海绵城市规划建设管理有关工作，根据《青岛市人民政府办公厅关于加快推进海绵城市建设的实施意见》（青政办发〔2016〕8号），制定《青岛市城乡建设委员会海绵城市规划建设管理暂行办法》，现予印发，请各有关单位遵照实施。

青岛市城乡建设委员会　青岛市财政局　青岛市规划局

青岛市国土资源和房屋管理局　青岛市水利局　青岛市城市管理局

2016年4月5日

图 11-3

青岛市多部门联合印发《青岛市海绵城市规划建设管理暂行办法》

随着工作不断推进，为了进一步强化管控力度，适应“放管服”改革，青岛市又印发了《关于进一步加强海绵城市规划建设管理管控有关事宜的通知》，优化和细化了海绵城市建设的管控要求。

“十三五”期间，上述两项文件有效指导了青岛市的海绵城市建设工作。但随着《暂行办法》到期、2019年机构改革后部门职责分工调整等新时代新变化的发生，原有文件已不能满足青岛市海绵城市建设全面、有序推进的要求。为了更有效地指导海绵城市建设系统化全域推进，将海绵城市建设工作系统化、规范化、制度化，2020年10月，青岛市学习和总结先进经验，由市人民政府办公厅印发《青岛市海绵城市规划建设管理办法》（以下简称《管理办法》），围绕海绵城市规划建设管理工作，对规划和设计、建设和质量、运营和维护、评价和激励等管控全流程进行了明确规定，在各环节严格落实海绵城市建设要求（图11-4）。

《管理办法》充分考虑到青岛市城市管理的实际情况，在不新增审批环节的基础上，进一步强化了全过程、全类型、全行业海绵城市建设综合管控力度。

例如在立项许可阶段，为解决部分改造类项目因规模、性质等原因不需要办理“两证一书”，但同样需要落实海绵城市建设要求的矛盾问题，《管理办法》提出此类项目的海绵城市建设要求由项目主管部门和建设单位征求海绵城市主管部门意见，根据相关规划确定建设指标。

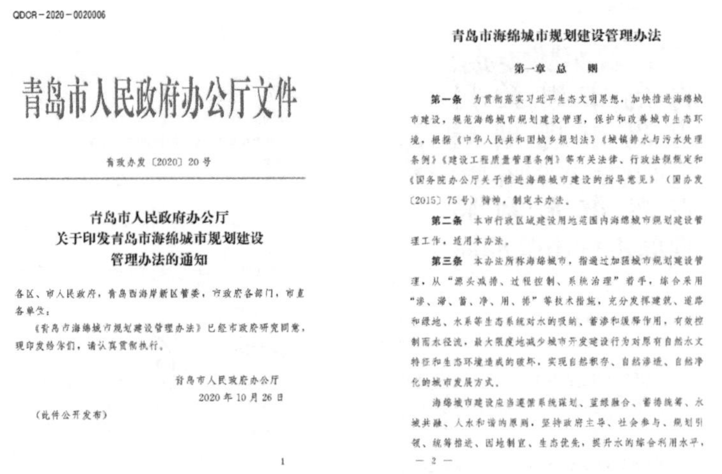

QDCR－2020－0020006

青岛市人民政府办公厅文件

青政办发〔2020〕20号

青岛市人民政府办公厅
关于印发青岛市海绵城市规划建设
管理办法的通知

各区、市人民政府，青岛西海岸新区管委，市政府各部门，市直各单位：

《青岛市海绵城市规划建设管理办法》已经市政府研究同意，现印发给你们，请认真贯彻执行。

青岛市人民政府办公厅
2020年10月26日

（此件公开发布）

1

青岛市海绵城市规划建设管理办法

第一章 总 则

第一条 为贯彻落实习近平生态文明思想，加快推进海绵城市建设，规范海绵城市规划建设管理，保护和改善城市生态环境，根据《中华人民共和国城乡规划法》《城镇排水与污水处理条例》《建设工程质量管理条例》等有关法律、行政法规规定和《国务院办公厅关于推进海绵城市建设的指导意见》（国办发〔2015〕75号）精神，制定本办法。

第二条 本市行政区域建设用地范围内海绵城市规划建设管理工作，适用本办法。

第三条 本办法所称海绵城市，指通过加强城市规划建设管理，从“源头减排、过程控制、系统治理”着手，综合采用“渗、滞、蓄、净、用、排”等技术措施，充分发挥建筑、道路和绿地、水系等生态系统对水的吸纳、蓄渗和缓释作用，有效控制雨水径流，最大限度地减少城市开发建设行为对原有自然水文特征和生态环境造成的破坏，实现自然积存、自然渗透、自然净化的城市发展方式。

海绵城市建设应当遵循系统谋划、蓝绿融合、蓄排统筹、水城共融、人水和谐的原则，坚持政府主导、社会参与、规划引领、统筹推进、因地制宜、生态优先，提升水的综合利用水平，

— 2 —

图11-4

《青岛市海绵城市规划建设管理办法》

再如，考虑到目前逐步取消施工图审查的“简政放权”工作要求与海绵城市建设施工图审查阶段管控的矛盾问题，《管理办法》提出了在建设项目施工图设计文件中应包含海绵城市专篇和自评价表，设计单位承诺设计方案可以满足项目海绵城市建设指标，再由主管部门对建设项目海绵城市设施施工图设计进行抽查。

11.2.2　细化的部门实施细则

为了推动海绵城市建设的常态化发展，青岛市发改、规划、行政审批、住建、水务、园林等各相关市直部门主动作为，在各自行业范围内制定了配套制度和实施细则，将海绵城市要求落实到日常管理工作中。

青岛市自然资源和规划局印发《关于启动审查意见通稿（修订）的通知》《关于启用“规划审查意见标准化要点”的通知》《青岛市城乡规划管理技术规定》等文件，明确将海绵城市要求纳入“两证一书”等规划体系，细化审批过程中的控制要求。

青岛市发展改革委、市住房城乡建设局等陆续出台了《青岛市城市市政道路、建筑与小区海绵城市建设施工图设计文件技术审查要点（试行）》《政府投资海绵城市项目审查技术要点》，明确了在政府投资的新、改、扩建项目的项目建议书、可行性研究报告和初步设计及概算等各阶段开展海绵审查，要求海绵城市专项设计与主体工程设计一并委托设计单位同步完成、同步报送施工图审查机构审查，同时规范设计单位在初步设计及施工图阶段落实海绵城市管控指标的具体要求。海绵城市建设项目技术审查结论作为发改及规划等部门作为发放“两证一书”、工程预算及施工许可证等的依据及必备条件（图11-5）。

针对青岛市老旧小区海绵化改造类项目，青岛市配合国家“放管服”管理体制改革，出台《关于实施海绵城市建设项目绿色通道审批服务的通知》《关于做好我市海绵城市试点区建筑与小区项目质量监督管理工作的通知》等文件，要求海绵项目一旦进入市行政审批服务大厅，立即启动特别办理流程，同步理顺了改造类项目质量安全监督和施工许可办理流程，有效避免了对国家政策僵化执行导致的改造类项目脱离质量安全监管的问题。

项目阶段	政府审批流程	核心管控要求的支撑文件
立项阶段	发改部门、自然资源和规划部门：批复项目建议书、可研报告、规划选址意见书(10个工作日，技术评审、专家评审约5个工作日)	《政府投资海绵城市项目审查技术要点》
规划及用地审批阶段	自然资源和规划部门、发改部门：两证一书、初步设计(10个工作日，技术评审、专家评审约5个工作日)	《规划审查意见标准化要点》、《青岛市城乡规划管控技术规定》、《海绵城市建设试点工程技术管理实施细则》(试行)
施工许可审批阶段	住房和城乡建设部门：核发《建筑工程施工许可证》(8个工作日，技术评审、专家评审约5个工作日)	《城市市政道路、建筑与小区海绵城市建设施工图设计文件技术审查要点》(试行)、《海绵城市试点区专项设计审查实施意见》
竣工验收阶段	政务服务管理部门牵头，组织建设、规划、人防、消防、环保、卫生等部门进行联合验收	《公用事业工程质量监督登记批后监督管理办法》、《加强海绵城市建设公用事业工程质量安全监督的通知》、《加强海绵城市建设理念在城市园林绿化工程质量安全监督工作中作用的通知》

图 11-5

青岛市政府投资建设工程项目海绵城市管控流程

为了保证海绵城市建设质量，各工程质量监督管理部门印发了《关于加强海绵城市建设公用事业工程质量安全监督的通知》《关于进一步加强市政工程海绵城市建设质量管理的通知》《关于加强海绵城市建设理念在城市园林绿化工程质量安全监督工作中作用的通知》等多项文件，要求在竣工验收环节重点落实海绵城市内容和要求（图11-6）。

覆盖全流程的管控体系的建立为青岛市海绵城市建设目标的实现提供了有力的保障（图11-7）。

图 11-6

青岛市社会投资建设项目海绵城市管控流程图

项目阶段	政府审批流程	核心管控要求的支撑文件
备案阶段	发改部门：项目备案(1个工作日)	建设单位委托中介机构进行工程勘察，编制规划设计(含海绵设计规划专篇)、消防、环评等技术报告
规划及用地阶段	规划部门：两证一书(10个工作日，技术评审、专家评审约5个工作日)	《规划审查意见标准化要点》、《青岛市城乡规划管控技术规定》、《海绵城市建设试点工程技术管理实施细则》(试行)
施工许可阶段	城乡建设部门：核发《建筑工程施工许可证》(8个工作日，技术评审、专家评审约5个工作日)	《城市市政道路、建筑与小区海绵城市建设施工图设计文件技术审查要点》(试行)、《海绵城市试点区专项设计审查实施意见》
竣工验收阶段	政务服务管理部门牵头，组织建设、规划、人防、国土、公安消防、环保、卫生、水利等部门进行联合验收	《公用事业工程质量监督登记批后监督管理办法》、《加强海绵城市建设公用事业工程质量安全监督的通知》、《加强海绵城市建设理念在城市园林绿化工程质量安全监督工作中作用的通知》

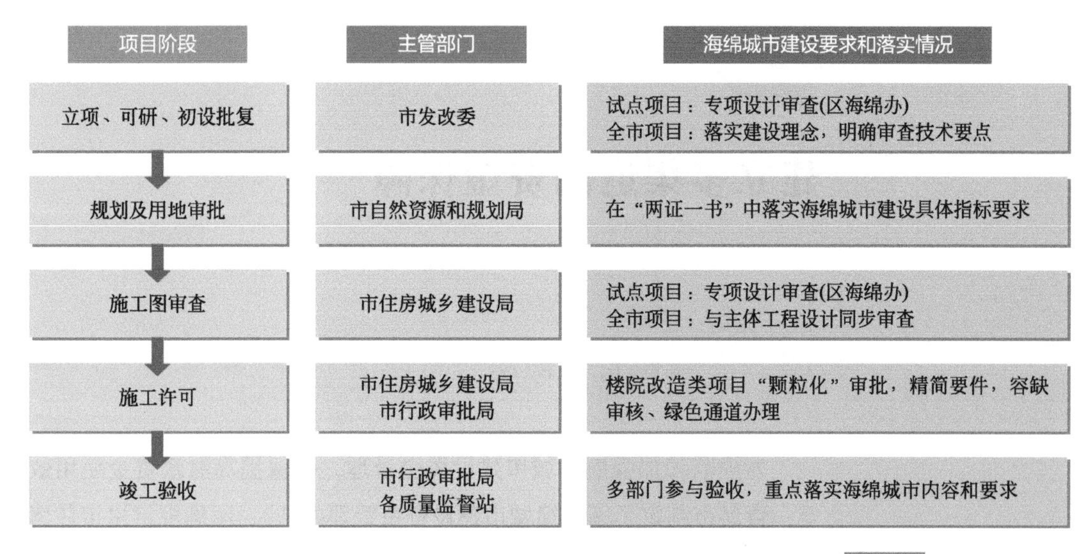

图 11-7

海绵城市建设在规划建设管控各阶段落实情况一览图

11.3　建立高效的工作机制

海绵城市建设任务繁重，因此必须建立有效的工作机制，才能实现海绵城市建设高效高质地推进。

在市级层面，住房和城乡建设、发展改革、财政、自然资源和规划、水务管理、城市管理等部门加强分工协作，落实海绵城市建设目标、指标和技术要求，实现跨部门协调工作；同时，实现“市、区、街道、社区”四级组织联动网络，市级强化监督指导、区级加强协调管理、街道加强上下衔接、社区加强与群众沟通，共同形成工作合力，解决建设过程中的难点、堵点、痛点。

建立多渠道的资金保障

12.1 规范资金使用与管理

为规范和加强海绵城市建设资金管理，确保提高财政资金使用效益，青岛市制定了《海绵城市建设资金管理办法》，明确规定由市住房城乡建设局和市财政局按照职责分工，共同对资金使用和项目进展情况进行监督检查和跟踪问效，确保项目按时完成。

青岛市海绵城市建设资金实行专款专用，原则上用于海绵城市工程建设、海绵城市建设咨询服务费用、海绵城市工程建设前期费用等支出，任何单位和个人不得骗取、截留、挪用、转借海绵城市专项资金，不得将专项资金用于偿还既有债务和其他项目支出。违反规定的，将收回专项资金，并按照有关法律法规追究相关单位和责任人的法律责任。

12.2 政府资金安排

青岛市将海绵城市建设要求纳入市政府重点工作内容，每年制定年度建设计划，将海绵城市建设资金纳入年度预算安排。

在试点区，李沧区制定了《李沧区海绵城市建设专项资金管理暂行办法》，对中央财政试点补助资金、市级配套资金以及区财政安排的专门用于支持海绵城市建设项目资金的使用和管理、审核与拨付等作出相关要求，确保试点项目资金保障。

其他各区（市）将海绵城市建设与城市开发、旧城更新改造等工作有机结合起来，将海绵城市建设资金纳入每年度城市维护费等内容，列入区财政预算，保障项目顺利实施。同时，青岛市将推进海绵城市建设纳入到老旧小区改造试点、城市黑臭水体治理示范等工作中，统筹安排相关资金。

12.3　多渠道鼓励社会资金投入

青岛市按照“市级统筹、区级实施、公司运营”模式，突出市场化思维，通过PPP、企业自筹加财政补贴等方式，拓展海绵城市投融资渠道。试点PPP项目由政府方出资代表和中选社会资本按照注册资本金29%：71%的比例成立SPV公司，负责PPP项目的融资、建设、运营，合同期满后将项目资产及相关权利等无偿移交给政府。同时鼓励社会资本除自有资金外，通过银行贷款、发行债券等方式，多渠道融资。

12.4　推动绿色产业发展

为加快推进传统产业创新发展转型升级，青岛市印发《关于落实支持新旧动能转换重大工程财政政策的实施意见》《全市新旧动能转换重大工程2018年推进工作要点》等文件，将海绵城市建设列入青岛市新旧动能转换80项工作要点之一，促进海绵城市全方位融入城乡建设领域。同时，对科技创新产业给予减免税收、房租等政策和资金支持，鼓励企业创业，吸引高端人才和创业团队来青发展。自海绵城市建设试点开展以来，青岛市已孵化培育地方海绵城市建设企业36家，拥有国家发明和实用新型专利17项（图12-1）。

以青岛筑建海绵城市科技有限公司为例。该公司成立于2017年，以研发“无机型透水混凝土改良剂”等新材料为主要技术依托，该项技术已经广泛应用到城阳区“五水绕城”生态环境提升、即墨市墨水河龙泉河综合整治、海尔路综合整治提升等全市海绵城市建设项目中，取得了很好的效果（图12-2）。

图 12-1

海绵城市新材料专利照片

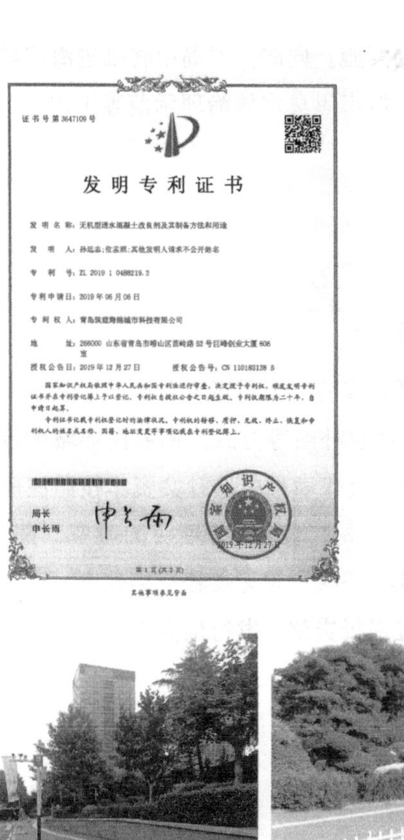

证书号第3647109号

发明专利证书

发明名称：无机型透水混凝土改良剂及其制备方法和用途

发明人：孙远志；位孟熙；其他发明人请求不公开姓名

专利号：ZL 2019 1 0488219.3

专利申请日：2019年06月06日

专利权人：青岛筑建海绵城市科技有限公司

地址：266000 山东省青岛市崂山区苗岭路52号巨峰创业大厦606室

授权公告日：2019年12月27日　　授权公告号：CN 110183138 B

国家知识产权局依照中华人民共和国专利法进行审查，决定授予专利权，颁发发明专利证书并在专利登记簿上予以登记。专利权自授权公告之日起生效。专利权期限为二十年，自申请日起算。

专利证书记载专利权登记时的法律状况。专利权的转移、质押、无效、终止、恢复和专利权人的姓名或名称、国籍、地址变更等事项记载在专利登记簿上。

局长
申长雨

2019年12月27日

第1页（共2页）

其他事项参见背面

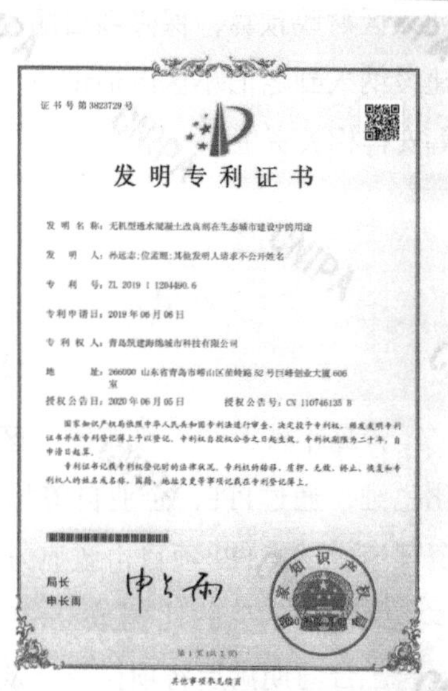

证书号第3823729号

发明专利证书

发明名称：无机型透水混凝土改良剂在生态城市建设中的用途

发明人：孙远志；位孟熙；其他发明人请求不公开姓名

专利号：ZL 2019 1 1204490.6

专利申请日：2019年06月06日

专利权人：青岛筑建海绵城市科技有限公司

地址：266000 山东省青岛市崂山区苗岭路52号巨峰创业大厦606室

授权公告日：2020年06月05日　　授权公告号：CN 110746135 B

国家知识产权局依照中华人民共和国专利法进行审查，决定授予专利权，颁发发明专利证书并在专利登记簿上予以登记。专利权自授权公告之日起生效。专利权期限为二十年，自申请日起算。

专利证书记载专利权登记时的法律状况。专利权的转移、质押、无效、终止、恢复和专利权人的姓名或名称、国籍、地址变更等事项记载在专利登记簿上。

局长
申长雨

第1页（共2页）

其他事项参见背面

图 12-2

新材料应用的项目效果

创新多方参与的运营模式

传统的政府投资模式资金来源单一，由政府承担项目的全部风险。青岛市搭海绵城市建设的快车，积极探索多方参与的项目建设运营新模式，一方面充分发挥社会力量的资金和技术优势，提高市政基础设施建设水平，同时也能够扩展资金来源渠道，缓解政府财政支出压力，分散和降低政府承担的风险。

13.1　政企合作，互利共赢

13.1.1　明确责权利

在PPP项目建设中，政府方与社会资本方各自扮演“监管者”及“经营者”的角色，明确各方的权利及义务，可保证项目职责清晰，避免推诿扯皮，影响项目推进（表13-1）。

表13-1　青岛市海绵城市试点区PPP项目政府和社会资本方权责

机构	权利	义务
实施机构（区管理局）	与各项目包对应的项目公司签订《PPP项目合同》；联合政府相关部门，组建绩效考核小组，对项目全生命周期进行监督考核；按《PPP项目合同》的约定提取履约保函项下的款项的权利	对项目前期工作及实施进行总体协调，制定统一原则及工作计划，协调政府各相关职能部门的合作，保证项目工作的顺利推进；按照《PPP项目合同》，根据绩效考核结果向项目公司支付政府付费
政府方出资代表	在涉及公众利益、公共安全的方面，享有一票否决权；根据适用法律和公司章程规定指派合适人选出任项目公司副董事长、董事、财务副总监及监事；参与项目公司的利润分红	按照合同约定，承担项目公司注册资本的出资义务；有义务协助项目公司与有关政府部门就项目公司的经营事宜进行沟通

续表

机构	权利	义务
社会资本方	根据适用法律和公司章程的规定指派合适的人选出任项目公司董事长、董事、总经理、财务总监及监事；参与项目公司的利润分红	按照合同约定，承担项目公司注册资本的出资义务；在股权锁定期内，不得擅自转让持有的项目公司的股权
项目公司	有权获得本项目的经营权，负责项目融资、建设、运营和移交工作；按照《PPP项目合同》的规定，要求甲方按照本合同的约定及时、足额支付政府付费；为项目融资的需要，经政府书面同意可以将本项目项下的收益权进行质押	按《PPP项目合同》的约定提交履约保函；按适用法律的要求及时办理项目的工程报建手续等各项手续；按照《PPP项目合同》中规定的建设进度要求、建设及运营标准等完成海绵城市建设和运营工作，并自行承担相关的一切费用、责任和风险；接受实施机构、相关行政主管部门和社会公众的监督

13.1.2 政府牵头引领

政府是PPP项目的发起人，在整个建设及运营过程中起到牵头引领以及把控项目建设方向的作用，同时拥有重大事项的一票否决权。在项目前期，政府方根据实际条件，整合项目，流域打包，避免无序、混乱、盲目、短视、一窝蜂地上项目和做项目；在招标阶段，政府通过设定符合实际需求的资格条件，如资质、财务及信誉等，进行社会资本遴选，确定合作伙伴；在项目建设期，通过建设条件发放、技术审查、项目巡检等方法，确保项目建设质量及效果；在项目运营期，通过绩效考核等手段，确保项目运营维护效果，保证海绵设施持久发挥作用。

13.1.3 全过程监督管理

PPP模式要求政府实现从“经营者”到“监管者”的转变，作为社会公益事业的最终责任主体，切实履行从前期准入到项目运营全过程的监管职责。

在政策上，青岛市出台了《PPP项目运作组织管理办法》《PPP项目绩效评价暂行办法》《加快推进政府与社会资本合作（PPP）模式推广运用的通知》等，规范了PPP项目的建设运营，明确了政府方及社会资本方的权利及义务。

在制度上，政府对PPP项目的监管主要为以下三个方面：

第一方面是加强对项目全生命周期的考核。由市住房城乡建设局牵头，各行业主管部门加强对本项目的监管，不仅关注短期的工程建设质量，更加注重运营期服务质量标准的制定和落实，以检验服务效果。

第二方面是建立定期评估机制。通常每2 ~ 3年组织一次中期评估，全面评估项目的服务、管理和财务表现，督促社会资本持续改进项目管理水平，提升公共服务效率。

第三方面是建立公众参与监督机制。进一步加强宣传和教育，引导公众参与项目监管；加强信息化平台建设，推行信息公开制度，定期公布服务质量考核结果、成本监审报告等，同时进一步完善公众咨询、投诉、处理机制，形成全社会共同监督体系。

13.2　探索创新运作模式

青岛市首先在试点区采用“流域打包、绩效考核、按效付费”的PPP模式，为海绵城市建设“系统化推进”探索创新运作模式。其中，流域打包是PPP项目绩效考核的边界和基础，绩效考核是按效付费的过程和依据，按效付费则是流域打包、绩效考核的最终结果。

13.2.1　按流域打包PPP项目

青岛市聘请了PPP方面的专业咨询专家团队，编制了PPP项目实施方案，按照“流域和项目层级相结合，以汇水分区为基础”的边界切分方式，打包PPP项目。在流域层级，依据试点区内主要河流水系、排水管网及汇水分区分布情况，将试点区内PPP建设项目划分为楼山河、板桥坊河、大村河等3个流域包，流域边界范围相对独立；在项目层级，PPP项目与政府项目按类型划分，各项目红线范围互不重叠，责任边界清晰，绩效目标明确图13-1。

图 13-1

青岛市海绵城市建设试点区PPP项目流域包划分图

13.2.2 巧用绩效考核保障设施运行

青岛市通过采用绩效考核的方式，督促PPP项目公司按照合同约定完成海绵城市建设任务，实现海绵城市建设目标，确保海绵设施正常运行。青岛市通过制定《青岛市海绵城市试点区PPP项目绩效评价暂行办法》，对各PPP项目公司参与的海绵城市项目建设、运维情况进行客观、公正的评价。

（1）考核指标

针对试点区的实际问题，结合海绵城市专项规划及试点区海绵城市详细规划提出的目标体系开展，主要针对显示度和代表性的水生态、水环境、水资源、水安全指标开展评价，将年径流总量控制率、面源污染削减率等指标作为海绵城市项目考核与整体考核的指标，明确项目实施指标，最终将海绵城市绩效考核目标转移给社会资本方，有效的推进PPP项目打包推进。

（2）考核内容

绩效考核主要分为建设期考核及运营期考核。

其中，建设期考核包括竣工考核与可用性考核，考核结果作为可用性服务费的支付依据（表13-2）。

表13-2 青岛海绵城市建设项目可用性服务费支付比例表

考核项	项目类型	支付比例
竣工考核	经营性子项目、海绵城市一体化管控平台建设项目	100%
	建筑与小区海绵化改造项目、道路与管线海绵化改造、公园与绿地海绵化改造项目、内涝综合治理、湖泊与水系海绵化改造	70%
可用性考核	建筑与小区海绵化改造项目、道路与管线海绵化改造、公园与绿地海绵化改造项目、内涝综合治理、湖泊与水系海绵化改造	30%

运营考核包括项目效果考核与整体效果考核。考核结果作为运营服务费的支付依据（表13-3）。

表13-3 青岛海绵城市建设项目运营服务费支付比例表

考核项	项目类型	支付比例
项目效果考核	经营性子项目、海绵城市一体化管控平台建设项目	100%
	建筑与小区海绵化改造项目、道路与管线海绵化改造、公园与绿地海绵化改造项目、内涝综合治理、湖泊与水系海绵化改造	50%
整体效果考核	建筑与小区海绵化改造项目、道路与管线海绵化改造、公园与绿地海绵化改造项目、内涝综合治理、湖泊与水系海绵化改造	50%

13.2.3 通过“按效付费”强化产出

PPP项目的按效付费是政府监管项目的经济抓手，也是政府管控项目建设方向的一把利剑，通过按效付费实现对社会资本方及项目公司的管控，强化项目产出绩效对社会资本回报的激励约束效果，防止政府承担无条件支出义务。政府根据项目的绩效考核情况，向项目公司支付可用性付费和运营服务费。

（1）可用性付费

① 以财政部《关于印发〈政府和社会资本合作项目财政承受能力论证指引〉的通知》中的计算公式为基础，根据李沧区（试点区）财政实际情况，计算PPP项目的可用性付费。

② 可用性付费按年支付，年度可用性付费的30%与当年运营绩效考核挂钩：

当期考核得分≥80分，当期可用性付费=年度可用性付费×100%；

60分≤当期考核得分 < 80分，当期可用性付费=年度可用性付费×70%+年度可用性付费×30%×[1-(80-考核得分)×2%]；

当期考核得分≤60分时，当期可用性付费=年度可用性付费×70%。

（2）运营服务费

① 运营服务费按年支付，运营服务费的支付与当年运营绩效挂钩：

当期考核得分≥80分，当期运营服务费=年度运营服务费×100%；

60分≤当期考核得分 < 80分，当期运营服务费=年度运营服务费×[1-(80-考核得分)×2%]；

当期考核得分≤60分时，当期运营服务费=0。

② 运营服务费调整。当出现：a.PPP项目包中最后一个子项目运营满一年和满三年后，b.运营期内每三年，c.运营期内因政府对海绵城市运营维护标准要求的提高导致运营维护成本增加的，可调整运营服务费。

强化多行业的技术支撑

14.1 成立海绵智囊团

14.1.1 引入技术服务团队

海绵城市建设是一项复杂的系统工程，具有较强综合性和专业性，青岛市充分借助专业外脑，市、区两级聘请专业第三方技术咨询单位，为海绵城市建设的系统化方案编制、方案审查、规章制度制定、课题研究等提供了坚强的技术支撑。

同时，为全面把控海绵城市试点PPP项目建设和管理，青岛市专门成立了由技术、法务、财务等专家组成的PPP咨询团队，对试点区PPP项目两评一案、招投标、SPV公司组建、项目实施、绩效考评和运维管理进行全程跟踪服务。

14.1.2 建立海绵城市专家库

海绵城市的建设需要广泛听取行业专家学者意见并使之制度化，这对于提高海绵城市效用的发挥、改善城市水环境具有重要意义。为了进一步提高海绵城市规划建设管理水平，青岛市选聘了部、省和本地49位知名专家，建立了青岛市海绵城市专家库，为青岛市海绵城市规划、方案论证、项目建设、课题研究等工作提供咨询指导（图14-1）。

14.2 规范标准体系

海绵城市国家标准是针对国内普遍的建设情况，不能完全适应本地海绵城市建设的实际情况，且未涵盖海绵城市建设后期运行维护管

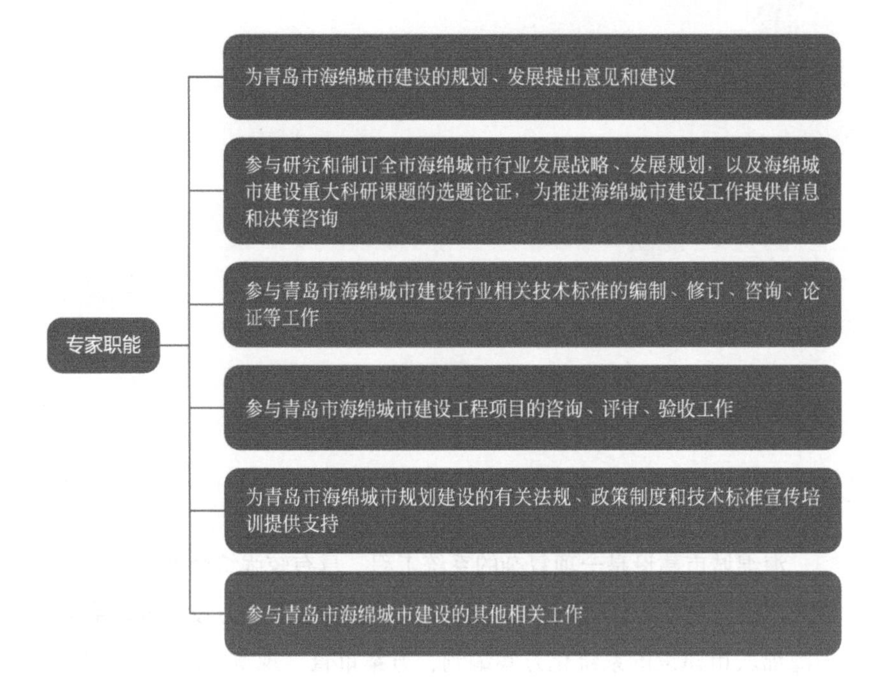

图 14-1

青岛市海绵城市专家主要工作职责和内容

理等日常运营工作，需要各地结合地方特色进行本土化编制及完善。青岛通过建立特色鲜明的海绵城市技术规范和标准体系，实现了标准体系的地域性转化，提高了海绵城市设计、建设、运行、维护等多环境的标准化程度和工作效率。

14.2.1　建立覆盖全行业的技术标准体系

青岛市编制印发了《青岛市海绵城市建设规划设计导则》《青岛市雨水控制与利用工程施工与质量验收技术导则》《青岛市海绵城市设施运行维护导则》等标准规范，并且在《青岛市市区公共服务设施配套标准及规划导则（试行稿）》《青岛市城市园林绿化技术导则》中新增海绵城市建设相关内容，为全市各类项目的规划、设计、施工、验收、养护等提供了统一技术标准，保障各项工作有据可依、有章可循（图 14-2）。

在海绵城市建设推进过程中，青岛不断总结海绵城市的设计、施工和验收等实践经验，结合海绵城市建设需求及国家海绵城市理念更新，对《青岛市海绵城市建设规划设计导则》《青岛市雨水控制与利用工程施工与质量验收技术导则》《青岛市海绵城市设施运行维护导

图 14-2

海绵城市相关标准规范技术文件向社会公布

则》《青岛市海绵型建筑与小区建设技术指南》《青岛市城区河道综合整治及管理维护技术导则》等5个导则进行了修编（表14-1）。

表14-1　青岛市海绵城市建设技术标准体系一览表

序号	文件名	管控环节	结合实践经验修编情况
1	《青岛市海绵城市建设规划设计导则》	规划、设计	完成修编
2	《青岛市市区公共服务设施配套标准及规划导则（试行稿）》	规划、设计	增加海绵内容
3	《青岛市城市园林绿化技术导则》	规划、设计、施工、养护	增加海绵内容
4	《青岛市海绵型建筑与小区建设技术指南》	设计、施工、养护	完成修编
5	《青岛市城区河道综合整治及管理维护技术导则》	规划、设计、施工、养护	完成修编
6	《青岛市雨水控制与利用工程施工与质量验收技术导则》	施工、验收	完成修编
7	《青岛市海绵城市设施运行维护导则》	养护	完成修编

14.2.2 以地方标准形式印发设施图集

海绵城市囊括专业领域多，设计、施工精细化程度高，为确保海绵城市设计施工质量，青岛市于2016年4月发布了《青岛市海绵城市建设——低影响开发雨水工程设计标准图集》(试行)，该图集在青岛市海绵城市建设初期起到了重要的指引作用。但随着海绵城市建设工作的深入推进，图集的适用性受到挑战，部分内容已不能支撑青岛市现有及未来的海绵城市建设工作。

2018年青岛市安排专项资金，启动了对原图集的修编，以期提高青岛市低影响开发雨水系统的设计水平和设计效率，同时对在类似滨海丘陵型城市中推广应用低影响开发雨水设施起到积极的作用(图14-3)。

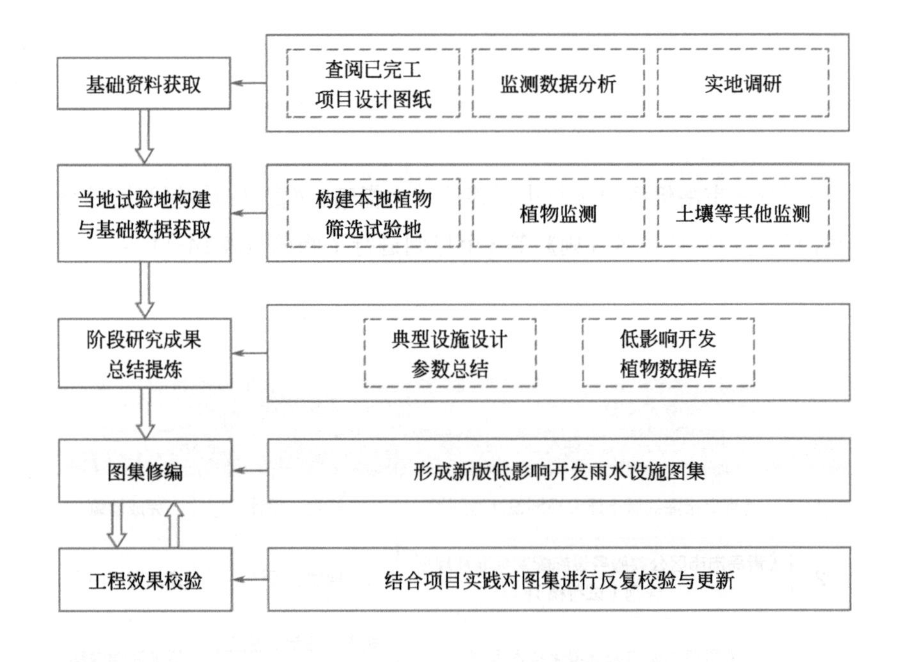

图14-3

图集修编技术路线

2019年11月，青岛市结合试点建设经验与监测数据，总结了典型设施的施工做法和设计参数，完成了《青岛市海绵城市建设-低影响开发雨水工程设计标准图集》，优化了市政道路、透水铺装结构、停车场、初期雨水口弃流井等工艺做法，完善了植草沟、雨水花园、调蓄池等典型设施做法，为下一步系统化全域推进海绵城市建设提供了有效的支撑（图14-4）。

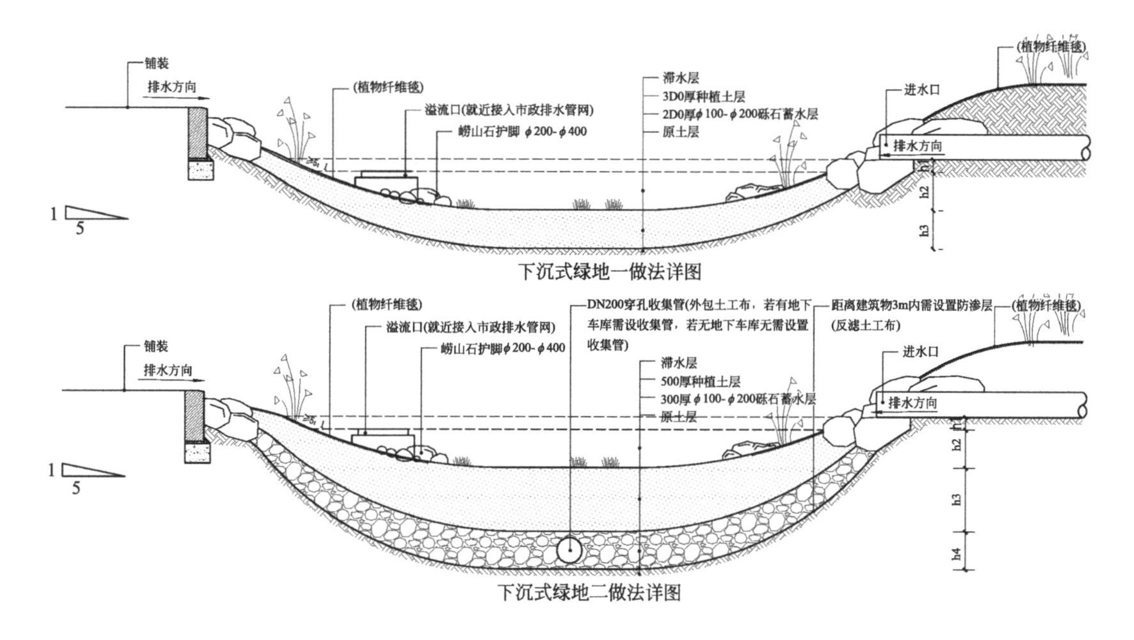

图14-4

下沉式绿地典型做法及项目实景图

14.3　开展多项基础研究

青岛市积极开展降雨规律、典型下垫面径流污染规律、模型参数与率定、植物选型等海绵城市相关基础性课题研究，并将相关研究成果转化为技术导则、规章制度等，为青岛市海绵城市方案设计、指标测算、模型参数选择等提供重要技术支撑，也为国内其他城市提供实用性强的经验参考。

14.3.1　青岛市典型下垫面的径流污染规律研究

在收集青岛市气候、降水规律等水文气象、地形地貌地质条件、土地利用现状资料的基础上，着重调查滨海地区的区下垫面的特征对青岛市典型下垫面的土壤容重、渗透性、土壤的粒度分布特征等进行了详细和深入的分析，总结了青岛市典型道路、屋顶、绿地及广场等各类主要典型下垫面在降雨过程中径流及径流污染物的产生及变化规律，为青岛市海绵城市建设的模型参数设定、规划方案编制等提供了基础数据。

14.3.2　应用SWMM和MIKE系列软件模型参数研究

在模型应用的过程中，参数率定是模型搭建和模拟的最重要基础工作。参数的好坏直接决定了模型模拟结果的科学性和准确性；同时，参数率定中相关参数的本地化调整，也是海绵城市规划设计方案中本地特点的直接体现，是海绵城市建设过程中不可缺少的关键环节。

本课题研究以青岛市李沧区东南部两块完整汇水区为研究区，依托于SWMM和MIKE系列模型。利用2018年雨季的水量监测数据，调整模型结构，确定模型中绿地、透水铺装、路面广场和屋面四类下垫面的曼宁糙度系数、初损填洼系数等关键参数取值，得到海绵改造后的模型并保证模型的准确性。在现状模型的基础上，去除海绵改造措施，复原海绵改造前的研究区情况，建立改造前研究区降雨径流模型。通过对比改造前后的模型在不同降雨强度下的模拟结果的差异和现状模型在不同降雨强度下的表现，评价海绵城市建设对城市降雨径流总量控制、径流峰值削减、城市内涝风险调控等多方面的效果。

通过本课题研究获得的青岛市海绵城市建设常用的SWMM和MIKE模型关键参数表、关键参数建议取值表等内容，能为海绵城市专项规划、海绵城市相关设施设计以及后期的绩效评价等多个关键环节建模提供参考。

14.3.3　青岛市降雨规律研究

开展青岛市降雨规律分析研究，是提高青岛市七区三市防灾减灾和防洪排涝能力的现实需要，同时了解青岛各区市降雨的时间和空间分布特征以及降雨分布类型等对青岛市在旧城改造扩建、背街小巷整治、河网整治、防洪减灾规划、海绵城市建设等方面都具有重要的现实意义。

本次研究一方面是修编或制订莱西市、平度市和即墨区暴雨强度公式，完成青岛市全市范围内的分区暴雨强度公式的制订。另一方面是通过研究，确定青岛市市区南20年一遇、50年一遇和100年一遇的1440分钟（24小时）暴雨雨型特征，填补青岛市缺乏长历时（1440分钟）暴雨雨型的空白，同时开展1981—2017年青岛市市南区、李沧区、西海岸新区、即墨区、胶州市、平度市和莱西市代表性气象观测站点在典型年期间降雨分布特征分析，为海绵城市建设提供基础数据支撑。

“青岛市降雨规律研究”课题的相关成果中的各地暴雨强度公式已经作为青岛市海绵城市建设标准图集内容，指导设计单位进行海绵城市建设设计；长历时降雨、降雨典型年等研究成果，也作为其他研究（如典型下垫面污染规律、模型参数研究等）的基础数据进行成果推广和应用。

14.3.4　本地化的植物生长规律和选型研究

青岛中心城区以棕壤土为主，棕壤土持水性能好，抗旱能力强，在降雨不均的情况下有利于植物存活及生长，但在降雨时易发生淋溶作用，造成有机质及营养物质的流失，增加海绵城市建设相关设施的后期维护费用；此外棕壤土透水性较差，蓄渗雨水的功能相对较弱，在降雨集中的情况下，平坦地区易发生澥、涝现象。因此，合理的植物选择与设计是低影响开发雨水设施能够长期有效地发挥并维持其功能的关键。

为了保障海绵城市建设质量，确保充分发挥源头减排雨水设施的景观和生态效益，为设施植物的选择与配置提供明确的指引。青岛市组织技术团队，专题开展了海绵城市植物选型专题研究，编制了《青岛市海绵城市低影响开发雨水设施植物选择名录》；通过本地试验和现场调研数据分析，结合试点区监测系统评估结果，进一步研究了青岛本地海绵设施的植物群落构建技术，形成了适应于青岛市典型海绵设施的植物数据库，编制印发了《青岛市海绵城市建设植物选型技术导则》（图14-5）。

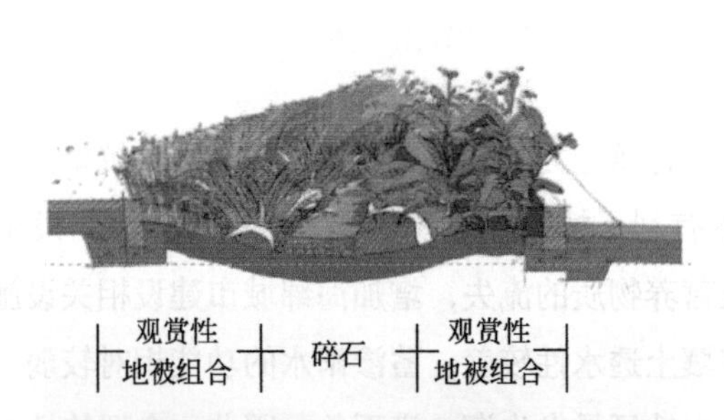

图 14-5

植草沟、旱溪种植配置方式及实景图

落实多角度的评估管理

15.1　绩效考核体系

考核评估是检验海绵城市建设成效的重要方法，通过考核评估可及时发现海绵城市建设工作中的亮点和不足。

2018年5月，青岛将海绵城市建设纳入全市综合考核体系。该考核办法实行千分制考核，其中“城市管理及海绵城市建设”共25分，占比3.5%，综合考核结果是组织部门对争先评优、干部提拔、任用考核的重要依据。

为有力支撑海绵城市建设绩效考评，市海绵城市建设工作领导小组印发了《全面推进海绵城市实施方案》《青岛市海绵城市建设绩效考评办法（试行）》，由市海绵办负责具体组织实施。市海绵办根据要求制定了绩效考评实施细则，组织有关部门和行业专家组成考核组，以听取工作汇报、审查相关资料、查看项目现场的步骤开展考评工作，逐项进行打分，打分结果按比例折算为青岛市综合考核办法中“海绵城市建设”部分的分值。

15.2　市级监测管控一体化平台

作为新型城市建设管理理念，海绵城市的建设效果评估具有持续性、复杂性、周期性等特点，持续有效的开展海绵城市监测评估工作，是定量化检验海绵城市建设成效、提高海绵城市建设管控能力的重要内容。

在吸取先进城市经验的基础上，青岛市结合实际需求，建设了青岛市海绵城市及排水监测评估考核系统，通过构建“四个一”体系，以智慧化助力提升海绵城市建设和管理工作。

15.2.1 一个智能化监管中心

综合考虑节约资金投入、提升系统利用效率和长效运营管理，青岛市住房城乡建设局与青岛水务集团联合建设了一个包括集中展示、数据管理、运行调度等多功能为一体的智能化监管中心，该中心包括接待区、会议区、监控区等三大区域，总面积约300平方米，既满足青岛市海绵城市及排水监测评估考核系统项目数据管理、设备运维、集中展示等功能需求，同时实现青岛水务集团综合监管指挥中心、自来水调度中心等功能（图15-1）。

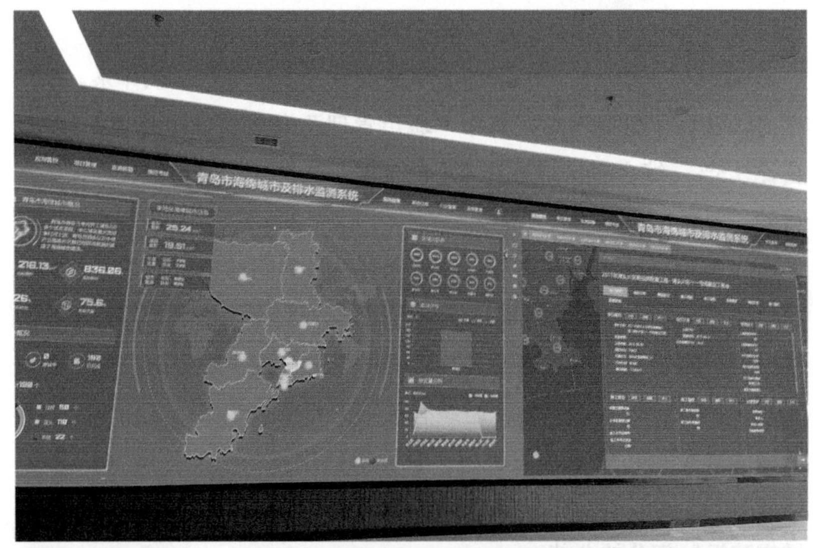

图15-1

青岛市海绵城市智能化监管中心

15.2.2　一个信息化管理平台

基于大数据、互联网、物联网、地理信息、移动应用等先进技术，青岛市在充分整合利用城建档案馆、市勘测院调查的地形、管网数据资料基础上，搭建了一个全指标、全过程、全覆盖、全方位服务于青岛海绵城市建设的信息化管理平台，实现了青岛市海绵城市从规划、设计、施工到运营、考评全生命周期“用数据说话、用数据决策、用数据管理、用数据创新”，推动了海绵城市的“智慧化”管控（图15-2、图15-3）。

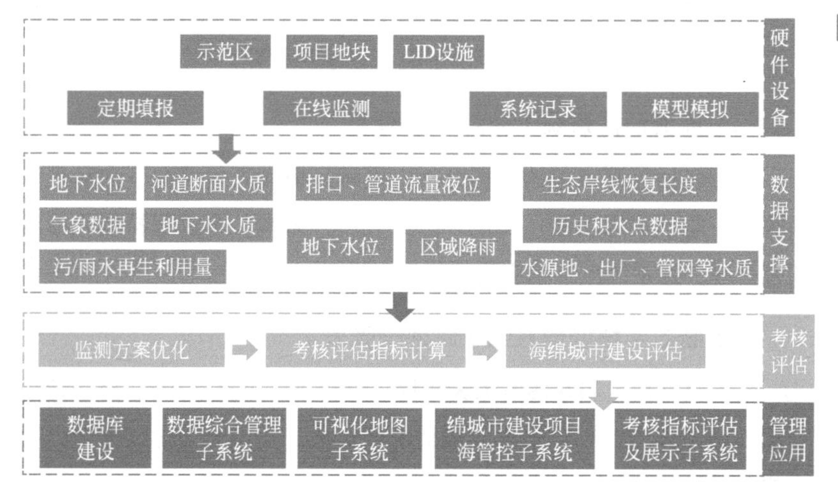

图15-2

信息化管理平台总体架构

图15-3

青岛市海绵城市及排水监测系统主页

信息化管理平台是青岛市海绵城市建设的重要管理工具，通过自上而下的垂直立体管控，实现青岛市海绵城市的整体水平展示与科学评价，主要由“规划一张图、管控一条线、监测一张网、考评一张表、调度一体化、政民一网通”等六大子系统组成。

（1）能力建设管理系统（规划一张图）

主要包括两大块功能，一是管理海绵城市专项规划、详细规划、系统化实施方案的完成情况，实现全市海绵城市“多级规划一张图”，同时支持查询青岛市海绵城市规划建设管控相关政策制度和规范标准查询管理。

（2）项目建设管理系统（管控一条线）

主要实现海绵城市建设项目前期手续办理、规划设计、施工建设、竣工验收、运营维护等全过程动态信息记录和管理。

（3）监测预警系统（监测一张网）

主要包括监测点位的数据分析、展示，极端天气情况下内涝区域预警及应急预案等功能，实现“源头-过程-末端”全过程持续化监测预警管理，为系统应急响应提供信息支撑。

（4）绩效考核管理系统（考评一张表）

基于数学模型和在线监测大数据，对青岛市各区（市）、经济功能区海绵城市建设面积和指标完成情况的评估，实现对海绵城市建设效果的定量化动态考评。

（5）防涝预警应急管理系统（调度一体化）

主要通过管网模型对城市积水内涝情况进行模拟评估，实现包括GIS联动、应急资源、险情预案、调度指挥、辅助决策等功能。

（6）手机移动APP（政民一网通）

开发基于安卓系统的“智慧海绵”手机APP，实现城市监测设备的移动端在线查看、报警推送、移动巡检、问题“随手拍”等功能。

15.2.3 一套标准化技术体系

结合青岛实际情况，研究制定《青岛市海绵城市监测技术标准》，指导各区（市）按照统计的技术要求建设区级海绵城市监测系统建设，并能够通过统一的数据端口，将监测数据上传至市级海绵城市信息化管控平台，实现数据共享。同时，该标准亦可为国家级海绵城市监测评估规范标准的制定提供案例和参考。

15.2.4　一片在线监测示范区

结合黑臭水体治理、管网提质增效等工作要求，近期以李村河流域143.5km^{2}区域为重点，布设包括降雨、排口、排水设施、污染源、排水干管、河道等6项监测内容在内的214台在线监测设备，在李沧试点区之外，再建立一个“源头、过程、系统”全覆盖的区域海绵城市在线监测示范体系，为优化李村河流域海绵城市建设提供技术支撑，同时为各区（市）建设区级监测评估系统提供案例和参考（表15-1）。

表15-1　李村河流域海绵城市监测设备一览表

序号	内容	数量	单位	监测内容
1	在线流量计	106	台	污染源、雨污水排口、管网关键节点、排水设施
2	在线水质仪	68	台	
3	小型水质监测站	10	台	
4	在线雨量计	4	台	降雨量、径流控制情况
5	视频监控	26	台	内涝积水点
小计	固定监测设施	214	台	

加强多媒体的宣传培训

16.1 提高干部思想认识

以培养海绵建设监督者和指导者、海绵项目建设的技术人员、能与海绵专家直接对话的海绵人才为目标，青岛市委组织部、市住房城乡建设局联合将海绵城市建设培训纳入每年城建系统干部培训计划，采取“请进来、走出去”的办法，在清华大学、同济大学、深圳大学举办3次专题培训班，让海绵城市理念深入干部思想认识（图16-1，图16-2）。

图16-1

清华大学培训班

图16-2

同济大学培训班

16.2　加强专业技术人才培养

青岛市海绵城市建设坚持广纳良言、引智借力，数次邀请住建部海绵城市专家来青举办全市海绵城市建设专题培训，累计组织技术培训会、现场交流会、论坛等12余场，3500余人次参加，培训技术人员500余人。培训内容涵盖海绵城市建设管理、系统化方案编制、项目设计要点、标准图集讲解等各方面内容，科学有效推动海绵城市建设，分享海绵城市建设经验，提高各类海绵城市建设管理人员技术水平（图16-3）。

图16-3

海绵城市专题技术培训会和技术指导

同时，青岛市积极组织各市直部门、各区（市）开展日常工作培训，采用实地参观交流、召开专题培训会、组织参与国内海绵城市建设主题论坛等多种方式开展海绵城市规划、设计、施工及运维技术培训工作，保障海绵城市建设长效发展。

16.3　营造良好的舆论氛围

青岛市先后在李沧区教体局、翠湖社区、北京建工集团、沧口学校、中国海洋大学等开展海绵城市“进机关、进企业、进社区、进校园”系列宣传活动（图16-4）。

图16-4

在沧口学校开展海绵城市实验和公开课活动

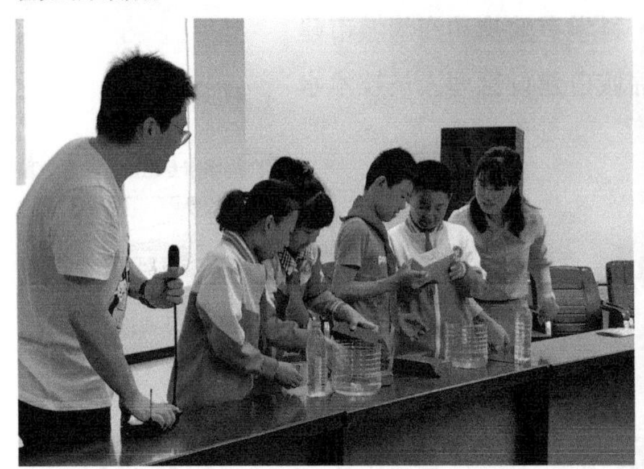

在沧口学校与孩子们现场互动透水砖试验，让学生们亲身体验通过透水铺装、雨水下渗达到“小雨不湿鞋”的海绵原理。

举办“青岛市海绵城市”主题作文竞赛，涌现出了一批青岛市海绵城市宣传小小志愿者，收到了显著的社会宣传效益，提升了学生们对海绵城市建设的接受度和认可度（图16-5）。

2019年11月，青岛市海绵办联合中国海洋大学、上海交通大学、同济大学等8家高校举办了第二届全国研究生环境（涉海）论坛。以

图16-5

青岛市海绵城市“小小志愿者”徽章（左）和宣传手册竞赛（右）

论坛为契机，以《海绵城市统筹推进的思考》为主题，围绕什么是海绵城市、海绵城市做什么、海绵城市保障措施等方面与涉水领域的专家学者及优秀研究生代表们分享交流，为促进海绵城市建设产学研合作，营造了良好的舆论氛围（图16-6）。

图16-6

第二届全国研究生环境（涉海）论坛

第四篇

青岛经验总结

17. 海绵城市建设典型案例

18. 海绵城市建设“青岛经验”

海绵城市建设典型案例

青岛市建设完成了翠湖小区、华泰社区、李沧文化公园等一批极具特色的老城区海绵城市改造示范项目；同时，“十三五”期间青岛市全市范围223km^{2}的城市建成区达到海绵城市建设要求，中德生态园、胶东国际机场等新建区全面落实海绵城市建设要求，胶州市三里河公园、即墨区龙泉湖公园等水系整治项目将海绵城市建设要求和黑臭水体治理工作有机结合，海绵城市在青岛呈现星火燎原的趋势。

17.1 建筑小区类项目

17.1.1 老旧小区改造项目

（1）翠湖小区整治工程

该项目以“共同缔造”理念为指导，通过决策共谋、建设共管、效果共评、成果共享，探索老旧小区改造的新理念新思路，推动老旧小区改造由政府为主向社会多方共同参与转变。针对翠湖小区人口众多、协调难度大等情况，青岛市组织街道、社区居委会、“老村民”代表，共同成立了“翠湖小区改造行动专项协调小组”，协助进行海绵理念宣传、群众意见收集、方案意见征集、矛盾纠纷调解、劝说拆除违建等工作，大大提升了改造工程的建设进度和社区群众的满意度。在项目改造过程中，针对翠湖小区现状问题，因地制宜设置海绵措施，整体提升小区品质，取得了居民的一致好评，形成了可借鉴、可复制、可推广的“翠湖模式”。

① 项目概况

本项目位于李沧区永平路与唐山路交汇处，南靠唐山路，西靠永平路，北部紧靠坊子街公园和楼山公园，占地面积约27.3ha，建筑密度

24%，绿化率42%，水面率3%，共107栋多层建筑，居住家庭5031户，是青岛市最大的回迁安置社区，项目总投资约5170万元（图17-1）。

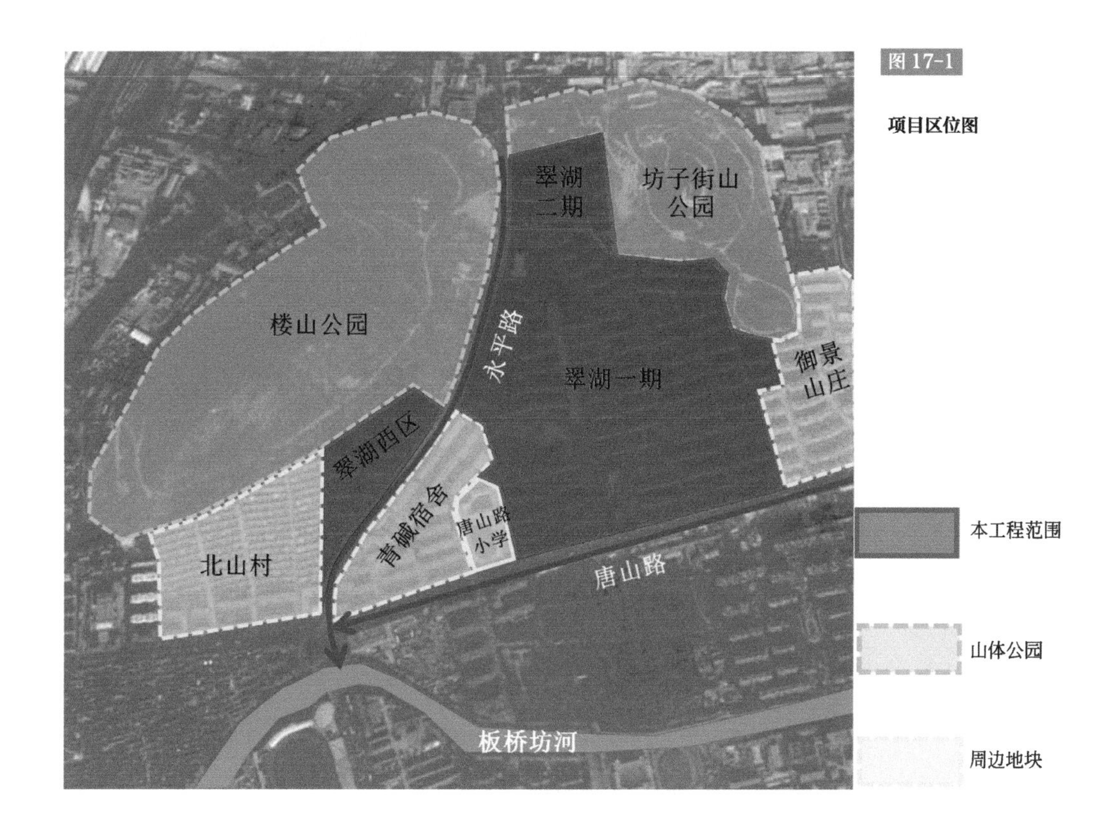

图17-1

项目区位图

② 问题及需求分析

a. 高程及坡向　翠湖小区自北向南高程逐步走低，高差约40m，最高点位于东北角及西北角两座山体公园，最低点位于南侧唐山路与永平路交会处，场地周边部位边坡较大，中部轴线相对平坦（图17-2）。

b. 地质条件　区域内的特殊性岩土为人工填土。人工填土主要为素填土，填土在场区内广泛分布，以砂土为主，夹有碎石及砖块，该层整体强度较低，自稳性差。

根据已有勘察报告，场区北侧地段10m深度范围内未揭露地下水；场区中间及南侧地段地下水位埋深3.0 ~ 7.5m。

c. 改造前小区条件　改造前，小区绿化多为坡面绿化，雨水径流无法引入；植被粗放管理，存在林下退化和边坡缺失问题；部分绿化用植草砖替代或地面裸露；整体景观性较差（图17-3）。

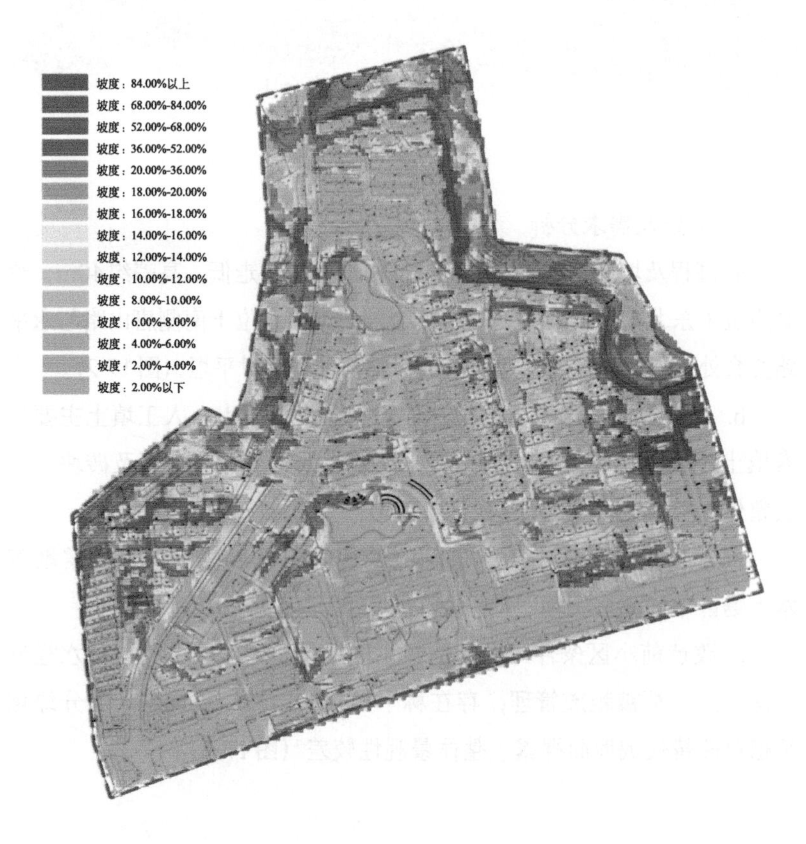

图 17-2

高程及坡向分析图

图 17-3

改造前小区土地裸露

人行道、宅间道路、宅间活动场地及停车位多采用荷兰砖、水泥、嵌草砖等路面结构，破损塌陷较为严重；现状多处混凝土台阶破损、缺少扶手，坡道不符合规范标准；主要行车道路以沥青为主，部分区域因开挖等破损，需要重新整治；宅间铺装为混凝土、不透水砖为主，且由于年久失修出现破损下沉等现象；园路、铺装休闲区域主要为不透水砖铺装且破损严重（图 17-4）。

图 17-4

现状道路及铺装

d. 排水情况　区域内雨水管道管径DN200 ~ DN1500不等，基本能够满足排放重现期为3年的暴雨（图 17-5）。部分雨水篦子、检查井存在破损、塌陷等问题，翠湖二期还存在阳台雨污水混接现象（图17-6）。

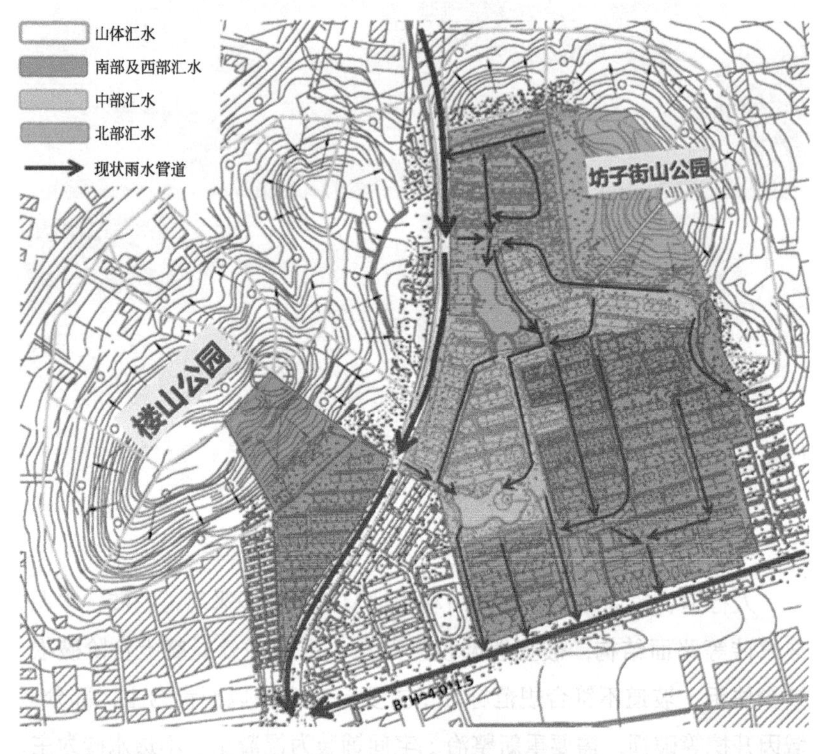

图17-5

排水系统分析图

图17-6

改造前排水设施破损塌陷

由于路面塌陷、雨水口位置设置不合理、雨水口及管网破损堵塞等多因素导致小区内存在多处积水现象（图17-7）。

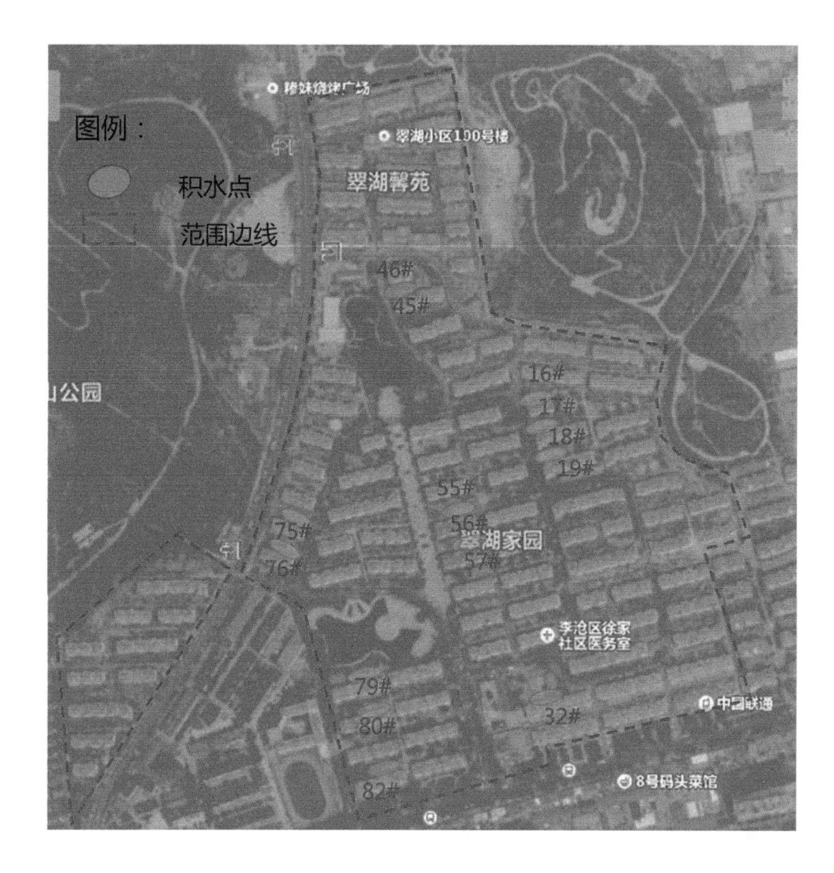

图 17-7

积水点位置图

不仅如此，翠湖小区内存在客水入侵问题。一方面，西侧山体汇水多经过山体公园排水沟截流后排入永平路现状雨水管网，但临近翠湖小区西区的山体汇水经穿墙管道进入小区内部；另一方面，东侧山体公园山体汇水也通过现状排水沟汇流后排入东侧临近小区的部分，再通过穿墙管道或散排排入小区。

③ 海绵控制指标

本项目海绵控制指标为年径流总量控制率73%，对应设计降雨量为25.4mm；面源污染削减率不低于55%。

④ 改造重点

a. 排水分区　根据现状地势、住宅分布、雨水排放口等现状情况将本工程划分为9个排水分区。本工程通过雨落管断接、新建植草沟、截水沟等工程措施将屋面、路面及渗透铺装场地等地表径流导流入新建下凹式绿地、雨水花园等海绵设施，经海绵设施调蓄、滞流、净化后，通过设施内新建或改造的溢流口及溢流管道排入小区现状雨水管网系统，最终进入两湖或周边道路现状市政管网（图17-8）。

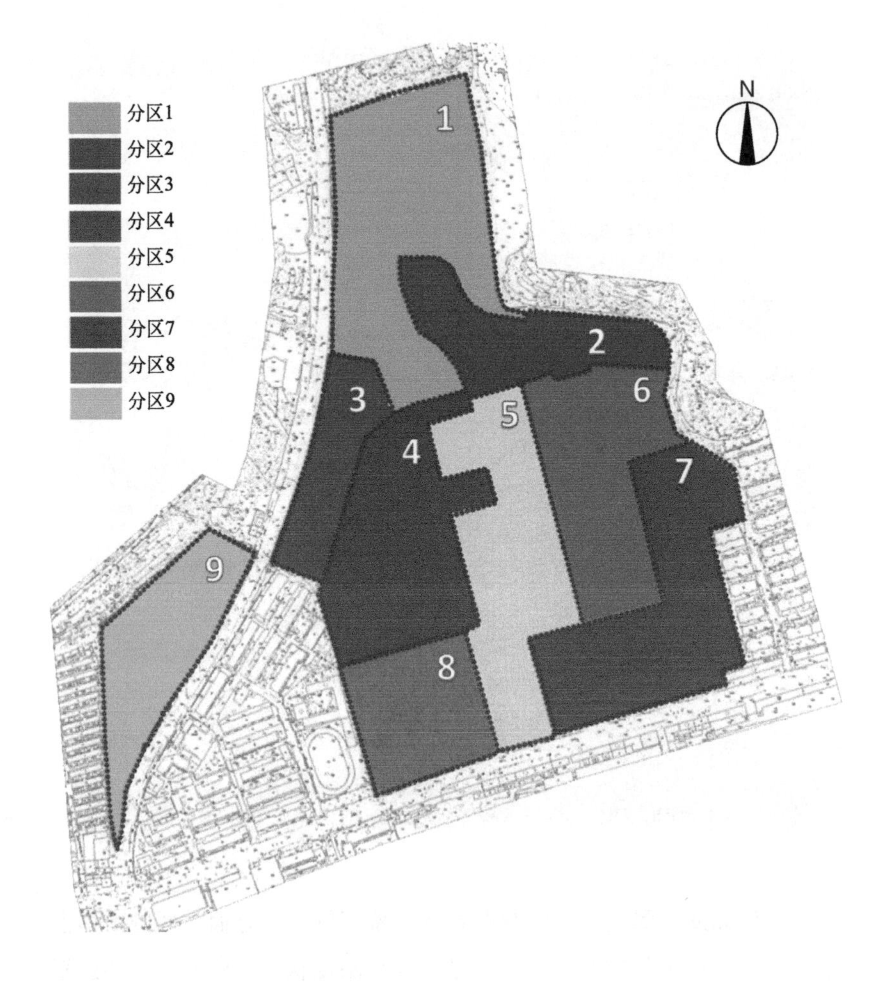

图 17-8

排水分区图

b. 排水工程　翻建改造小区内积水点区域的雨水管道，并结合竖向标高调整雨水口位置；新建污水管道收集翠湖二期阳台污水；修补更换破损的雨落管、雨水箅子及检查井盖等。

i. 积水点雨水管道改建　本工程局部积水问题主要有以下几方面原因：一是局部低洼点导致的积水；二是雨水口设置不合理导致的积水；三是雨水口、管道堵塞导致的积水；四是雨水口管道破损导致的积水。

针对上述原因，本工程提出了相应的解决措施：一是在海绵设施改造的过程中，通过调整场地竖向标高，理顺场地与周边的竖向关系，解决现存积水点问题；二是调整雨水口的位置，并在雨水口周边绿地内新设下沉绿地等海绵设施，雨水经海绵设施滞留后，排入设置于低点的雨水口，降低雨水口周边位置积水的风险；三是疏通雨水口及管道；四是翻建雨水口及雨水管道。

ii. 污水管道改造　由于园区内部分阳台洗衣机废水接入雨水管网，故新建污水管网以实现雨污分流。

现状雨水箅子多为混凝土篦子且均存在不同程度的破损，随本工程实施，本次将工程范围内沥青路面上现状雨水箅子及改造雨水口雨水篦子进行更换。

iii. 雨落管更换　由于部分雨落管损坏严重，应社区要求，对破损雨落管进行更换。

iv. 客水导排　经统计最终排入本小区的山体客水共分为四部分，导排方案如下：

针对第一部分客水，新建立管及泄洪管道，立管与现状穿墙管道连接，将山体客水通过管道排入新建泄洪管道，泄洪管道最终接入永平路现状雨水管道（图17-9）。

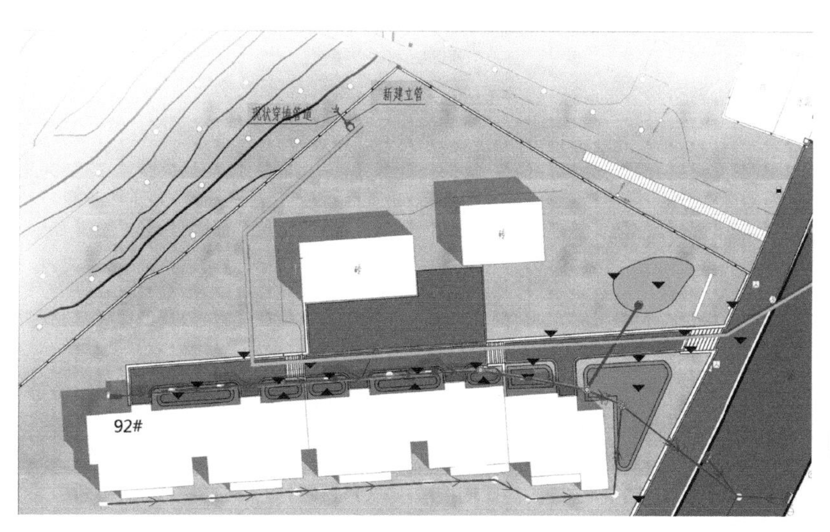

图17-9

第一部分客水导排方案

针对小区北侧的第二部分客水，与上游山体公园设计单位对接后，将其分为南北两部分。北侧分区山体汇水面积约2.0ha，在97#楼东北角位置新建立管，将山体客水收集后，新建泄洪管道（图17-10）。

南侧分区山体汇水面积约1.1ha，在93#楼东南角位置新建立管，将山体客水收集后，接入小区现状雨水管道，经核算现状雨水管道无法满足排除山洪要求，扩容翻建（图17-11）。

针对小区南侧的第三部分客水，经核算该部分山体客水量约为159L/s，与上游山体公园设计单位对接后，本工程拟在15#楼西北角

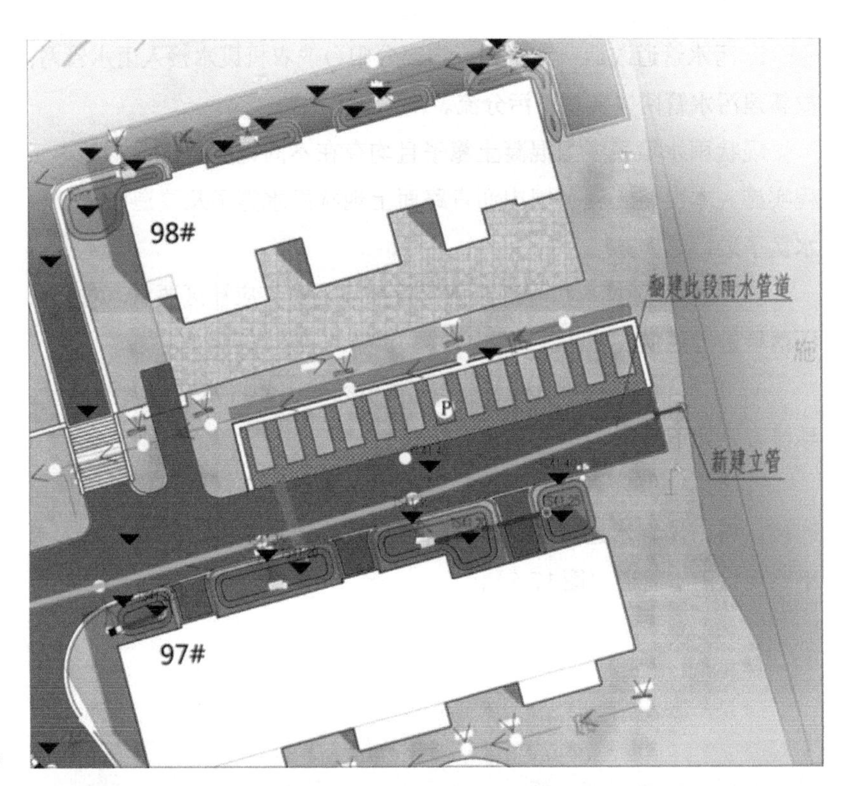

图 17-10

第二部分客水（北侧）导排方案

图 17-11

第二部分客水（南侧）导排方案

位置新建立管，将山体客水收集后，接入小区现状雨水管道，经核算现状雨水管道能够满足排除山洪要求（图 17-12）。

针对第四部分客水，因汇水面积较小，与上游山体公园设计单位对接后，暂定保持现状，山体汇水经坡面散排至道路，经雨水口收集后排入小区现状雨水管网，经核算现状雨水管道能够满足排除山洪要求。

图 17-12

第三部分客水导排方案

c. 景观工程　宅前铺装更换为透水铺装；宅前绿地中采用雨水花园、生态植草沟、下沉式绿地等。

小区内采用生态植草沟，路面排水与植草沟结合起来，路面雨水首先通过雨水箅子以及路沿石出水口，汇入道路边上的植草沟，并通过设施内的流溢系统与其他低影响开发设施和城市雨水灌渠系统、超标雨水径流排放系统相衔接。

设置嵌草砖和透水砖结合的生态停车位。

d. 道路工程　重新布局并增加停车位数量；修补破损沥青路；拆除现状破损水泥路面，新建为透水砖路面。

e. 海绵设施总体布局　通过海绵城市改造，径流量减少，径流在绿地中得到调蓄，其径流控制量为4393.03m^3，用前述公式反算得到设计降雨量H=32.32mm，相当于79%径流总量控制率，根据各种设施的污染物去除效果评估其SS综合削减率为54.3%，满足规划要求（图17-13）。

⑤ 建设效果

针对翠湖小区现状问题，实施阳台雨污水分流改造、雨落管断接、透水铺装、雨水花园等海绵设施，解决小区积水内涝、管道冒溢、雨污混接问题，增加雨水调蓄利用设施，同步完善了小区亮化照明、安

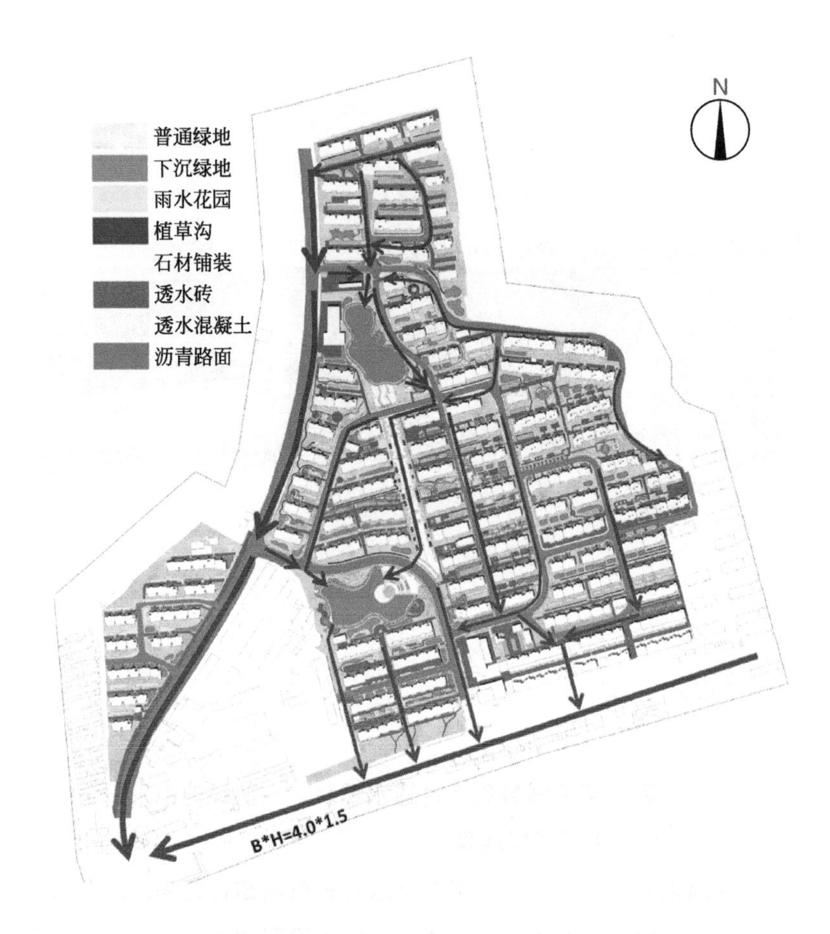

图 17-13

海绵设施总平面图

全和休闲健身设施，新增停车位近500个，提高了小区整体品质（图17-14，图17-15）。

在翠湖小区二期3处排口各布设1台多普勒流量计用于评估项目径流控制水平。2019年8月11日板桥坊河流域降雨量48.3mm，地块理论产流量1110.9m³，3台设备监测外排流量为5.58m³。经核算，项目径流控制率为99.5%，故该地块在降雨量大于设计降雨量25.4mm的降雨场次下满足项目设计要求，径流控制率达标。

图 17-14

改造前后对比

图 17-15

改造前后对比

（2）尚风尚水改造工程

本项目海绵改造措施结合现状地形地势，充分利用现状水体和冲沟，通过对绿地、铺装、建筑雨落管的改造，使整个场地的海绵措施串联起来，整个形成布局合理，功能完善的小区海绵系统；充分考虑到植物叶片对初期雨水的截留作用，采用层次性的植物种植方式，对小区现状绿化进行整治提升，形成层次变化丰富，季相变化明显的植物景观；通过设置的雨水回用设施，小区内收集的雨水可以方便地用于绿化浇灌，做到对雨水的有效利用。

① 项目概况

本项目位于金水路北侧，虎山南侧，紧邻区委党校和虎山体育中心，占地面积约11.7ha，建筑密度18%，绿化率45%，水面率6%，项目总投资3840万元（图17-16）。

图 17-16

项目区位图

② 问题及需求分析

a. 高程及坡向

小区整体地势北高南低，位于现状水体周边高程坡向水体；场地坡度较大，区内雨水主要以路面径流为主，北侧两个水体周边坡度4.0%左右，且现状植被稀疏，水土流失较为严重（图17-17）。

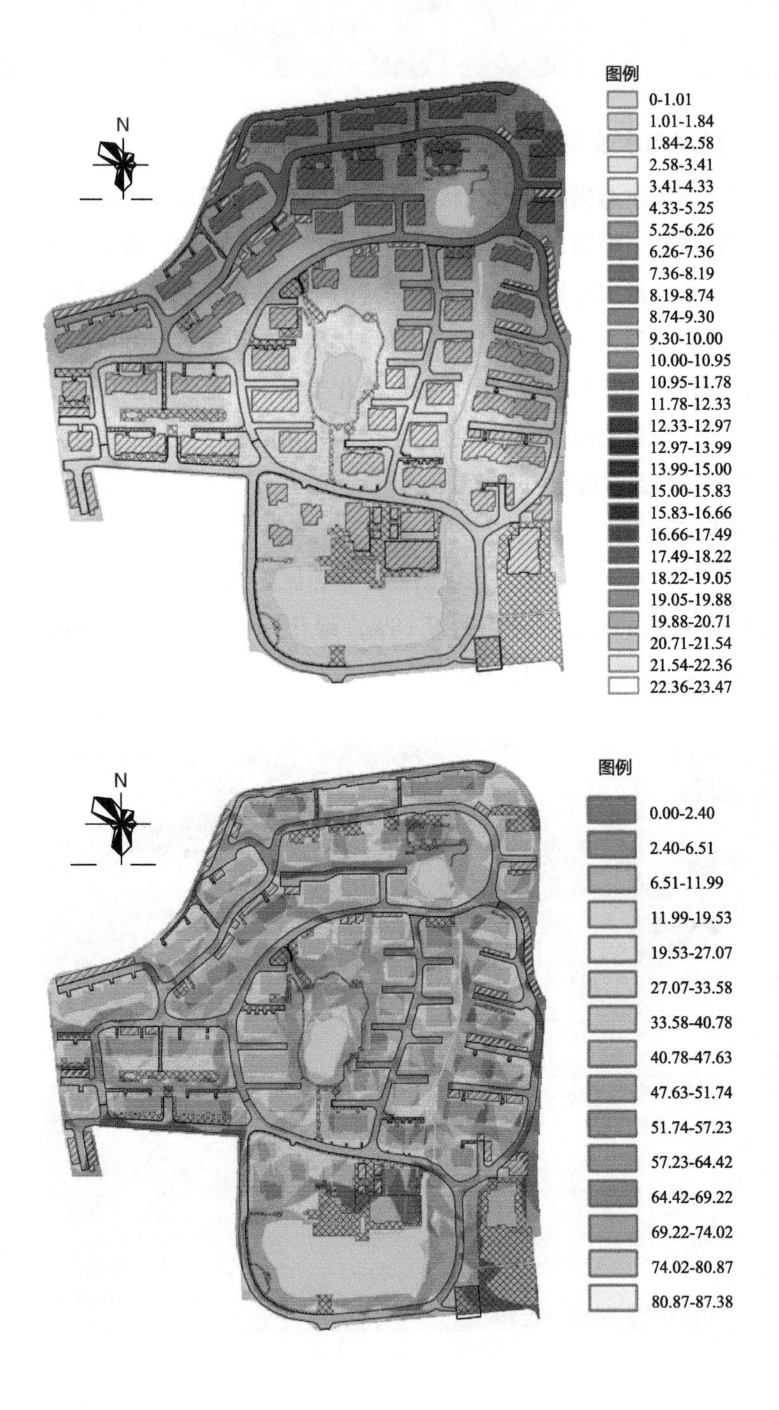

图17-17

高程及坡向分析图

b. 地质条件 根据地勘报告，本项目内除靠近水域区域地面以下6.0m左右为杂填土层及含黏性土粗砂层，具有强透水性；其余区域地面以下至1.0m左右为杂填土层，杂填土层下即为岩层，为弱~中等透水性，基础渗透性较弱，滞蓄类设施适宜性较强。

c. 改造前条件 小区绿化空间破碎，绿地可分三种类型，集中绿地、斑块绿地及线性绿地，集中绿地较少，以沿车行道两侧分布的斑块绿地及线性绿地为主。集中绿地位于水面区域，坡度较大，现状存在雨水冲刷，泥水直接排入大水面的问题，斑块绿地及沿路线性绿化分布于道路周边，但整体高于路面，且有路缘石分隔，道路雨水不能进入绿地（图17-18）。

图17-18

现状绿化图

d. 改造前水体 小区内改造前存在三处水体，水源主要为雨水和自来水，池底未采取防渗设计。中间及北侧水质不佳，污染较为严重，小区南侧水质稍好，但仍显浑浊，应结合周边绿化的改造对雨水进行过滤、净化，保证水质。小区东侧存在一现状冲沟，两侧建筑及道路雨水直接排入，现状缺少对雨水的截留和下渗措施（图17-19）。

小区路、组团路均为沥青混凝土路面，使用情况较好，仅在局部路段存在开裂破损现象；现状车行道及停车位铺装都为不透水材料，雨水不能下渗；道路纵坡较大，易形成地表径流，流速快；道路两侧路缘石为水泥材质，破损较多，且路缘石阻挡雨水进入绿地，设计中考虑结合海绵城市对路缘石进行更换（图17-20）。

图 17-19

改造前小区内水体及冲沟

图 17-20

改造前小区内道路

场地铺装主要为砖材湿铺，不透水，少量的应用了嵌草砖；区内可供活动的铺装场地较少，空间使用率低；基础公共设施数量少，可结合海绵城市改造增加一定的铺装场地和公共设施（图 17-21）。

图 17-21

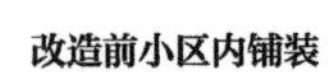

改造前小区内铺装

小区内建筑雨落管大多直接入地，接入区内雨水管网，最终大部分汇入小区内现状水体（图17-22）。

图17-22

改造前小区雨落管

综合对小区高程、坡度分析及现状勘察，本地块采用雨污分流方式，雨、污水管网完善，小区内排水流向自北向南，现状三处水面起到天然调蓄作用，大部分雨水通过雨水管网收集后，直接排入水体，水体周边通过地面径流直接进入水体，北部两个水体或通过管网或通过排水冲沟，最终汇入南端大水体，当水位达到溢水口后通过溢水口排入雨水暗渠（图17-23）。

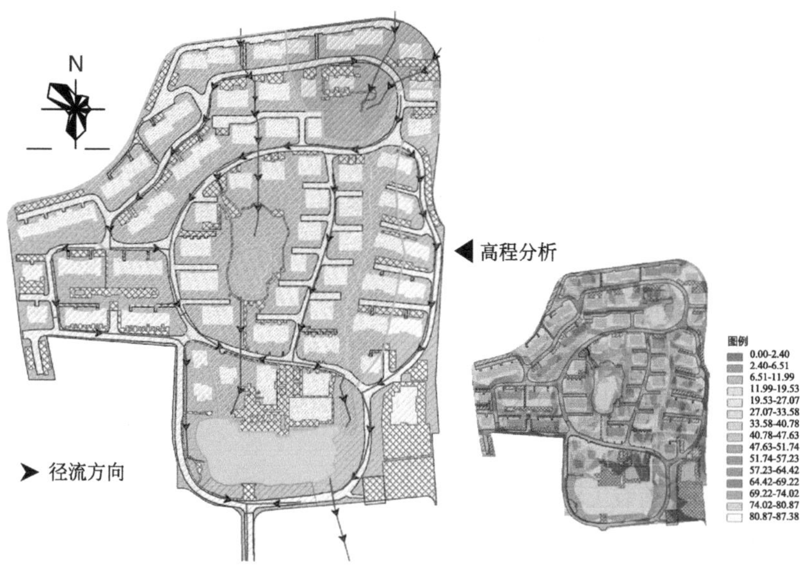

图17-23

小区地表径流情况分析

③ 海绵控制指标

本项目海绵控制指标为年径流总量控制率为80%，对应设计降雨量为33.5mm；面源污染削减率不低于65%。

④ 改造重点

a. 排水工程

i. 雨落管 建筑雨落管断接后有两种处理方式：一种为接口接入小型蓄水罐，考虑到尚风尚水小区的品质，因此，对蓄水罐的选择上，选用景观效果好，与周边环境结合紧密的蓄水设施，便于小区居民接受和使用。本次共结合雨落管设置蓄水罐106个，单个容积为0.5m³；第二种为接口直接接入下沉式绿地中，将建筑屋面雨水截留、蓄集、渗入地下。

ii. 雨水管线 为避免雨水管道直接排入水体，对水体造成污染，在雨水管道接入水体前将雨水管道截断接入下沉式绿地内设置的雨水沉砂池，沉砂池内的雨水通过溢流的方式沿地表漫流进入水体，雨水通过地表植物的过滤净化作用减少雨水中污染物的含量，避免了对水体造成污染。

iii. 雨水回用设施 考虑到小区内道路上现状管线较多，且不便于封闭道路施工，因此本次雨水回用管道仅考虑在小区内北侧及中间池塘周边绿地设置灌溉管道，每隔一定距离设置取水口，利用池塘内的水对周边绿地进行浇灌，同时考虑在靠近小区道路的位置处设置一处较大流量的取水栓，方便洒水车取水；另在中间池塘西北侧设置一座小型喷泉，满足景观性的同时促进池塘内的水循环，增加池塘内的充氧量。

b. 景观工程 根据小区现状绿地分布区域及面积大小，将小区绿地划分为线性绿地、斑块绿地和集中绿地。其中，线性绿地主要采用植草沟，斑块绿地主要采用生物滞留设施，集中绿地为现状三处水面和东侧冲沟区域，主要采用雨水花园形式。改造思路为：利用植草沟收集建筑、道路、铺装的雨水，对雨水进行初步的下渗和净化后，通过植草沟的传输将雨水引入下沉式绿地和生物滞留设施，进行调蓄、滞留和下渗，多余雨水就近接入小区雨水管网，最终汇入终端调蓄设施，即现状水体与冲沟区域，超量雨水通过小区南侧溢水口接入暗渠排走（图17-24）。

c. 道路铺装工程 车行道暂不考虑进行海绵城市改造，待小区改造完成后，对小区车行道进行整体铣刨罩面处理，对道路两侧路缘石

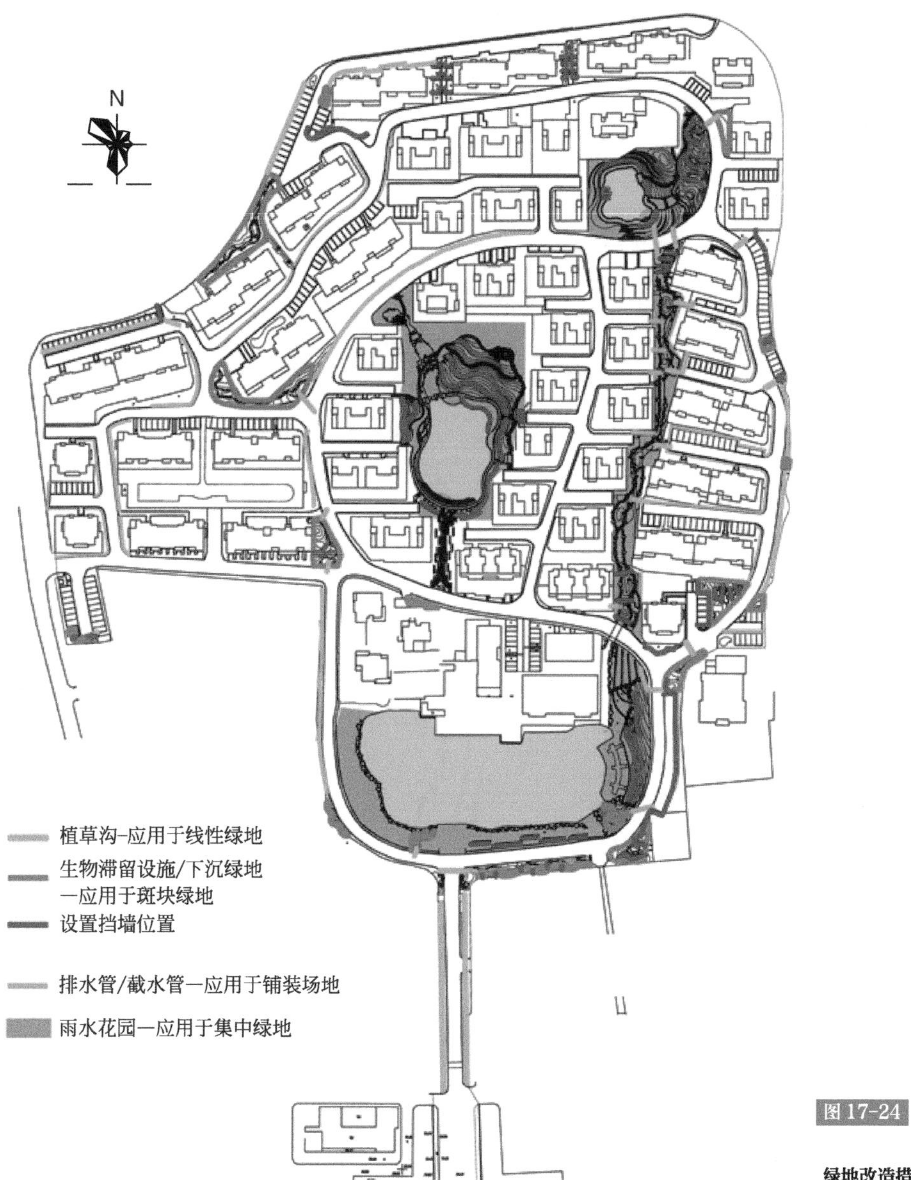

图 17-24

绿地改造措施布局图

进行开口处理，保证道路雨水流入两侧绿地；将现状不透水铺装改造为透水地坪或陶瓷透水砖材料，同时增加公共活动设施；将单独设置的停车位全部更换为透水铺装材料，透水铺装主要采用陶瓷透水砖结合植草格、植草格、植草透水地坪三种形式（图 17-25）。

d. 水体整治

i. 水体清淤　结合排水设计，从增加小区水体调蓄容量的角度出发，对水体进行清淤处理，清淤深度为 0.4 ～ 0.5m，以较为自然的手

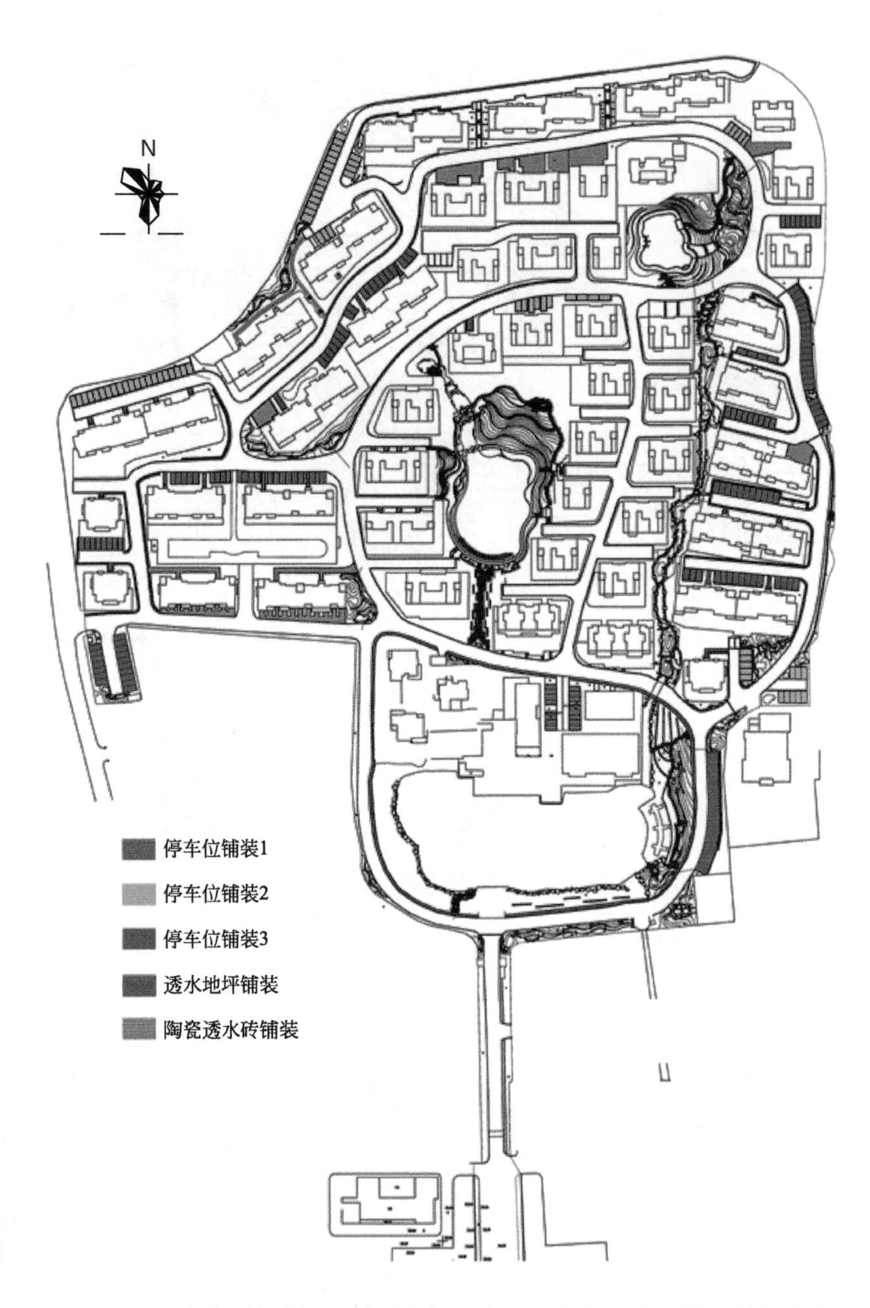

图 17-25

改造铺装活动场地分布图

段从终端对水量进行控制，增加园区雨水蓄积量约2714m^3，同时，收集的雨水可结合园区浇灌设计，利于对雨水的利用。

ii. 水体净化　在水体周边，利用现状大面积斜坡绿地，通过层级挡墙的设置，使其成为阶梯状的雨水花园，对排向湖体中的雨水进行过滤。在围堰土坝构建完毕后，安装增氧曝气装置对水体采用强力微曝气的方式进行充氧。

iii. 底泥消毒活化 选用高质量的无毒型消毒剂，底泥消毒完毕后进行底泥活化工作，构建生态系统所必需的有益微生物菌群，同时增加底泥活性，可提高水生植物种植成活率。

iv. 水体透明度提升 本项目水体较浑浊，须运用大型蚤、有益微生物对水体进行透明度提升，提高沉水植物种植成活率。

e. 海绵设施总体布局 本工程中主要采用有透水铺装、植草沟、生物滞留设施等低影响开发（LID）措施。改造后年径流总量控制率为88.5%，面源污染削减率为65%，满足海绵城市建设指标（图17-26）。

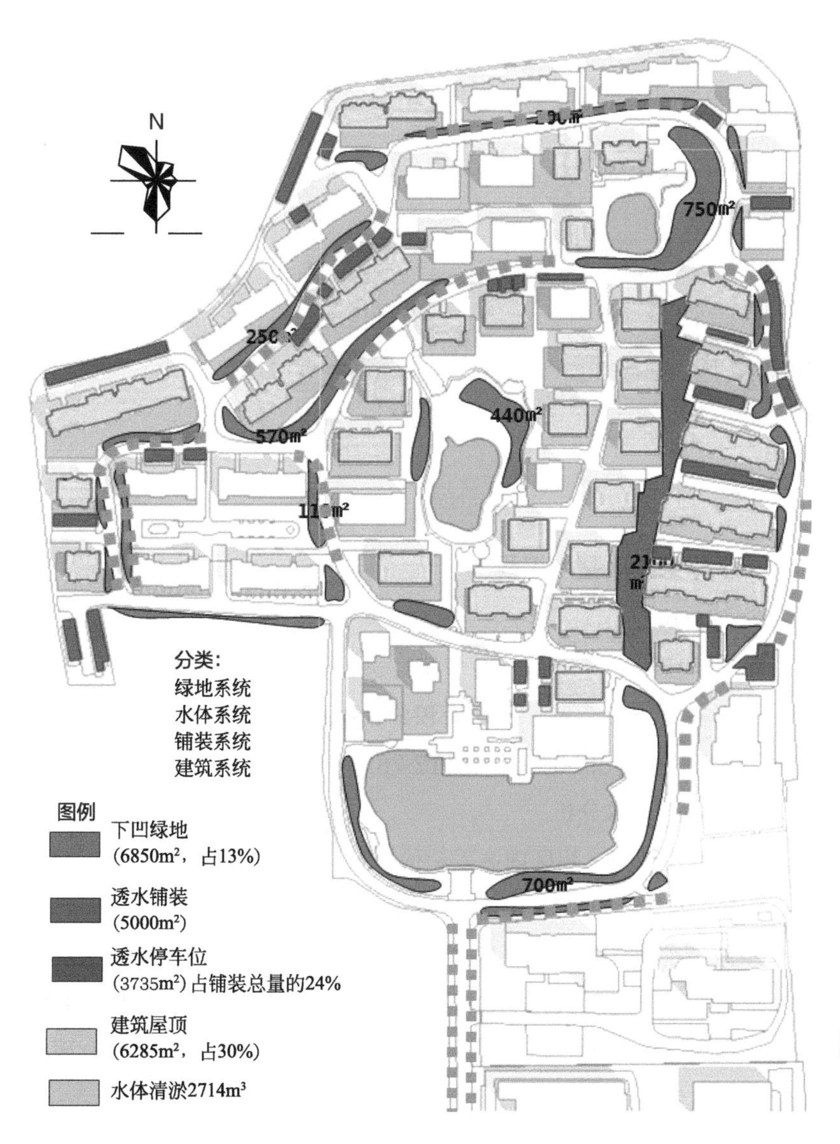

图 17-26

海绵设施总平图

⑤ 改造效果

通过对现状下垫面进行改造，包括绿地、水体、交通及停车场地、铺装活动场地、建筑屋面、雨水管网等几大界面，采取低影响开发措施，使改造后几大界面有机结合起来，完成对区内的径流污染、径流总量进行控制，同时提升景观效果（图 17-27）。

图 17-27

改造后小区焕然一新

（3）华泰社区整治工程

① 项目概况

本项目西至兴义支路（兴华苑），东至沧口公园，北至板桥坊河界，南连三丰纺织公司，占地面积约6.9ha，建筑密度31%，绿地率27%，项目总投资3300万元（图 17-28）。

② 问题及需求分析

a. 高程及坡向　片区内高差起伏较大，最大高差相差3.5m，地块南高北低，东高西低（图 17-29）。

b. 改造前小区条件　局部楼间绿化种植稀疏果树，但缺乏中层乔木及地被，绿化无层次感；大多楼间因停车问题植被碾压过度，草地斑驳，现场露土严重；因长期无物业管理，绿植无养护与修剪，现场绿化杂乱丛生（图 17-30）。

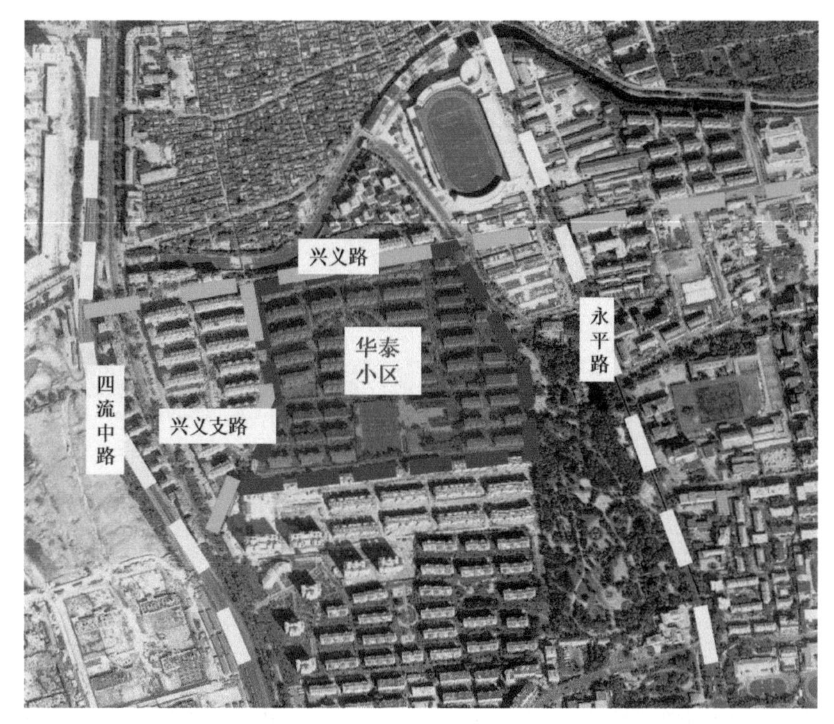

图 17-28

项目区位图

图 17-29

项目竖向图

图 17-30

改造前小区绿化图

社区主要通车道路现状为水泥路面，现状道路均破损严重，水泥路面出现裂缝、坑槽、面层脱落等情况；现状宅间铺装包含水泥连锁块和方砖两种铺装形式，均破损严重，出现缺砖、掉皮、坑槽、沉降等问题，影响居民安全出行（图 17-31，图 17-32）。

图 17-31

改造前小区道路图

图 17-32

改造前小区铺装图

同时因地基不稳定，设计配套与建筑相接不紧密，现状雨水箅子与检查井井盖破损严重，甚者呈现不同程度的沉降（图 17-33）。

图 17-33

改造前排水设施

华泰社区是老旧小区中典型的非封闭式小区，社区内部因为没有良好的停车系统规划，车位严重不足。一方面，小区内部主干道两侧违规停车问题严重，严重影响小区道路的正常车辆错车通行；其他无处停放的车辆侵占宅间绿地、占用人行道，严重破坏了小区景观植被，也影响着居民出行安全。

小区改造前活动场地铺装材质多为光面石材，遇水摩擦度不强，容易打滑，不利于小区居民活动；虽然小区内有多处硬质化活动场地，但一方面现有设施布置散乱，没有明显的功能划分，另一方面缺乏休憩设施和儿童活动设施，导致场地利用率不高，人气聚集性不强(图 17-34)。

图 17-34

改造前中心广场

③ 改造重点

a. 景观方面　对小区现状围墙进行粉刷修复，并在楼间入户甬道与市政路交口处增设人行出入口，保留居民原有出行习惯；对现状中心广场，基于现状改造，增强广场的功能性；对入户甬道、楼间绿地重新进行硬化、绿化，改善居民生活环境；引入海绵城市的概念，增加生物滞留设施、下沉绿地、开口路缘石、雨水收集系统的绿色设计。

b. 停车区域　针对小区内部停车压力大、停车空间不足的问题，在楼间合理布置、重新规划停车位，通过运用空地改造停车位、道路侧方画线停车、原有停车场扩建改造等方式，最大化地合理布局，尽量满足居民的停车需求。

c. 活动空间　功能上：现状广场主要功能为健身和遛狗，根据现场调查和居民需求增设健身场地、棋牌场地、乒乓球场地和儿童活动场地，并为在儿童场地旁看护的家长配置充足的休息设施，增加照明和座椅设施。

铺装上：保留石材铺装，将石材碎拼改为透水性的彩色透水地坪，广场砖根据场地需求改造为石材碎拼和透水砖。

d. 楼院空间　将楼间空地功能重新组合，组合后功能丰富，最大化地利用空间界面，形成多元组织的楼院空间。在部分存在较大高差的楼间区域，增设挡墙，花坛；在易发生雨后积水的楼间区域，增设排水沟。

楼院空间绿化以尊重现场既有植物，补植较为缺乏的开花色叶植物为主，与社区内缺乏开花植物及地被层次形成良性互补。

e. 竖向设计　在现状存在过大高差的楼间区域，增设防护围栏，降低安全隐患；通过增设挡墙、花坛，处理现状存在的高差问题。

f. 海绵设施总体布局（图17-35）及改造前后对比（图17-36）。

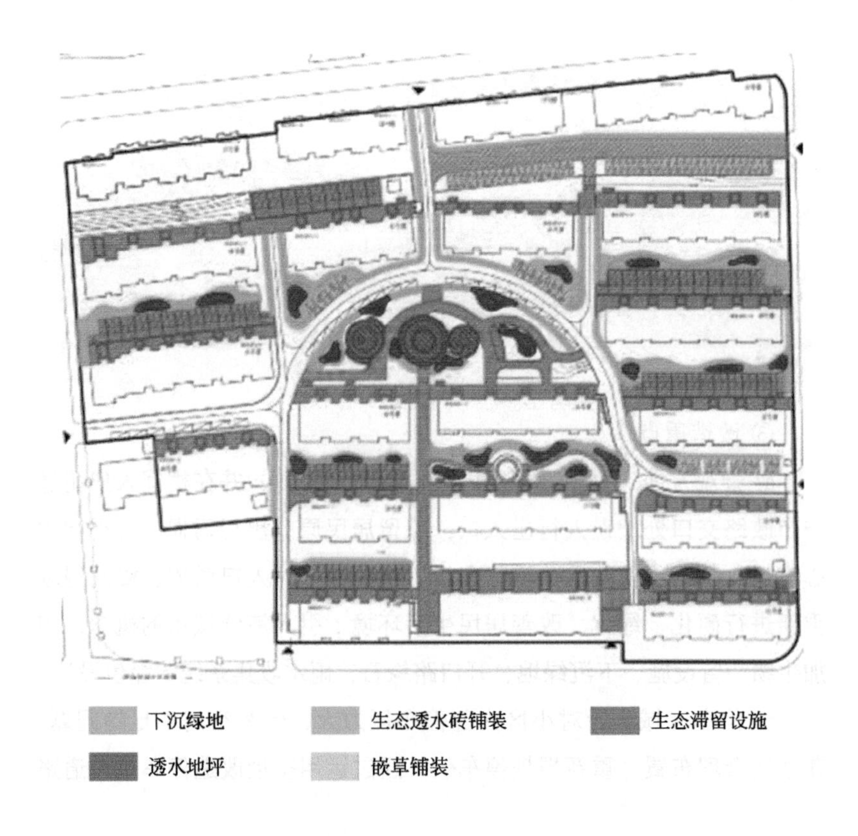

图 17-35

海绵设施总平图

图 17-36

改造前后对比照片

（4）百通馨苑改造工程

项目改造以“源头控制、中间引（截）流、末端调蓄”为思路指导，同时丰富海绵措施及绿化种类。即达到了海绵城市改造的预期目标，又对海绵城市建设起到了极大的宣传展示作用，同时将小区内的基础设施及景观绿化等方面进行了巨大提升，彻底改善社区环境，提高居民的生活质量。

① 项目概况

项目具体位于李沧区金水路北侧、奇峰路西侧、大村河东侧，总占地面积约26.86ha，建筑密度27%，绿地率44%，水面率0.8%，建成于2005 ~ 2008年，共包含101栋住宅楼，5040户居民，分为七个单独分区，项目总投资4246万元（图17-37）。

② 问题及需求分析

a. 竖向情况　百通馨苑小区整体地势为：北高南低，东高西低，整体呈现为东北高、西南低，最高点位于区域东北角，高程46.2m，最低点位于区域西南角，高程31.7m。雨水最终排入大村河（图17-38）。

b. 排水情况　百通馨苑分为七个单独分区，雨水排水方式均为管网排放，排水方向均是由北向南，由东向西，最后在南侧或西南侧低点位置排至市政道路上的雨水管网。雨后存在雨水漫流，路面积水等问题；雨水排放采用传统快排模式（雨水排放急、排放量大，水质差），对整个区域雨水系统造成较大压力（图17-39）。

c. 改造前小区情况　绿化缺乏管理，杂乱无章。

图 17-37

项目区位图

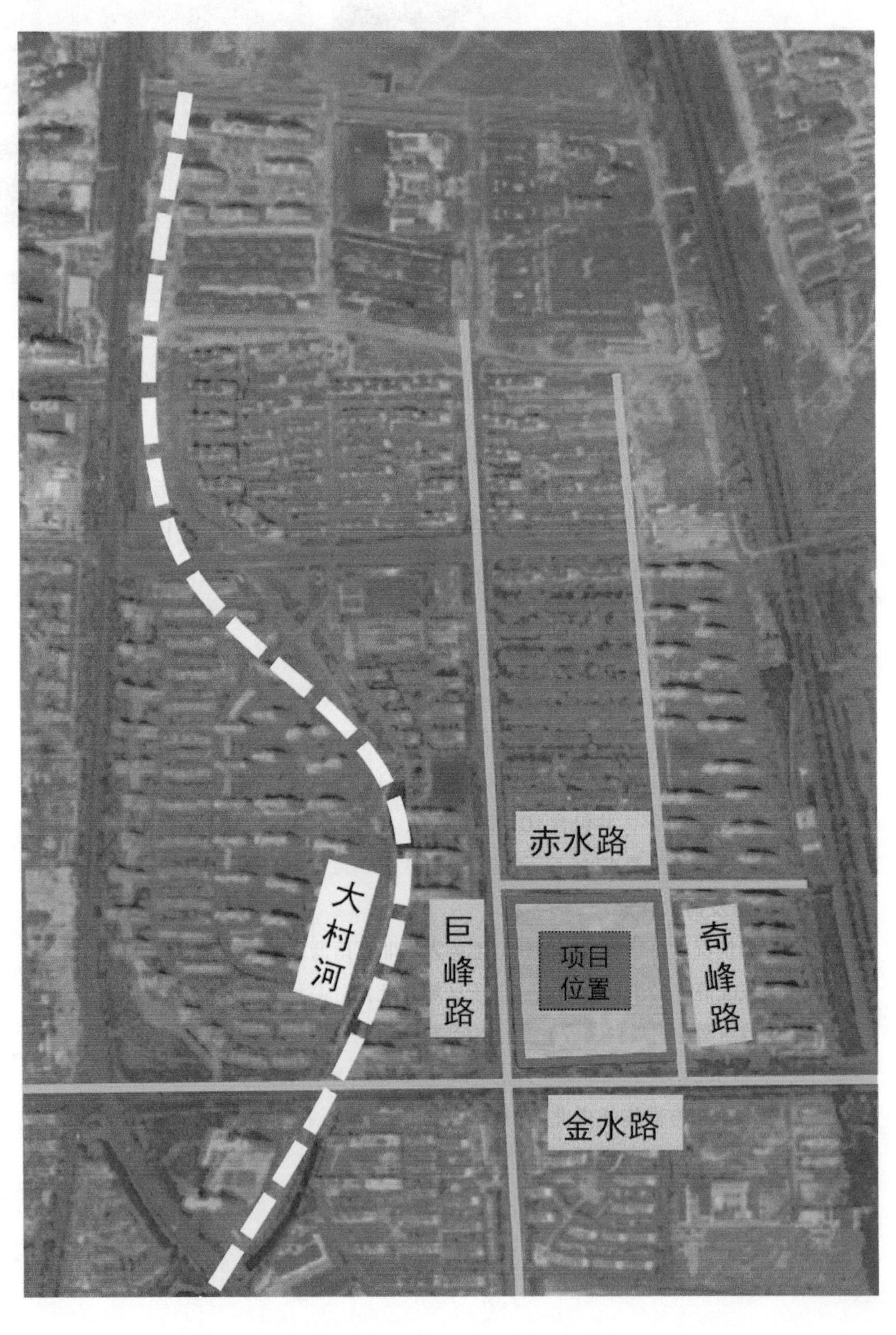

图 17-38

场地竖向分析图

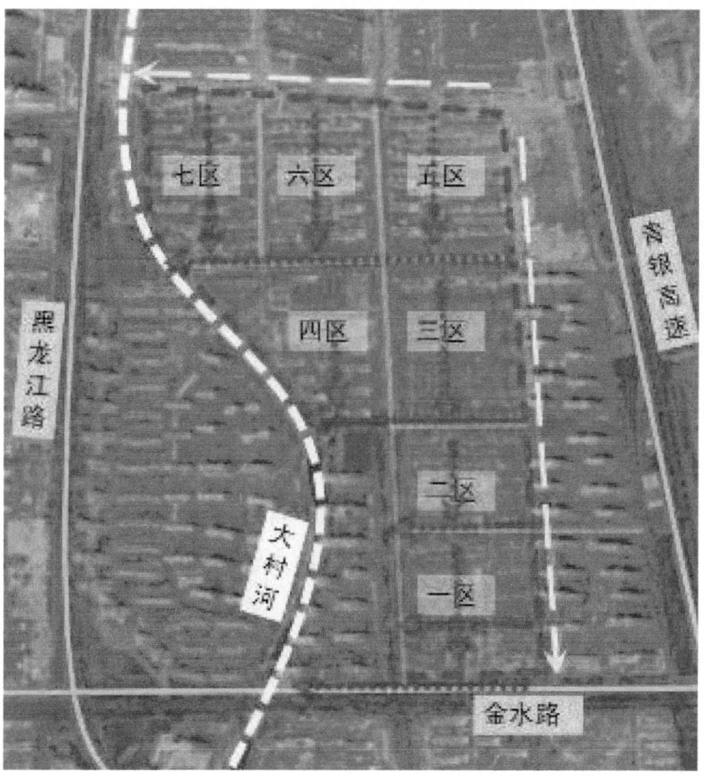

图 17-39

项目排水路径分析图

③ 海绵控制指标

本项目海绵城市建设控制指标为年径流总量控制率为79%，对应设计降雨量为32.2mm；面源污染削减率不低于60.9%。

④ 改造重点

本项目分为七个独立分区，以百通馨苑一区为例进行海绵措施布置的详细阐述。

a. 绿地改造：社区绿地存在部分绿化带处裸露现象，结合竖向设计，选取部分绿地改造为下沉式绿地，用以收集屋面、铺装及道路雨水。主要包含：结合绿地整体地形，在宅间绿地的低点以及空旷处设置下凹绿地和生物滞留设施；考虑现状植物的立地条件及整体景观效果，尽量避开乔木及大型灌木，采用多种类型植物搭配设置，部分需移植的小型灌木补植于普通绿地。通过雨落管断接和转输型植草沟将屋面雨水、道路铺装雨水引入下沉绿地；宅间的下沉绿地、生物滞留设施等采用植草沟进行连接，转输路径较长且坡度较大的植草沟区域，设置挡水堰。

b. 铺装改造：统一采用透水砖翻建，停车位采用植草砖翻建，石材游园路予以保留，局部修补，两侧侧石下卧，周边设置下凹绿地，收集路面雨水。

c. 雨水收集利用：综合考虑社区水塘的现状情况和实用性，将水塘进行改造，作为社区主要调蓄设施，修整周边植被缓冲带，补充水源。

d. 辅助引流、截留措施：采用路缘石开口（道路临近下沉绿地处）、侧石下卧（铺装临近下沉绿地处）、植草沟（建筑物前后、道路铺装两侧）、雨水管断接（建筑物临近下沉绿地处）、雨水口改造（道路临近下沉绿地处）、截水沟（道路临近下沉绿地处、道路坡度较大处）等。

在社区主路坡度较大区域设置截水沟截留雨水，截水沟连接植草沟进行转输雨水，将雨水引流至低点的下沉绿地。超过下沉绿地、雨水花园的雨水通过溢流口溢流至雨水管网，管网内雨水经初雨弃流后进入蓄水模块，超出模块调蓄容积后通过雨水管网外排至社区外部的市政雨水管网内。

社区海绵改造过程中充分考虑下沉绿地与地下管线、构筑物、建筑基础、防水层的距离要求，避免在地下管线复杂、密集区域设置下沉绿地。海绵设施总体布局见图17-40。改造前后对比见图17-41。

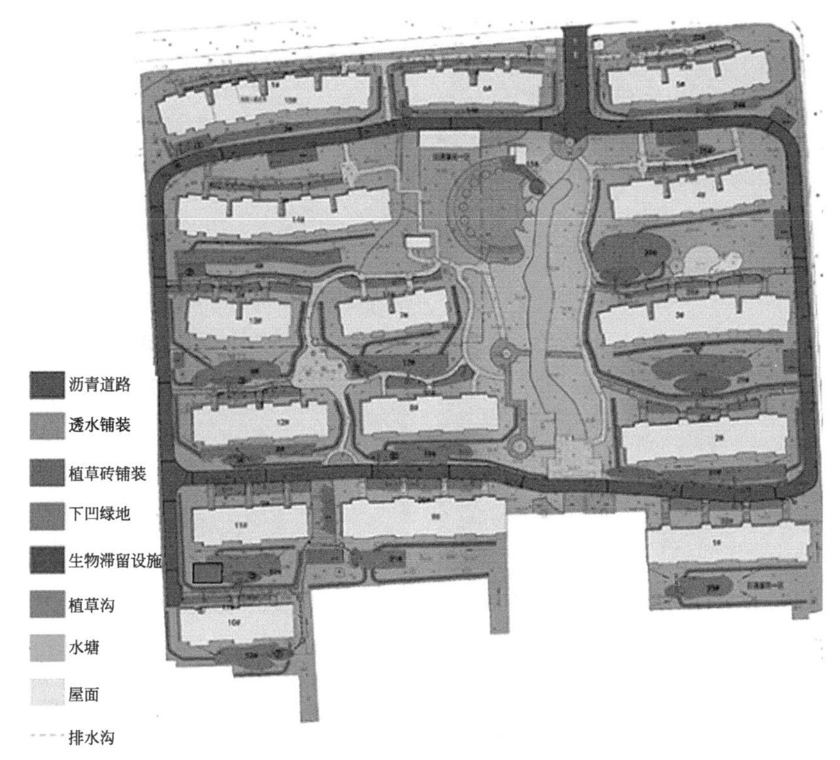

图 17-40

海绵设施总平面图

图 17-41

图 17-41

改造前后对比

17.1.2　公共建筑改造项目

(1) 李沧区委党校改造工程

李沧区委党校海绵城市建设改造项目是青岛市海绵城市试点建设的第一批项目。该项目在青岛的海绵城市建设里程中具有多个“第一”。该项目是青岛市首次运用SWMM模型模拟进行设计、使用在线监测设备进行效果评估的项目，也是首个进行绿色屋顶改造、首个采用透水沥青路面、首个采用蓄水模块的项目。该项目对青岛的海绵城市建设具有重要的展示、科普、宣传作用。

① 项目概况

本项目位于金水路以北，尚风尚水小区南侧，总面积1.13ha。整体地势东高西低，北高南低，主要坡度方向为东西向，主要高程位于东侧建筑区域，坡度较大，区内雨水主要以路面径流为主（图17-42）。

图17-42

项目区位图

② 改造前问题和改造需求分析

a. 景观绿化　区委党校总绿化面积5019m²，占场地总面积的45%，绿化空间较多，但绿地与道路被路缘石分隔，道路雨水不能进入绿地。(图17-43)。

图17-43

改造前绿化图

b. 道路铺装　路面材质为水泥混凝土路面，不透水，路两侧设有路缘石。东侧路面坡度较大，自东向西容易形成地表径流，在场地中心易形成积水。由于党校的特殊职能原因，在培训过程中，大量的外来车辆产生极大的停车需求，铺装场地（包括道路、砖铺场地）全部停满车辆尚不能满足停车需求，因此，在对铺装场地海绵化改造过程中将停车场地纳入考虑（图17-44）。

图17-44

改造前内部道路情况

铺装材料主要为砖材湿铺和石材铺装，不透水，少量的应用了嵌草砖及混凝土铺装，易形成地表径流（图17-45）。

图17-45

改造前内部铺装情况

c. 雨落管分析　场地内现状建筑屋面雨水全部通过雨落管接入雨水管网排出。现状建筑雨落管多位于绿地和铺装场地中，周边无特殊构筑物及设备设施，有利于对其进行海绵城市改造（图17-46）。

图17-46
改造前雨落管情况

d. 现状排水　采用雨污分流方式，雨、污水管网完善，中间道路下有雨水暗渠穿越区委党校，向南排入大村河；党校内建筑屋面雨水通过雨落管接入场地内雨水管网后，最终接入现状雨水暗渠排出；地面道路雨水通过路面径流通过雨水口接入现状雨水暗渠。

③ 改造重点

a. 场地内通过下凹式绿地对雨水进行截留、蓄存、下渗及净化；场地外沿道路设置植草沟对雨水进行二次截留。

b. 道路采用透水材料，同时对道路横坡进行设计，结合开口路缘石，将道路雨水引入两侧绿地

c. 对屋顶雨落管进行断接，将屋顶雨水引入下凹式绿地；结合屋顶绿化，设置一定的休闲平台，可以为建筑内使用者提供就近的休憩空间。

d. 雨落管多位于绿地和铺装场地中，周边无特殊构筑物及设备设施，选取部分雨落管进行断接。

李沧区委党校海绵设施总体布局见图17-47。

通过对项目的海绵化改造，每年可截留雨水约6600m^3，通过雨水

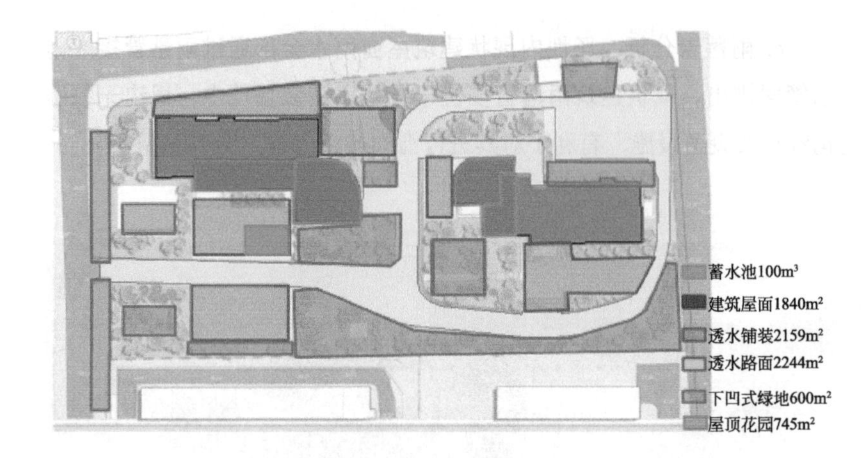

图 17-47

海绵设施总体布局图

回用浇灌绿化，每年可节约市政用水约1100m³。工程建成后取得了良好的示范效用，其节能环保、绿色生态、雨水利用的设计理念，对青岛市海绵城市的建设起到了以点带面的作用，产生巨大的环境效益和社会效益（图17-48）。

作为海绵城市建设理念的先行者，因地制宜地构建低影响开发体系，收集净化雨水的同时把景观设计、绿化栽植等方面有机结合起来，在海绵城市建设与生态环境修复方面发挥了重要作用，为青岛后续海绵城市改造提供了经验和参考，促进了青岛市海绵城市建设发展。

图 17-48

改造后实景图

（2）山东外贸学院改造工程

① 项目概况

本项目东侧紧邻青银高速公路，西与巨峰路相接，占地面积约20.5ha，现状综合径流系数0.62。区域内整体地势西高东低，北高南低（图17-49）。

图 17-49

项目区位图

② 现状分析及问题

a. 景观绿化　线性绿地植被覆盖率较低，以草坪为主；斑块绿地主要位于校区内教学楼、宿舍楼周边的小块绿地。植被以常绿灌木为主，局部存在海棠、樱花等小乔木（图17-50）。

图 17-50

改造前校区绿化情况

b. 道路铺装　铺装活动场地主要是人行道铺装以及节点活动空间铺装。现状铺装材料主要为砖材湿铺，不透水。区域内可供活动的铺装场地较少，空间使用率低。基础公共设施数量少，可结合海绵城市改造增加一定的铺装场地和公共设施（图17-51）。

图17-51

改造前校区铺装情况

c. 增加亲水区　通过与校方沟通，希望结合暗渠，在校园东侧（现状为土堆）建设一处水系，增加师生亲水活动空间。

③ 改造重点

a. 绿化改造主要海绵措施为植草沟或生物滞留设施，通过对下层土壤的部分换填（部分易渗透场地增设盲管加快其渗透速度）达到增加蓄水、渗水的目的；通过设置卵石、置石将雨水进行滞留、下渗，同时营造植物群落，丰富校园景观。

b. 对人行道活动场地进行透水铺装改造，主要采用透水砖、透水地坪和碎石子铺装。

c. 结合现状雨落管情况，考虑三种雨落管断接措施：一是在有回用需求处采用雨落管断接设置雨水桶；二是有下沉式绿地或植草沟处，雨落管断接，就近接入下沉式绿地；三是就近接入市政管网，后排入校园内设置的蓄水池中。

d. 设置雨水蓄水池。在雨水管道末端接入暗渠处进行断接，将雨水管道接入雨水蓄水池内，超标雨水排入雨水暗渠，最终进入大村河。

山东外贸学院海绵设施总体布置见图17-52。

本项目结合海绵城市改造要求和校园现状情况，以打造集休闲、健身和娱乐一体的校园景观环境为目标，通过绿化提升、铺装设计和节点改造，全面提升了校园景观环境。整治后的良好校园景观环境，有效地改善了师生学习、生活条件。项目在海绵城市建设改造过程中，在海绵措施处设置了宣传指示牌，也对海绵城市建设起到了很好的宣传科普作用（图17-53）。

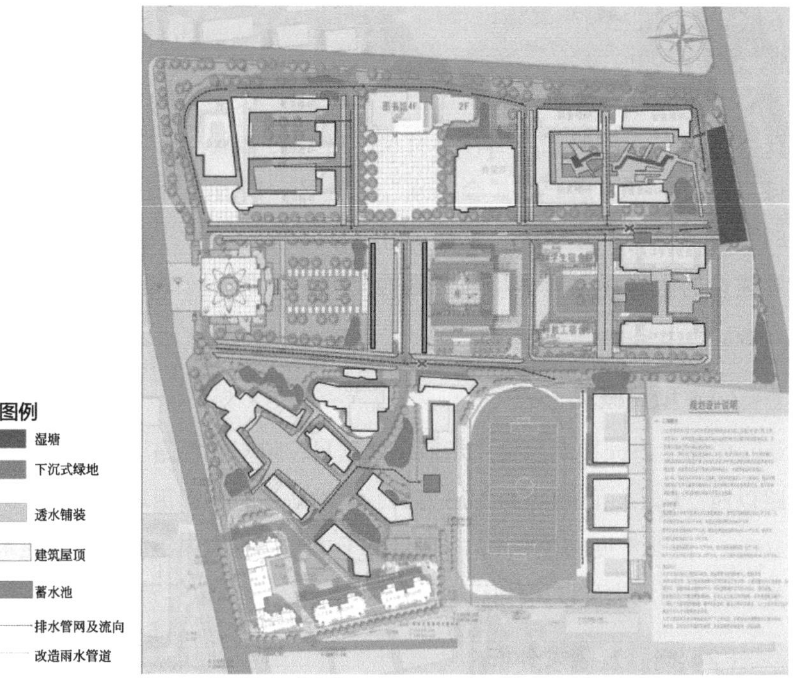

图 17-52

海绵设施总体布置图

图 17-53

改造后实景图

17.1.3 新开发小区建设项目

中德生态园被动房社区作为“全国首个被动房推广示范小区”，在改变未来人居模式方面，具有里程碑式的意义。在此处进行海绵城市建设，打造出一个“会喝水”的社区。同时结合在社区中安装的科普知识牌，让居民在享受美好生活环境的同时，意识到城市开发建设的生态环保理念和水资源的宝贵，让海绵城市建设理念深入人心。

（1）项目概况

中德生态园被动房推广示范小区项目，位于红河路以北，清源山路以西，总占地面积约为3.75万m^2，本地块约呈方形用地，东西长约160m，南北宽度约250m。本项目位于中德生态园内，属于住宅建筑类。周边用地类型以居住区为主。

（2）问题及需求分析

在能源短缺、雾霾肆虐的今天，一栋用科技呵护人居的房子便显得尤为重要，被动式节能住宅正是在这个基础上应运而生。作为未来科技住宅的开发主流，它的出现，将毫无疑问地改变未来人居模式。选择一种房子，就是选择一种生活方式。被动式节能住宅，将帮居住者远离室内环境污染，让家变成健康堡垒。景观设计营造“花园里的住宅”：古树花园、洋房花园、别墅花园、雨水花园等，体现生态型景观设计理念，充满人气、阳光、自然、健康的绿色社区。

重点解决问题：打造自然生态的绿色社区，解决小区内涝防治问题。

（3）改造重点

① 高程及坡向

整体地势西高东低，北高南低。中德被动式社区中日常雨水走势根据场地设计标高，由四周向中心景观带汇集，根据此走向，雨水花园、蓄水模块等集水设施主要布置在中央景观带中，并避开车库区域，保证建筑结构（图17-54）。

② 排水分区

根据现场的地形地貌及管线综合的排水要求，整个地块的排水分为五个汇水分区，北侧的汇水分区一及汇水分区二的排水排向北侧市政路，南侧的汇水分区一二的部分及汇水分区三四五的排水排向南侧

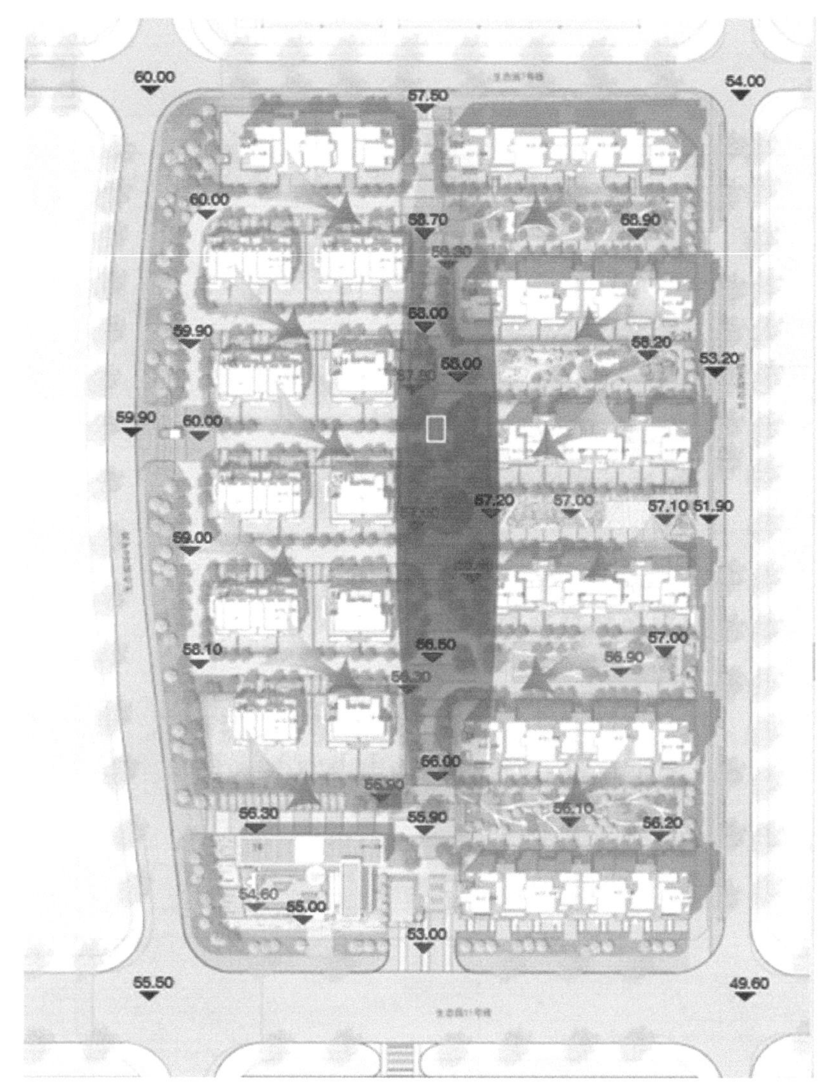

图 17-54
项目竖向图

市政路（图17-55）。

（4）改造效果

中德被动房住区海绵措施实施后，该小区形成自身独特的海绵系统。海绵城市设计采用“源头削减，末端截流”的思路，因地制宜采用透水砖路面、生物滞留设施、雨水花园、蓄水模块、储水罐、下沉绿地6种海绵城市措施，促进雨水资源的再利用；并采用适合海绵措施内耐水湿、耐旱的植物，例如鸢尾、金娃娃萱草、八宝景天、彩叶杞柳等，打造海绵措施内丰富的植物景观（图17-56）。

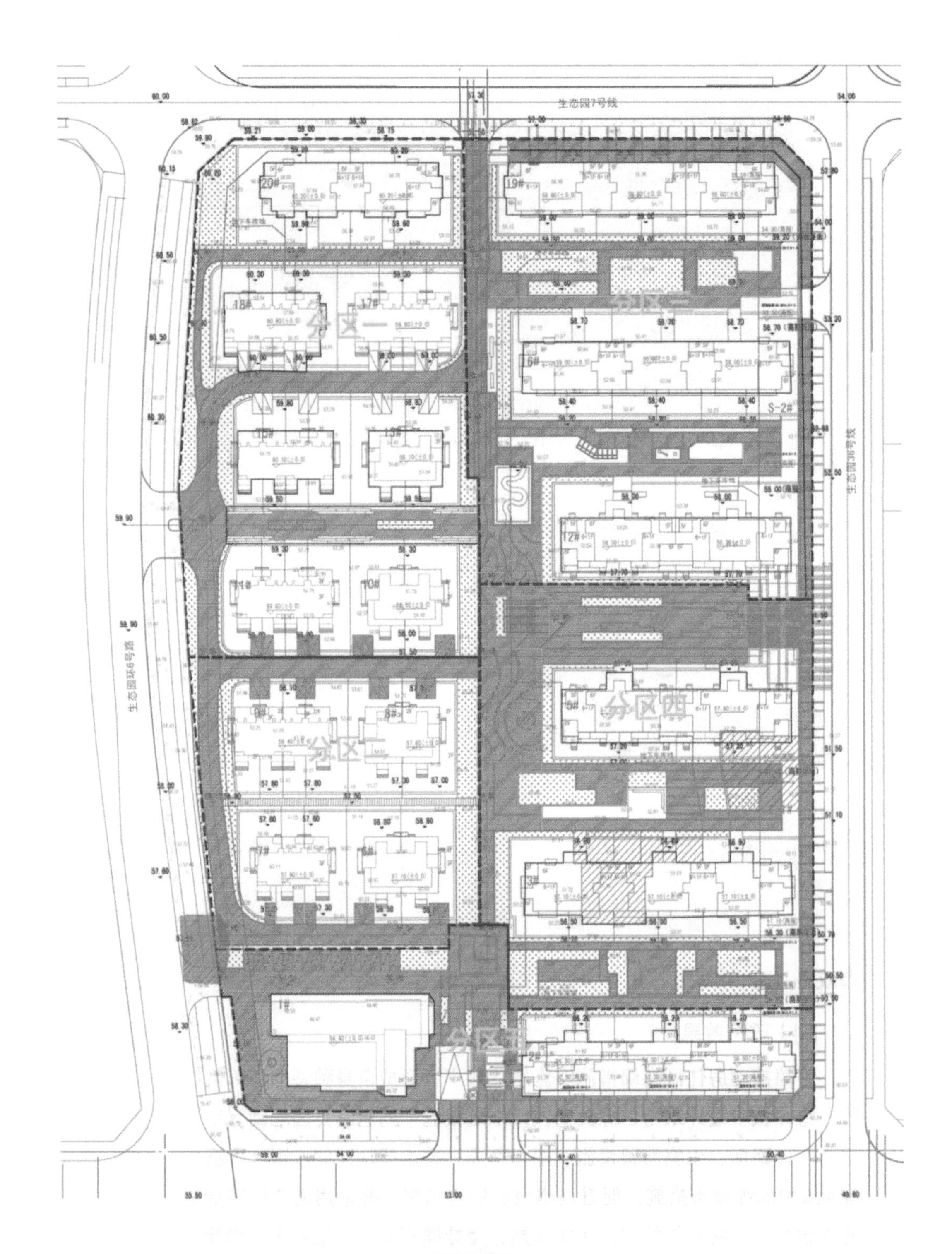

图 17-55

排水分区图

图 17-56

社区建成后景观效果良好

17.2 市政道路类项目

17.2.1 安顺路（汾阳路-衡阳路）改建工程

青岛市在新建道路时坚持“目标导向”，完善配套设施，将海绵城市建设与道路排水工程建设相结合。在道路工程中，由传统的注重“灰色”设施建设，转变为“灰绿结合”；将传统的“快排”理念，转变为“渗、滞、蓄、净、用、排”；由以往的注重末端治理，转变为

“源头减排、过程控制、系统治理”。依托新建道路，解决汇水区域内排水系统不完善问题，解决极端天气状况下重点区域内涝积水、降低排水防涝安全风险，实现了人行道和绿化带雨水的自然积存、自然渗透、自然净化的可持续水循环。

（1）项目概况

安顺路（汾阳路-衡阳路）位于青岛市李沧区西部，环湾路东侧，四流路西侧。道路南起汾阳路，北至衡阳路，长约0.8km。道路设计双向八车道，绿线宽60m，总面积约44900m²，道路红线总面积35600m²，绿化带面积9300m²（图17-57）。

图17-57

项目区位图

（2）问题及需求分析

① 高程及坡向

安顺路（汾阳路-衡阳路）道路中间高，两侧低。中间地势最高点高程为5.389m，汾阳路路口标高为4.35m，衡阳路路口标高为4.3m，道路纵向坡度为0.3%（图17-58）。

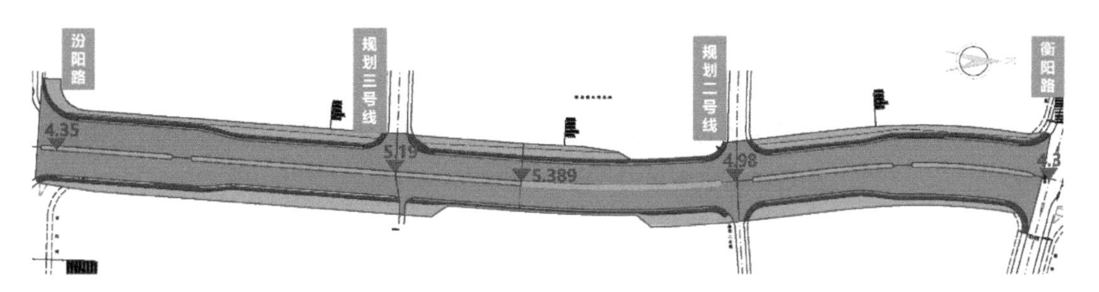

图 17-58

道路竖向高程示意图

② 地质条件

区域内广泛分布素填土和杂填土，局部堆填有大量因房屋拆迁遗留下的建筑垃圾，沿线分布有第四系全新统海相沼泽化层、第四系全新统冲洪积层、粗-砾砂、黏土和基岩。

根据已有勘察报告，道路沿线地下水类型为第四系孔隙潜水及基岩裂隙水。勘探期间地下水位埋深1.20—4.30m，绝对标高−0.27—2.28m；根据周边调查了解，设计道路沿线地下水最高水位标高2.0 ~ 4.0m。

③ 周边用地现状

安顺路（汾阳路-衡阳路）周边用地现状主要为青岛海洋化工有限公司厂区、青岛碱业股份有限公司用地、青岛银月制漆厂厂区、山东省物产进出口公司场区（图17-59）。

图 17-59

周边用地现状

④ 排水情况

安顺路（汾阳路-衡阳路）排水采用分流制。雨污水单独排放。结合道路竖向，道路两侧设置雨水管道，雨水最终排放至汾阳路和衡阳路现状雨水暗渠内（图17-60）。

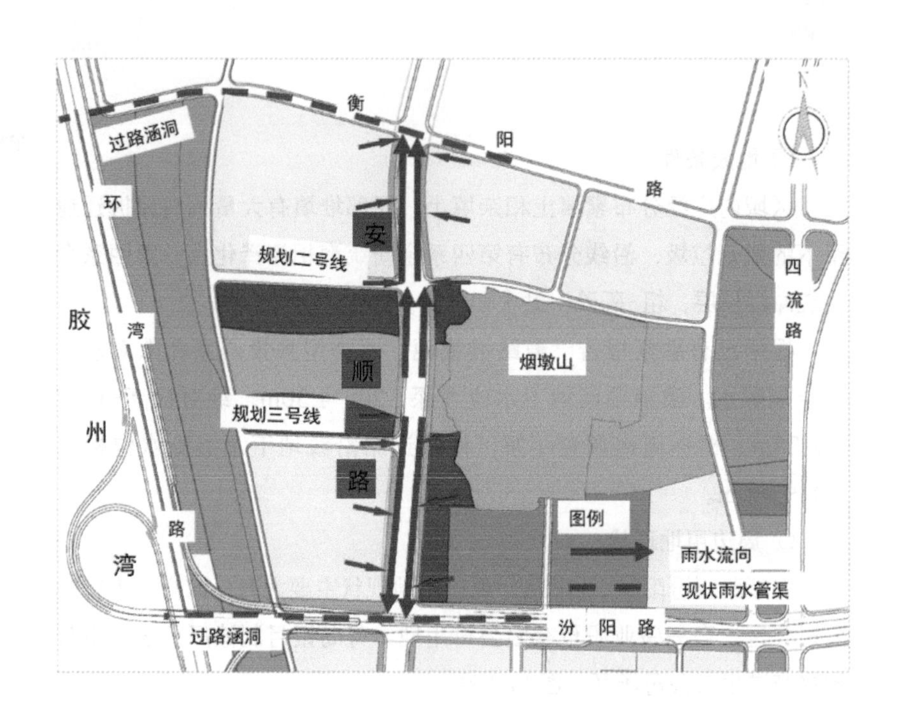

图17-60

雨水系统分析图

⑤ 建设需求

安顺路（汾阳路-衡阳路）以道路路面排水和行车安全为基础，以道路海绵城市设计思路为前期，打造李沧区西部道路海绵示范项目。海绵改造之前，未设置海绵措施，不能达到年径流总量控制率45%的要求。海绵改造之后，实现了人行道和绿化带雨水的自然积存、自然渗透、自然净化的可持续水循环。

（3）海绵控制指标

道路红线内目标年径流总量控制率25%，对应设计降雨量为4.3mm，红线外目标年径流总量控制率90%，对应设计降雨量为55.6mm。由于道路与红线外绿地同步建设，通过综合计算，该项目年径流总量控制率为45%，对应设计降雨量为9.7mm。面源污染削减率（TSS削减率）控制目标为30%。

（4）改造重点

① 总体方案设计

结合现状指标情况，安顺路（汾阳路-衡阳路）雨水径流组织主要依靠道路竖向和景观地形改造，形成自然排水方向，采用下凹植草沟、雨水花园组合的型式，使雨水自然下渗。通过设置海绵设施，将人行道和绿化带雨水径流在源头进行滞蓄、入渗和净化处理。小雨时，雨水通过LID设施净化后再排入管道系统；大雨时，涝水通过滞蓄、溢流排至雨水管道系统，实现错峰、缓排的效果（图17-61）。

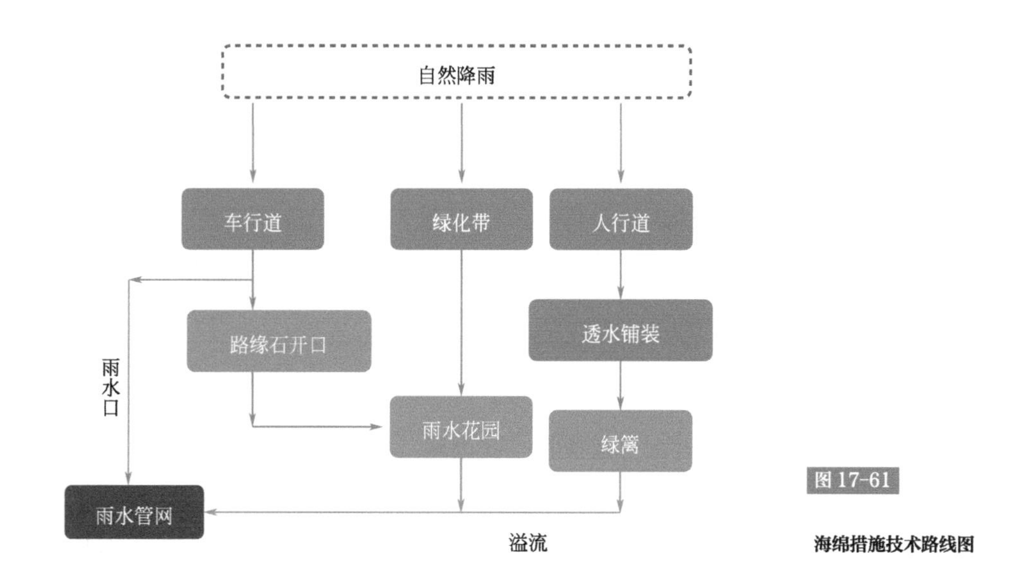

图17-61 海绵措施技术路线图

② 排水工程

a. 竖向设计与汇水分区　根据道路竖向和路口交叉、道路中央分隔带因素，划分为8个汇水分区（图17-62）。经计算，各汇水分区需

图17-62 汇水面积划分分区示意图

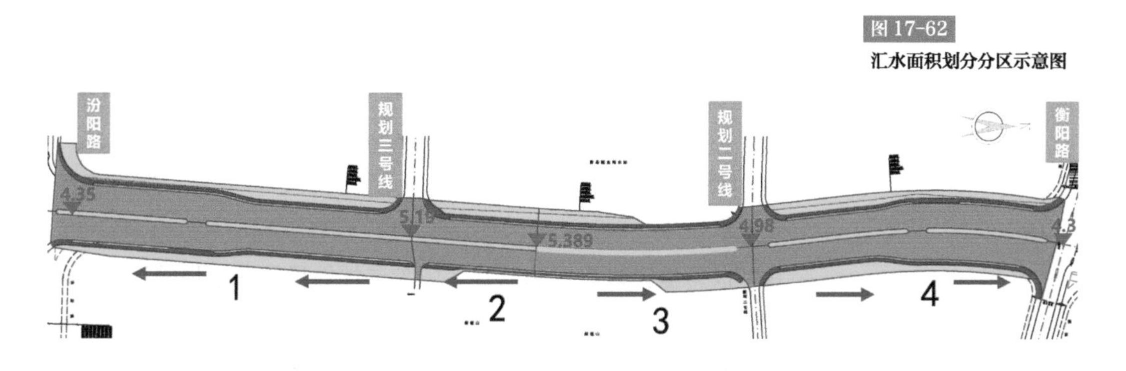

外排水量见表17-1。

表17-1　各汇水分区径流控制外排水量

分区	改造之后下垫面面积/m²					总面积/m²	综合径流系数	外排水量/（L/s）
	中央分隔带绿化	沥青路面	两侧绿篱	人行道透水铺装	两侧绿化带			
1西	354	5260	332	763	1901	8610	0.62	51.90
1东	553	4727	342	773	2021	8416	0.59	47.76
2西	169	1607	102	295	730	2903	0.58	16.34
2东	168	1487	125	126	336	2242	0.66	14.26
3西	268	2653	211	428	647	4207	0.64	26.04
3东	269	2647	218	283	731	4148	0.64	25.70
4西	328	4386	236	724	1576	7250	0.62	43.51
4东	380	4431	281	674	1362	7128	0.63	43.59
合计	2489	27198	1847	4066	9304	44904	0.62	269.12

b. 雨水管道建设　安顺路（汾阳路-衡阳路）道路排水设计重现期为5年一遇，雨水管道为新建。根据汇水面积，利用青岛市暴雨强度公式计算得安顺路雨水管道管径，雨水管道管径为DN400 ~ DN1200（图17-63）。

c. 污水管道建设　安顺路（汾阳路-衡阳路）污水管道为新建，管径为DN300 ~ DN600（图17-64）。

③ 海绵设施总平图

安顺路（汾阳路-衡阳路）从现状基底条件出发，采用透水地坪、下凹绿篱、下凹植草沟、雨水花园等低影响开发措施进行改造。工程共设计下凹式植草沟2046m，雨水花园402m²，将低影响开发措施与道路两侧绿地景观进行有机结合（图17-65，图17-66）。

④ 设施节点设计

a. 雨水花园

(a) 根据植物耐淹性能以及土壤渗透性能确定蓄水层深度，一般为200 ~ 300mm，同时设100mm超高。

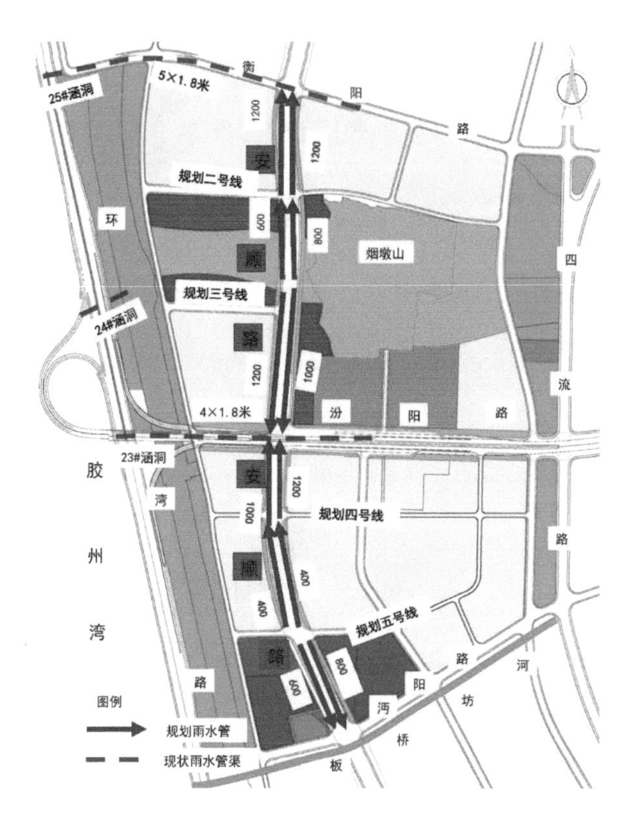

图 17-63

安顺路雨水系统图

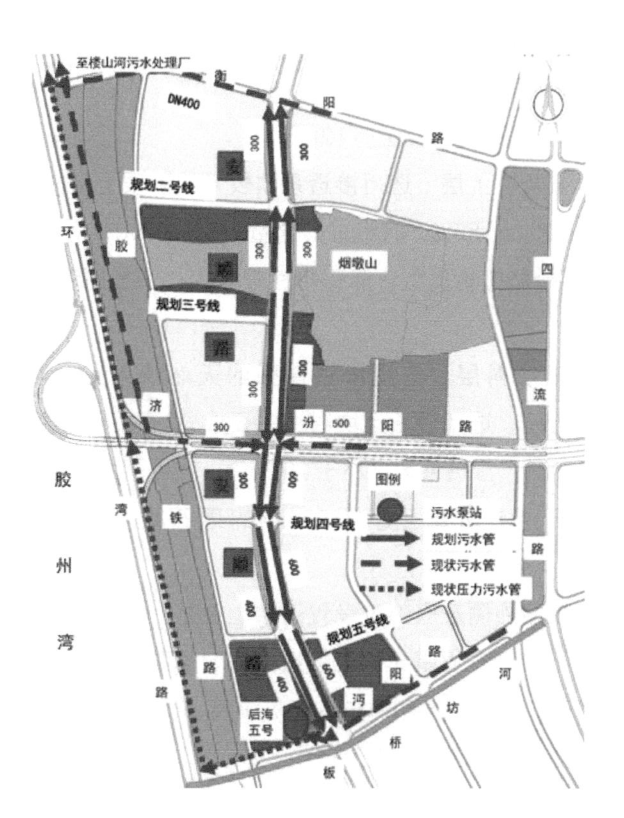

图 17-64

安顺路污水系统图

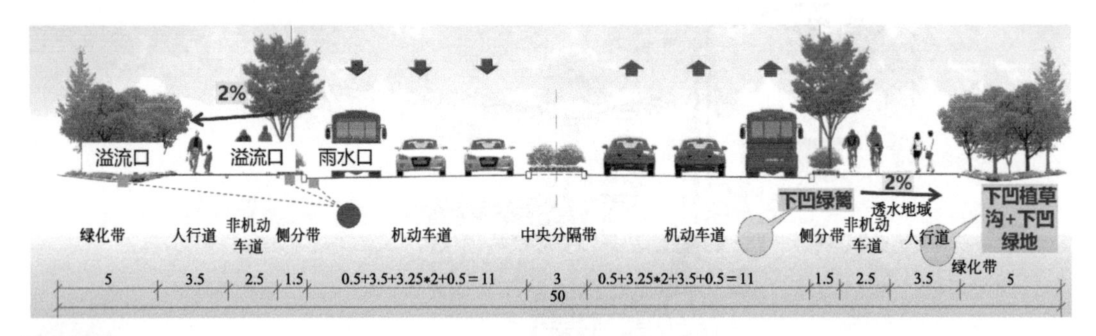

图 17-65

海绵措施道路横断面图

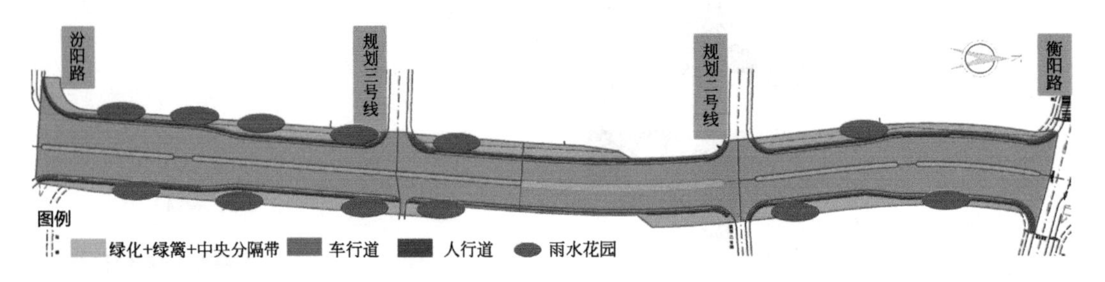

图 17-66

海绵设施分布示意图

(b) 根据现场情况合理设置溢流口，溢流管就近接入周边排水管线或下一级调蓄设施，当条件不允许时，可以不设置溢流设施；溢流设施顶低于汇水面100mm。

(c) 覆盖层最大厚度80 ~ 120mm。

(d) 植被及换土层：选用渗透系数较大的砂质土壤，主要成分中砂子含量为60% ~ 85%，有机成分含量为5% ~ 10%，黏土含量不超过5%。厚度根据植物类型、降雨特性等来定，一般厚度为300mm左右。

(e) 人工填料层：选用渗透性强的天然或人工材料，厚度为500 ~ 1200mm。选用砂质土壤时，主要成分与种植土层一致。当选用炉渣或砾石时，渗透系数不小于10^{-5}m/s。

(f) 砾石层：由直径小于50mm的砾石组成，厚度为200 ~ 300mm。

(g) 结构层外侧及底部应设置透水土工布，防止周围侵入。如经过评估认为下渗会对周围建构筑物造成坍塌风险，或拟将底部出水进行集蓄回用时，可在底部和周边设置防渗膜。

雨水花园做法见图17-67。

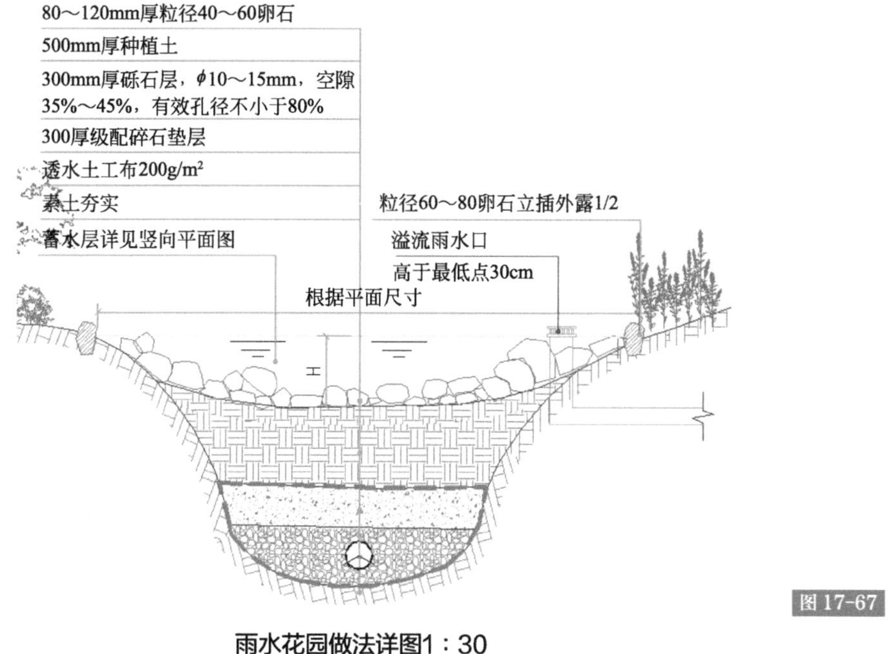

图 17-67

雨水花园做法详图

b. 干式植草沟（图17-68）

(a) 干式植草沟宽度为500 ~ 2000mm，深度为50 ~ 200mm，边坡坡度不大于1：3。

(b) 干式植草沟最薄处种植土厚度不小于30cm。

(c) 干式植草沟中心线距离建筑基础不小于3m，如距离建筑物小于3m，则在植草沟和建筑基础间加设防水材料。

(d) 干式植草沟排水纵坡宜为0.3% ~ 4%，沟长不小于30m；当纵坡大于4%，长度超过30m时，增设节制堰，以减少流速；植草沟最大流速应小于0.8m/s，曼宁系数为0.2 ~ 0.3。

(e) 干式植草沟内植被高度为100 ~ 200mm。

(f) 后期维护管理需要进行定期的冲沟和侵蚀检查，清除草沟底部的沉积物，并进行规律的修建。

c. 渗透铺装　人行道透水地坪采用4cm透水面层+8cm透水基层+15cm级配碎石的做法（图17-69）。

(a) 透水路面应根据土基透水性要求，采用全透水或半透水铺装结构。当土基渗透系数大于1×10^{-6}m/s时，采用全透水铺装结构；当土基渗透系数小于或等于1×10^{-6}m/s时，采用半透水铺装结构，并在

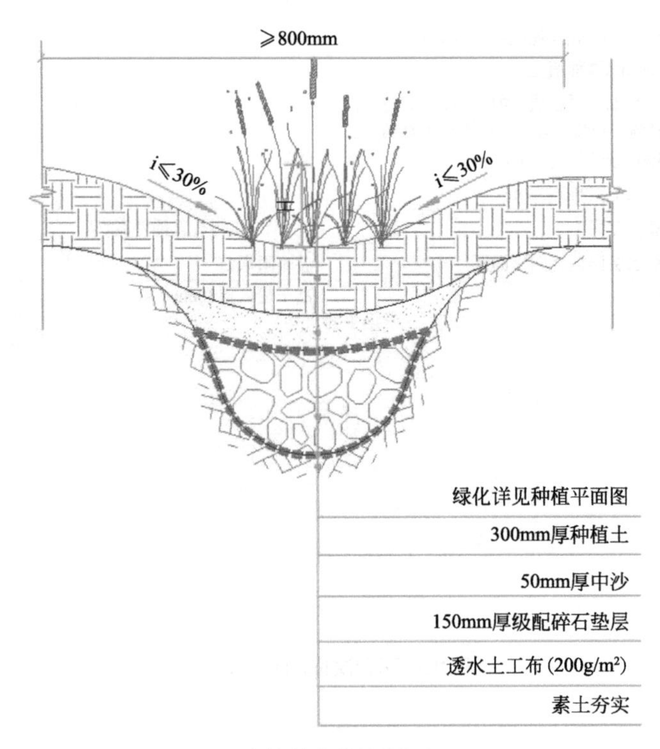

图 17-68

干式植草沟做法详图

土基中设置地下集水管，排入下游雨水管渠或其他受纳体。

(b) 当采用半透水铺装结构时，地下集水管的管径为100 ~ 150mm；当集水管设在车行道下时，覆土深度应大于700mm；集水管采用穿孔塑料管、聚乙烯丝绕管、无砂混凝土管等，塑料管开孔率宜为1% ~ 3%，无砂混凝土管的孔隙率大于20%，孔间距不大于150mm；集水管四周填充砾石或其他多孔材料。

(c) 渗透面层有效孔隙率应达到15% ~ 25%。

(d) 透水基层和垫层渗透系数应大于面层。基层选用粒径在5 ~ 8mm之间的碎石（也称寸石）；砂砾料和砾石的有效孔隙率大于20%；垫层的厚度不小于150mm，为连续级配型，抗压回弹模量E为300 ~ 500MPa。

(e) 土基密实度不小于93%（轻型击实标准），回弹模量不小于20MPa。

(f) 铺装表面需定期清洁，防止铺装的空隙堵塞。

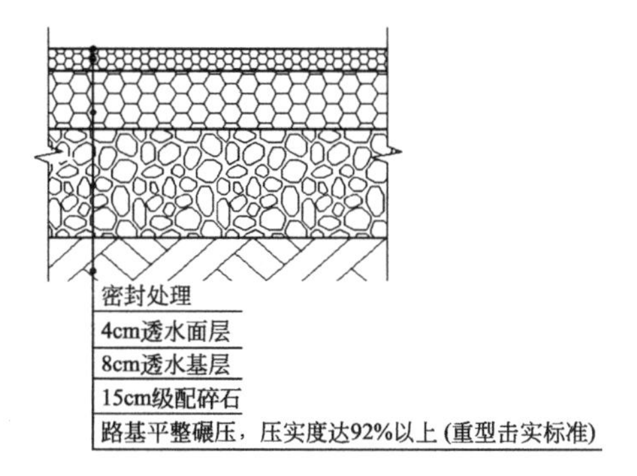

图 17-69

人行道透水地坪做法详图

(g) 渗透铺装施工完后面层表面不允许出现反碱现象（除不可抗因素外，温度低于5℃不建议施工）。

（5）建设效果

安顺路（汾阳路-衡阳路）海绵改造工程建成后，达到年径流总量控制率51%，SS总控制率33%，满足主干路海绵城市建设指标要求。作为西部老城区主干路海绵城市建设的先行实施项目，为后期道路海绵城市的建设提供了依据，同时，对改善区域生态环境、方便群众生活等方面具有十分重要的意义（图17-70，图17-71）。

图 17-70

改造前后对比照片一

图 17-71

改造前后对比照片二

17.2.2 文昌路（金水路-南岭三路）整治工程

青岛市在改造原有市政道路时坚持“问题导向”，解决路面龟裂、松散、坑槽、破损等问题的同时，落实“+海绵”，补齐基础设施短板，提升基础设施建设系统性，优化设施功能。针对改造道路特点，制定合理的海绵城市设施建设方案；总结改造过程中遇到的问题，优化改造方案，为其他道路的海绵改造提供借鉴经验。

（1）项目概况

文昌路规划为城市次干路，道路南起金水路接君峰路、北至李沧区界，道路全长约6.2km，本次实施范围南起金水路、北至南岭三路，长约2.76km，规划红线宽度24m，现状车行道宽16m，两侧人行道宽4m。现状人行道板板面破损严重，整体平整度尚可。项目计划对现状人行道板拆除更换，对局部基层破损处进行基层维修。人行道翻建29996m^2；基层改为透明封闭剂+3cm聚合物透水混凝土面层（红色）+8cm透水混凝土基层+15cm级配碎石；花岗岩侧石更换200m，花岗岩侧石调整安装50m；新设挡车柱100个；树池石更换160m；界石更换100m，界石调整200m；起垫检查井160座，更换井盖40个(图17-72)。

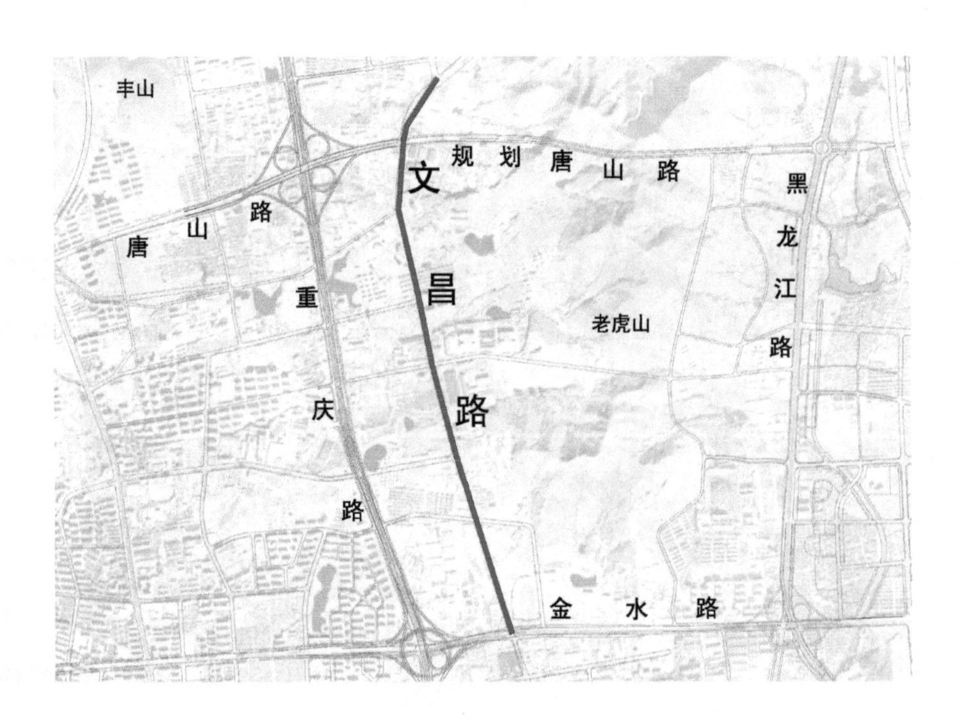

图17-72

项目区位图

（2）问题及需求分析

① 车行道

文昌路翻建于2008年，现状车行道为沥青混凝土路面，车行道整体状况较好，保留现状。

② 人行道

文昌路改造前人行道为荷兰砖铺装，由于砖材质量较差，板面破损严重，松动或变形损坏密度10%、残缺损坏密度30%，人行道状况指数为35.55，评价等级为D，应采取大修翻建方案（图17-73）。

图17-73

改造前文昌路人行道情况

③ 其他设施

侧石：道路两侧局部弯道处花岗岩侧石存在侧移、破损现象。

树池石、界石：沿线树池石、界石局部存在侧移、破损现象。

④ 建设需求

文昌路车行道整体状况较好，保留现状；人行道板面破损严重，需要翻建；对沿线局部破损弯道侧石、界石、树池石更换，对局部移位侧石、界石进行调整，重新安装；对人行道上的检查井进行起垫，并更换破损的检查井井盖。项目位于青岛市海绵城市建设试点区内，为在改造项目中落实海绵城市建设要求，本项目人行道翻建为透水地坪结构。

（3）海绵控制指标

文昌路位于《青岛市海绵城市专项规划（2016—2030年）》管控分区21和24，年径流总量控制率为70% ~ 75%，SS削减率为65% ~ 66%。由于本项目仅改造人行道，因此，年径流总量控制率需达到46%以上，对应设计降雨量为10mm，径流污染控制率（以SS计）达到35%。人行道铺装全部采用透水铺装，绿篱改造为下凹式，下凹深度为150 ~ 200mm。

（4）改造重点

文昌路海绵改造主要为人行道翻建，将现状采用荷兰砖铺装的人行道板翻建为透水地坪结构。更换沿线局部破损树池石的同时，完善下凹绿篱建设，提升人行道的透水性和滞蓄性（图17-74 ~图17-76）。

图 17-74

文昌路横断面图

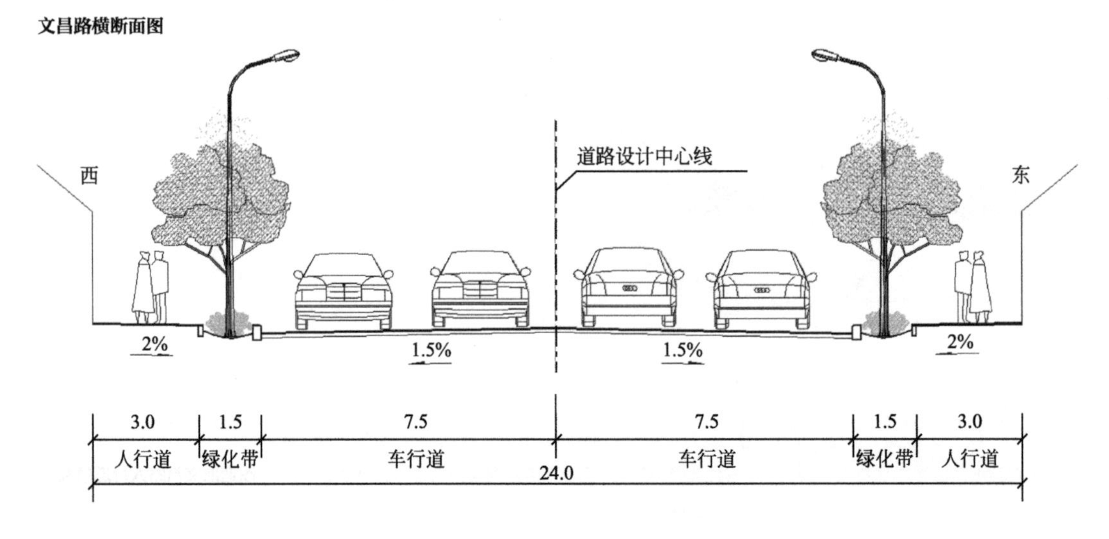

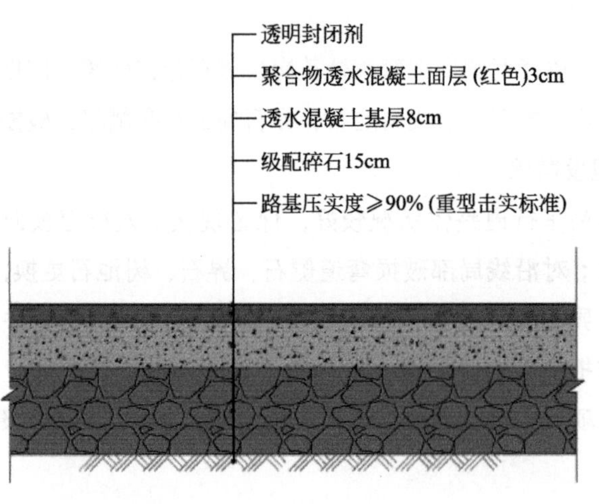

图 17-75

文昌路透水地坪结构

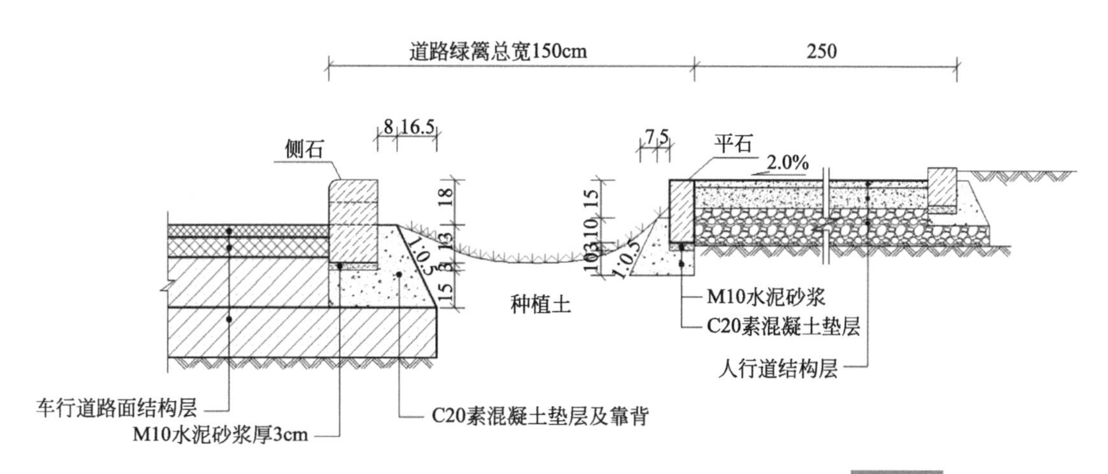

图 17-76

文昌路下凹绿篱设计和建设图

（5）建设效果

文昌路海绵改造完工后，人行道透水能力有所增加，但下凹绿篱效果一般，海绵设施未能充分发挥蓄水作用，设施养护维护成本较高（图17-77，图17-78）。

图 17-77

改造前后对比照片

图 17-78

改造前后对比照片

（6）问题反思

文昌路是青岛市海绵城市建设试点最早建设的一条市政道路，在改造过程中我们边建设、边摸索、边总结，对出现的问题及时整改，最终建成了青岛市第一条“海绵道路”。基于文昌路海绵城市改造工程的探索，我们总结了以下建设经验：

海绵设计要注重系统化，以排水分区为单元，统筹灰色和绿色基础设施，建立“源头减排—过程控制—系统治理”的工程体系，因地制宜确定建设目标和工程项目，提高海绵城市建设系统性，避免碎片化。

在方案阶段和施工图阶段引入技术单位审查，严格把控规划指标落实情况、审查方案设计合理性，为工程提供有力的技术支持。委托咨询机构加强对海绵城市试点项目方案和资金审核，突出“经济性、实用性”导向，避免海绵城市建设过度工程化和片面追求“高、大、上”的效果。

加强运维管理，促进海绵设施精细运维管理。按照《青岛市城区河道综合整治及管理维护技术导则》《青岛市园林绿化养护管理技术规范》《青岛市海绵城市设施运行维护导则》等技术导则要求，统一海绵设施运维管理规范。

17.3　公园绿地类项目

17.3.1　楼山公园改造工程

青岛是典型的山海城一体城市，城中遍布各类山体公园。我们对楼山公园进行改造的过程中，针对山体公园海绵城市设计和建设进行了有益的探索，既解决了山洪入侵下游地块的问题，同时提升了山体公园的景观环境。为其他类似的城区山体公园海绵化改造提供了可参考的宝贵实践经验。

（1）项目概况

楼山公园临近四流北路和永平路，北靠楼山后工业区，西侧为厂房工业用地，南侧为北山村，东侧为翠湖小区，公园占地面积为26.69hm^2（图17-79）。

（2）建设条件分析

楼山公园整体地貌为山体，地势起伏较大，山势西南侧较陡峻，东北侧较平缓。最高点位于南部山头，标高为98.3m，次高点位于北部山头，标高为60.90m，北部山头向南坡度较为平缓，地势平坦，标

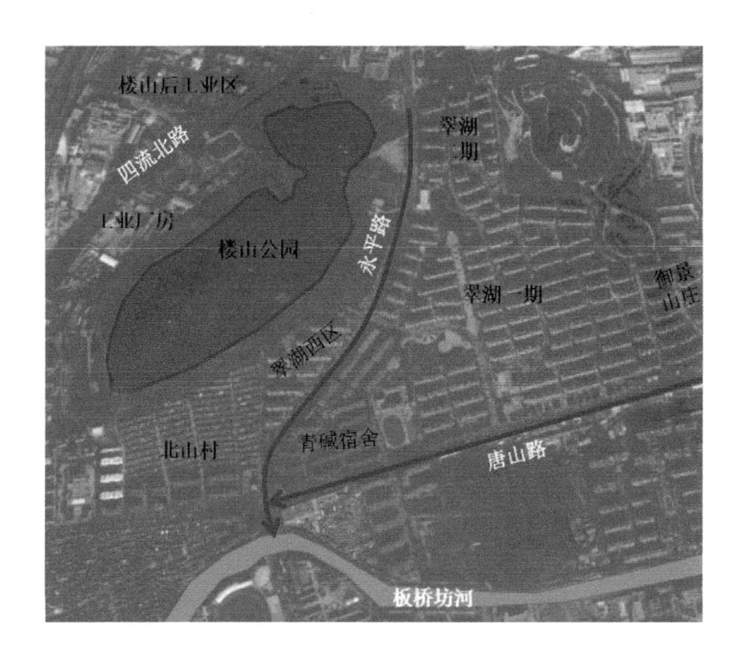

图 17-79

项目位置图

高在50.4m，再向南至南部山头底部为斜坡，坡顶标高为57.6m，此处地块山脊线较为平缓，并被两处山头包围，形成半包围盆地。

楼山公园现状沿环山路一侧有排水明沟，园区内围墙均设有排水口。园区山体排水主要依靠地表径流，雨水自上而下至排水明沟后，汇至桥涵，继而排入山下四流北路、永平路市政管网，汇入板桥坊河，最终流入胶州湾。

楼山公园下垫面情况见表17-2。

表17-2　楼山公园下垫面情况一览表

下垫面（受水面名称）	汇流面积/ha	雨量径流系数
屋面	0.0825	0.85
不透水路面	1.9460	0.90
裸露岩石	0.9960	0.90
林地（坡度40%以上）	5.4060	0.75
林地（坡度40%以下）	18.089	0.5

（3）问题及需求分析

公园改造前绿地大面积植被退化，黄土裸露，大风天气沙尘严重，降雨天气道路泥泞，道路设施不健全，地面冲刷、围墙破坏严重，存在多处安全隐患（图17-80）。

不透水铺装　排水不同程度截断　径流雨水未经处理

岩石及土壤裸露　活动场所匮乏　缺少层次丰富的林下空间

图17-80

改造前公园情况

（4）建设目标

该项目是青岛市海绵城市试点区域内开工建设的第一个山头公园海绵改造项目，也是2017年李沧区政府重点建设项目。楼山公园改造工程以“自然保护、生态修复、低影响开发”为指导原则，因地制宜地对山体公园进行海绵城市建设及景观环境提升，激活老李沧城市绿肺，打造海绵城市山体公园。

（5）总体方案

根据楼山公园特点以及存在的主要问题，综合考虑海绵城市建设。主要建设思路如下。

① 保留环山消防车道，对通道下面的冲沟进行生态改造，使雨水在传输过程中兼具下渗和净化功能；

② 根据山体地势条件，新建山体植草沟排水系统和梯田式层级排水系统，在地势低点设雨水花园、雨水塘等海绵设施，滞留雨水，起到调蓄和削峰的作用，降低下游周边地区的洪涝风险；

③ 公园广场及步行道采用透水铺装，促进雨水下渗，降低地表径流。

楼山公园中应对山体雨水的海绵设施见图17-81。

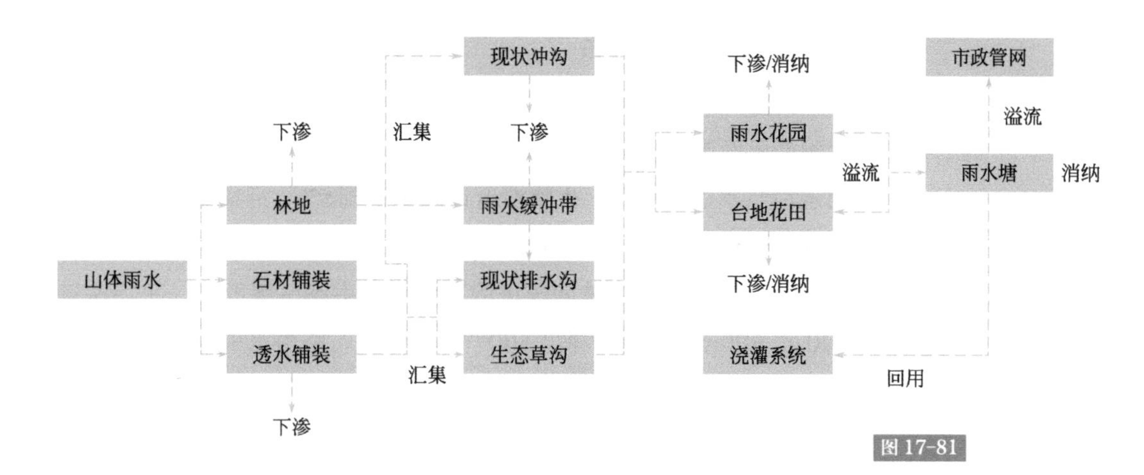

图 17-81

楼山公园中应对山体雨水的海绵设施

(6) 汇水分区

根据楼山公园地势条件，将山体划分为8个汇水分区，每个分区根据地形、景观需求、游客活动需求、现状排水冲沟等因素，因地制宜设置透水铺装、生态草沟、台地花田、雨水花园、雨水塘等海绵措施，分散削减山体雨水，应对雨季的山洪冲击（图17-82）。

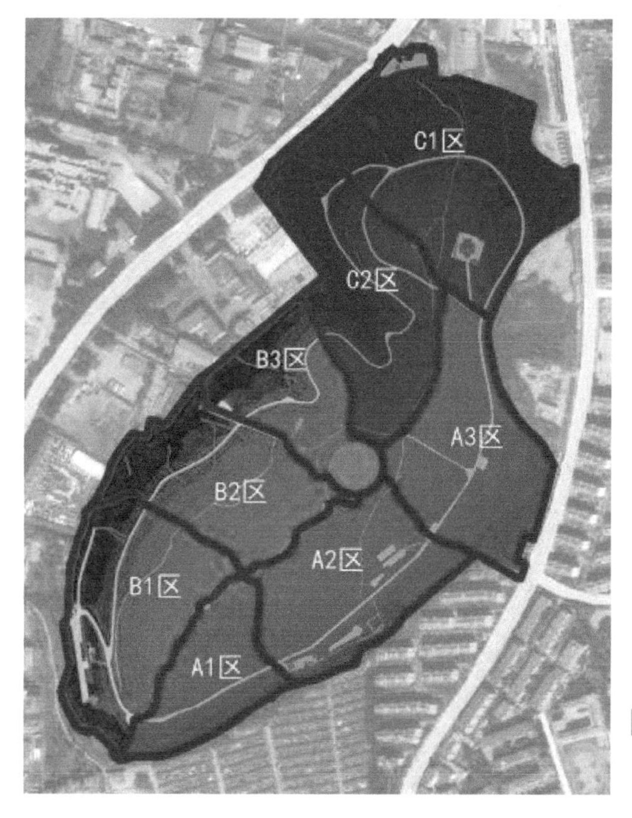

图 17-82

项目汇水分区图

（7）海绵设施分布

在楼山公园的海绵城市建设中，总共建设6.3ha下沉式绿地，1.3ha生物滞留设施，7.1ha透水铺装。地块的年径流总量控制率达到88%，透水铺装率达到52%，生物滞留设施率达到8%。污染物消减率（以SS计）达到67.6%。主要海绵设施包括：

对消防环道以下坡度较缓的冲沟进行生态旱溪改造，平均深度300 ~ 500mm，局部深度600 ~ 900mm。将雨水引入生物滞留设施内进行消纳下渗，生物滞留设施以雨水花园及雨水塘为主，其中雨水花园深度200 ~ 300mm，内植乡野草花及耐水植物并设置溢流口。雨水塘深度900 ~ 1500mm，设置溢流口。此外根据山体地形及道路走向，设置雨水缓冲带及生态草沟，对雨水进行滞留引导（图17-83）。

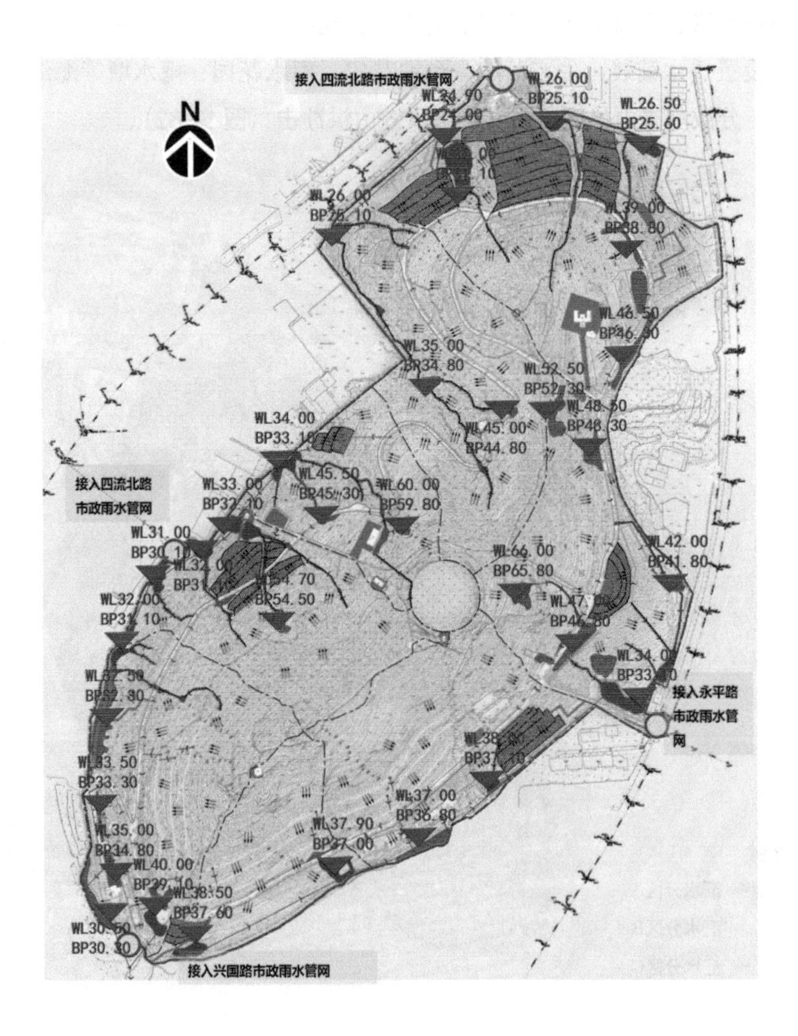

图17-83

楼山公园排水分析图

同时，在公园东入口处集中打造了两万多平方米以“海绵、科普、参与”为主题的海绵科普示范区。在海绵科普示范区内，根据公园的原状山体地形，集中布置了生态旱溪、雨水花园、雨水塘、透水铺装等海绵设施，形成了一个相对完整的雨水收集处理系统，较为集中地展示了雨水处理流程。同时，结合海绵设施及公园景观节点，设置了游览栈道、海绵科普知识牌，进一步提高了广大群众的参与性与体验性，普及海绵城市知识和理念。

（8）建设效果

楼山公园整治完成后，取得良好的生活效益和社会效益，公园整体环境焕然一新，到此休闲活动的居民明显增加，得到了良好的社会反响（图17-84 ~ 图17-88）。

图 17-84

楼山公园改造效果一

图 17-85

楼山公园改造效果二

图 17-86

楼山公园改造效果三

图 17-87

楼山公园改造效果四

图 17-88

楼山公园改造效果五

17.3.2 市民休闲空间公园项目

（1）项目概况

本项目位于青岛中德生态园市民休闲空间地块，用地性质为公园用地，项目占地面积43480m^2，共有1栋建筑组成，总建筑面积120m^2（图17-89）。

图 17-89
项目位置图

（2）设计目标

根据园区年径流总量控制目标，确定绿地与广场雨水综合利用控制性指标为：年径流总量控制率≥90%；控制地块内45mm雨水零外排；综合径流系数≤0.15；单位面积控制容积≥60m^3/（h·m^2）。

主要低影响开发设施：下沉绿地，生物滞留设施（滞留带）、雨水回收利用设施（滞留塘）。

低影响开发设施指标如下：下沉式绿地率≥70%（除山体绿地外）；透水铺装率≥90%；配建调蓄容积≥120m^3/（h·m^2）。

（3）总体方案

① 雨水控制与利用

结合现场高低起伏的地形地势，将竖向设计与海绵城市理念相结合，将滞留塘作为整个区块水流终点，合理引导水流，同时又为海绵城市在本项目的展开提供了基础条件（图17-90）。

② 给排水设计

采用雨落管断接或设置集水井等方式将屋面雨水断接并引入周边绿地内，或通过植草沟、雨水管渠将雨水引入场地内的集中调蓄设

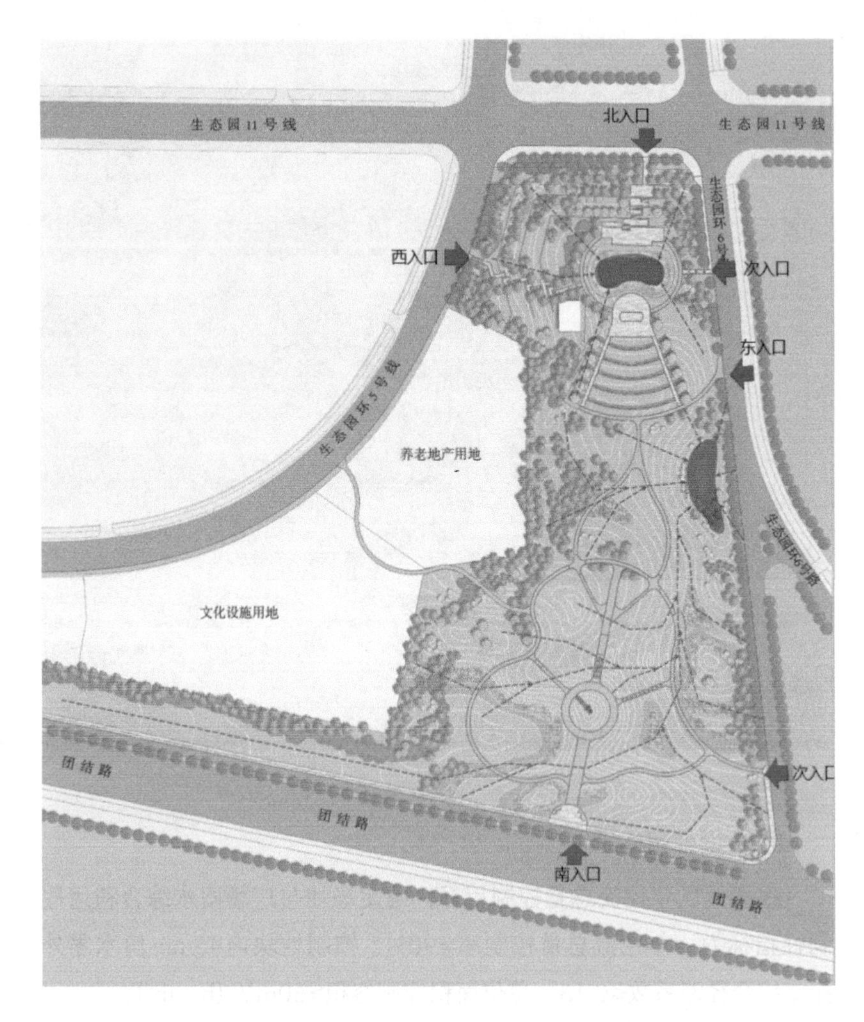

图 17-90

市民休闲空间公园排水分析图

施；雨水储存设施可结合现场选用雨水罐、地上或地下蓄水池等。

③ 道路广场设计

部分人行道、游步道选用透水砖、碎石路面、汀步等；非机动车道路超渗的水集中引入周边的下沉式绿地中入渗，人行道、广场、坡向绿地，建卵石渗水沟引水，以便雨水自流入绿地下渗等。

④ 园林绿地景观设计

建设下沉式绿地，充分利用现有绿地入渗雨水；绿地植物选用乡土耐旱耐涝植物，以乔灌木结合为主，明确绿地植物种类；在绿地适宜位置增建浅沟、洼地、渗透池（塘）等雨水滞留、渗透设施。

（4）建设效果

建设效果见图 17-91 ~ 图 17-94。

图 17-91

市民休闲空间公园建设效果图一

图 17-92

市民休闲空间公园建设效果图二

图 17-93

市民休闲空间公园建设效果图三

图 17-94

市民休闲空间公园建设效果图四

17.3.3 三里河公园建设项目

（1）项目概况

三里河公园位于胶州市新城区的核心区，北靠上海路，南靠青岛路，西至温州路，东至站前大道，下游治理段全长3km，公园规划面积达60ha。

（2）建设需求分析

三里河温州路以西区域已建成三里河公园，成为胶州市重要的沿河景观公园，发挥了城区内主要城市公园的作用。东部中央商务区内的河段总长度约1480m，河道宽度平均约90m。河道宽度均衡，无大面积开阔水域，缺少核心界面，难以表达城市CBD在社会发展中的突出地位，相对来说略显单调，景观附加值不够丰富。目前河道尚未改造，河道内沉积淤泥，河岸缺乏硬化，周边绿化程度低。

整体现状地势较为平坦，便于理水塑形。基地内多为原住民的菜地，有些菜地早已没人耕种，杂草丛生。与中游段相接处已筑有一道橡皮坝，坝体两端驳岸为钢筋混凝土驳岸，垂直刚性驳岸不利于生态良性发展，其余部分均为土堤形式，落差在2～3m，形式较为单一。区域内还夹杂着周边区域的泄洪沟或水泥涵洞。均显破败亟待整治（图17-95）。

建设改造之前，该项目存在的主要问题如下。

① 三里河河道内淤泥堆积严重

图 17-95

改造前河道及岸线情况

作为胶州市中心城区内主要的河道，三里河承担着泄洪、排涝、绿化供水、景观等重要作用。三里河温州路以西区域现已建成三里河公园，是城区内主要的城市公园，三里河温州路至海尔大道段尚未进行改造，河道内淤泥较多，不仅造成泄洪、排涝不畅，影响景观及绿化，同时也对已建成公园水质造成影响，亟需改造。

② 城市绿色基础设施有待完善

胶州城区胶黄西侧已建成区比例较大，整体城区硬化面积比例高、附属绿地面积偏少，缺少绿色基础设施。而东部中央商务区的建设规划中，金融商业、住宅等建设内容较多，亟需绿色基础设施配套，随着中央商务区的开发建设，绿色基础设施建设需要首先进行。三里河作为商务区内唯一河流，且处于核心位置，应充分利用以完善绿色设施。

（3）总体目标

充分体现海绵城市理念，通过地形整理、植物增理、层层拦蓄、末端收集和水系蓄水等措施进行综合性的处理，形成兼具吸纳、蓄渗、缓释与园林景观相结合的雨水收集系统。采用“源头削减”的思路，根据实际情况，合理使用不同类型设施，综合“渗、蓄、滞、净、用、排”措施实现雨洪利用改造目标。达到海绵城市建设指标如下：规划年径流总量控制率78%和SS消减率62%。

（4）总体设计

① 竖向分析及汇水分区划分

依据场地整体竖向、排水方向及周边竖向关系等要素，将场地划分为3个汇水分区，分别统计各汇水分区的下垫面条件（图17-96）。

图 17-96

三里河公园汇水分区分布图

② 海绵城市设计方案

在各汇水分区内，设置透水铺装减小场地产流量。设置排水渠、植草沟转输雨水至冲沟或雨水花园滞蓄；冲沟内设置台坎，分段布置成旱溪滞蓄雨水；在地形较陡峭处设置挡墙护坡，防止土壤冲刷。在下游布置前置塘、湿塘及调节塘滞蓄雨水，使各汇水分区内的设计调蓄容积与其目标调蓄容积平衡。各汇水分区内的溢流雨水排至河道。

③ 整体布局

海绵城市整体布局的雨水径流组织根据区域内下垫面组成、排水特性及竖向标高进行设计。各汇水分区均通过竖向调整采用地表明排水方式，将雨水径流在各自汇水分区内滞蓄后，再溢流排放至景观水体。具体路线为地表雨水径流形成透水铺装→植草沟/排水沟→雨水花园→旱溪→前置塘→雨水调节塘/湿塘的排水路径。各汇水分区均能完成设计降雨量标准。

（5）建设成效

三里河下游河道是胶州市东部中央商务区的重要组成部分，通过综合改造，河道水安全等级提高，水环境质量提升，水生态和谐，水资源丰富。建成了环境优美的沿河公园，群众的居住生活环境得到明显改善，达到“水清，河畅，岸绿，景美”的目标。

本项目的实施使三里河生态环境得到改善，并对胶州市中央商务区的景观及交通起到重要作用，且该项目是胶州市城市发展进程的配套设施，有助于改善胶州市整体投资环境，有助于胶州市创立新兴的中央商务区的建设，树立新世纪的城市形象。

具体建设效果如图17-97 ~图17-99所示。

图17-97

三里河公园建设效果图一

图 17-98

三里河公园建设效果图二

图 17-99

三里河公园建设效果图三

17.4　李村河流域综合整治项目

李村河是青岛市主城区最重要的一条河流，其流域总面积约占青岛市区面积的1/5。随着青岛的城市化进程不断加快，李村河水质逐步恶化，部分河段出现了水体黑臭现象，加之拥有百年历史的李村大集长期占据中游河堤，由此带来的李村河水环境问题成为了青岛多年的“难治之症”。

近年来，青岛以流域为依托，按照“源头减排、过程控制、系统治理”的理念，统筹推进李村河干流及10余条支流的综合整治工作，坚持岸上、岸下统筹兼顾的方针，通过“控源截污、内源治理、生态修复、活水保质”的系统工程体系，全面恢复了河道生态系统，将李村河打造成为了青岛市的生态幸福河，为北方大型缺水城市的水生态、水环境建设提供了宝贵的经验。

（1）流域概况

李村河是流经青岛市区最长、支流最多的河流，自东向西穿越李沧区、市北区，蜿蜒注入胶州湾，主河道全长约17km，有张村河、大村河、水清沟河等9条主要支流，流域总面积约143km^2，是青岛主城区最大的水系，也是主要的行洪、泄洪河道。治理前，李村河存在两处黑臭水体，见图17-100，分别为李村河中游君峰路东至青银高速段、李村河下游四流中路以东至入海口段，全长3.5km。

图17-100

治理前李村河下游、中游黑臭水体段

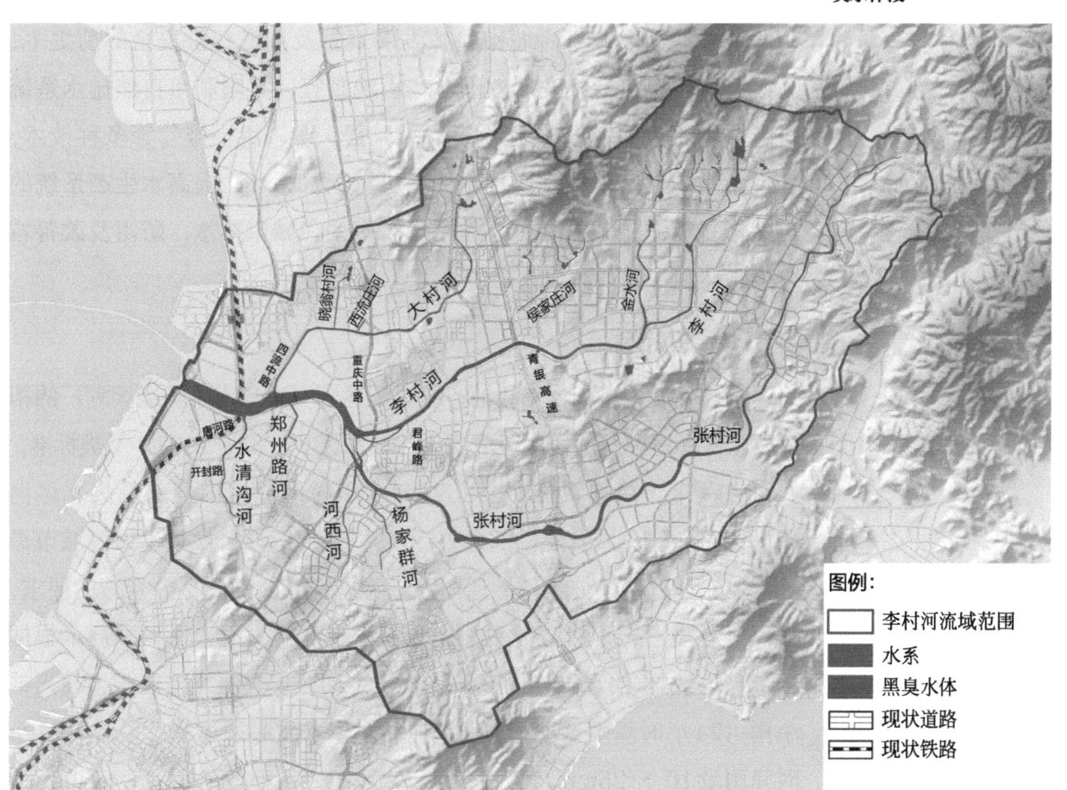

（2）现状问题及分析

李村河上游流经旧村较多，截污管网不完善，雨污混流现象突出；中游流经李村大集，面源污染、垃圾是造成河道污染的主要因素；下游沿线工厂企业多，加之老城区排水管网不完善、部分支流截污不彻底、河道缺乏稳定水源补给、排水执法联动机制不完善，导致河道水质恶化。在此前由于李村河河底“李村大集”占用河道经营，沿线排污、乱倾倒垃圾问题突出，河道“黑臭”现象严重，见图17-101。2016年李村河最难治理的“顽疾”、最难“捅”开的堵点——李村大集实现搬迁，结束了800余户“天天市”、千余家临时赶集业户长期盘踞河道的历史。

图17-101

改造前李村河河道被占用（左）和黑臭现象严重（右）

李村河整治在符合城市整体发展规划及河道行洪安全的前提下，基于海绵城市可持续发展的理念，因地制宜，有限利用自然排水系统与低影响开发设施，通过“渗、滞、蓄、净、用、排”等多种技术，实现雨水的自然积存、自然净化和可持续水循环，提高水生态系统的自然修复能力，恢复李村河作为城市水系在城市排水、防涝及改善城市生态环境中的“海绵”功能。

（3）设计目标

水环境质量目标：李村河、张村河达到《青岛市水功能区划》的相关要求，即达到《地表水环境质量标准》（GB 3838—2002）Ⅴ类标准。

黑臭水体治理目标：至2020年，李村河流域内全部黑臭水体消除，达到《住房城乡建设部办公厅 环境保护部办公厅关于做好城市黑臭水体治理效果评估工作的通知》（建办城函〔2017〕249号）的要求，居民满意度不低于90%；水面无大面积漂浮物，无大面积翻泥；根据《城市黑臭水体治理工作指南》的要求定期开展黑臭水体监测，晴天或小雨（24小时降雨量小于10mm）时水体水质必须达标，中雨（24小时降雨量10 ~ 25mm）停止2天、大雨（24小时降雨量25 ~ 50mm）

停止3天后水质达标。

生态景观建设方面：根据李村河流域河道岸线现状情况，结合海绵城市建设要求，确定李村河河道生态岸线率达到45%。李村河中游（君峰路-青银高速）、下游（四流中路以上500m）共3.5km河道达到“水清岸绿、鱼翔浅底”的要求。

（4）整治方案

① 排水管网完善

针对李村河流域内部分城中村内部污水管网缺失，补齐基础设施建设短板，明确城中村、城乡结合部污水管网建设路由、用地和处理设施建设规模，消除生活污水收集处理设施空白区，实现污水管网的“全覆盖、全收集、全管理”，见图17-102。结合李村河流域内各城中村拆迁、规划、人口分布情况，采取因地制宜、管理方便的多元化处理手段。

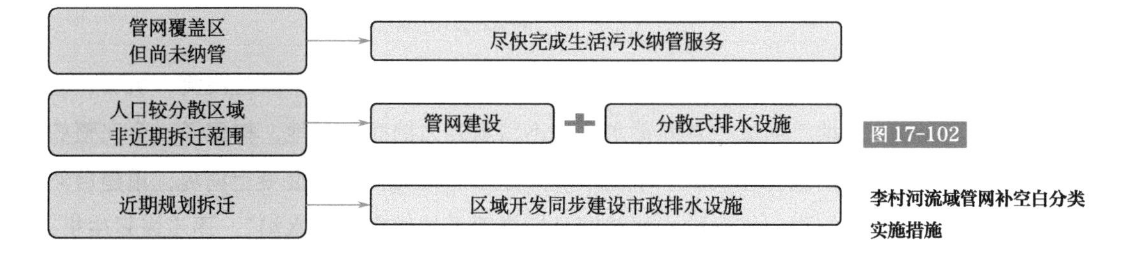

图17-102

李村河流域管网补空白分类实施措施

② 雨污混接治理

对李村河流域内混接截流排口进行溯源，具备源头改造条件的均在混接点进行源头分流，彻底解决雨污混接问题。根据2018年各截流排口的上游溯源情况，对溪谷美寓小区、青岛荣青集团、国棉五厂宿舍、浮新医院前广场、百通馨苑、航空工程学院等71个混接地块进行源头雨污混接改造，见图17-103、图17-104。同时，开展李村河流域管网检测工作，继续排查雨污混接区域，继续摸清流域内各地块、市政管网的雨污混接情况。

③ 面源污染控制

李村河综合治理在满足防洪排涝基础上，研究并实践了城市生态海绵的理念，采用生态驳岸、拦蓄水、滨水湿地、下沉绿地等措施渗、滞、蓄、净化雨水，将河道生态改造、城市开放空间的系统整合与城市滨水用地价值的提升有机结合在一起，充分发挥河道景观作为城市

图 17-103

商铺周边无污水管道

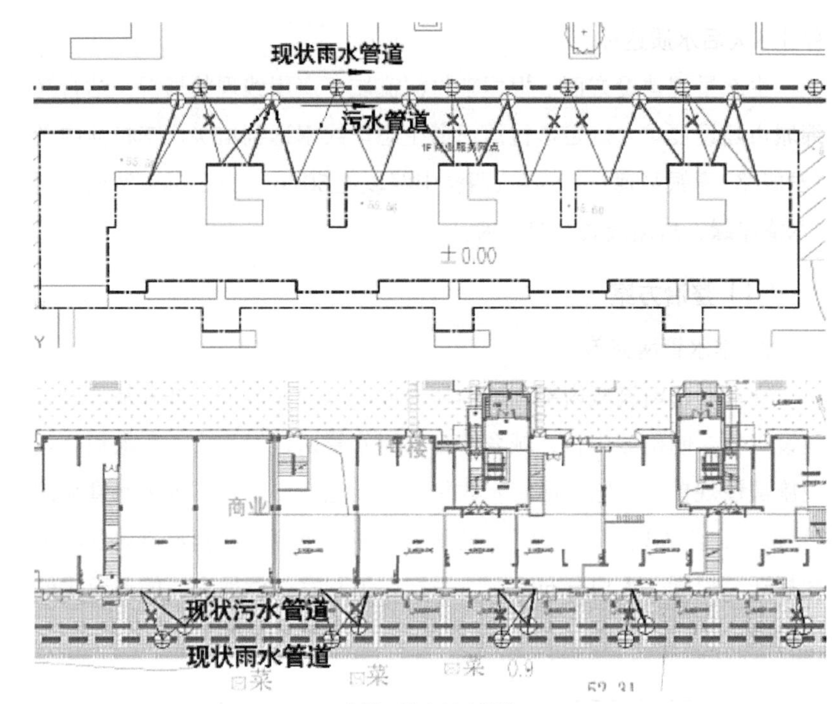

商铺周边有污水管道

图 17-104

沿街商铺污水改造示意图

生态基础设施综合的生态系统服务功能。河流串联起溪流、坑塘、洼地，形成一系列蓄水池和不同承载力的净化湿地，构建了一个完整的雨水管理和生态净化系统，见图17-105。拆除混凝土河堤，重建自然河岸，昔日被水泥禁锢且污染严重的城市“排水沟”，逐步恢复生机，河流的自净能力大大提高。

青岛市海绵城市建设试点区中大村河汇水分区位于李村河流域范围内，大村河汇水分区面积9.54km²；除试点区外，李村河流域全面推进海绵城市建设，李村河流域作为青岛市海绵城市建设的重点流域，崂山区、市北区、李沧区均划定李村河流域海绵城市建设示范区，总面积55.6km²。李村河流域内共实施115个海绵源头改造项目，见图17-106，

图 17-105

李村河中游海绵城市建设示意图

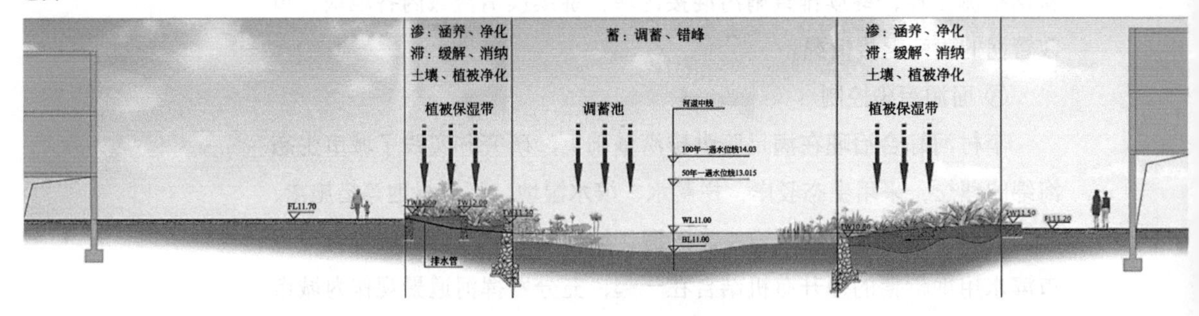

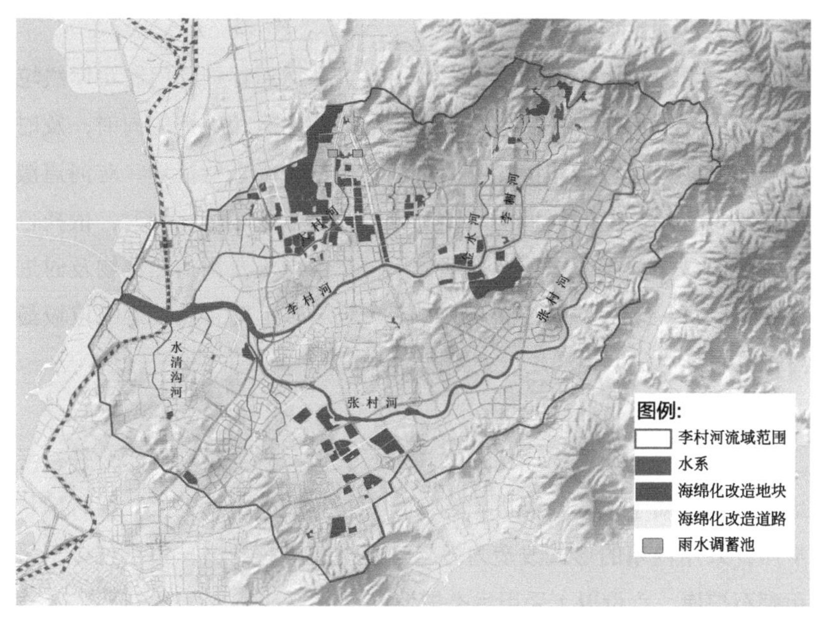

图 17-106

李村河流域海绵改造项目分布图

其中，建筑与小区81项、公园与绿地10项、道路与广场24项，源头改造项目面积为850.2ha，约占李村河流域建设用地面积的7.2%。

④ 河道底泥清淤

李村河流域内的李村河中游、李村河下游、张村河已于2018年前完成清淤工程，见图17-107，清淤总长度12.5km，总清淤量110.6万m^3。

a. 张村河清淤段：李村河至海尔路东侧大桥接线一期施工终点段，清淤长度4.74km，清淤量9.94万m^3。张村河支流清淤长度0.78km，清淤量1.47万m^3。

b. 李村河中游清淤段：君峰路至青银高速段，清淤长度2.997km，清淤量19.36万m^3。

c. 李村河下游清淤段：入海口至君峰路段，清淤长度5.68km，清淤量79.85万m^3。

图 17-107

河道清淤过程图

⑤ 垃圾清运

根据青岛市河长制的相关管理要求，由河道养护部门制定岸线垃圾清理和河道漂浮物打捞方案，在进行河道巡查和养护的同时，及时发现和记录河道垃圾和漂浮物，定期对岸线垃圾进行清理，对河道漂浮物进行打捞，确保河道两岸及河床内清洁、无垃圾。同时，依托已经完备的城市垃圾收集转运处理体系，岸线垃圾及河道漂浮物及时进行转运处理。李村河流域内现有的6个垃圾转运站，经转运的垃圾最终送至青岛小涧西生活垃圾处置园区。

⑥ 堤岸生态修复

李村河现状河道护岸均为刚性砌石护岸，根据景观需求，并且考虑到李村河属于季节性泄洪河道，汛期担负的泄洪能力大，结合现状护岸，采用内填的形式改造为多自然型生态护岸形式，常水位以下采用砌石护岸，水位以上采用生态护坡，见图17-108。

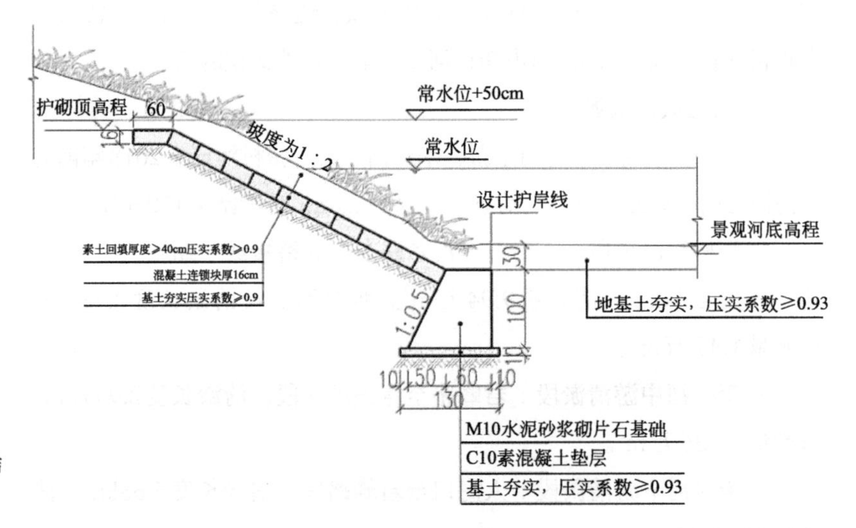

图 17-108

铁路桥至重庆路段段护岸结构图

李村河流域内的李村河中下游（入海口-青银高速）、张村河（黑龙江路-海尔路）已于2018年前完成了堤岸生态修复工程，堤岸生态修复河段总长度10.2km，其中李村河中下游（入海口-青银高速）8.6km，张村河（黑龙江路-海尔路）1.6km。结合海绵城市建设，采用下凹绿地、截流沟、旱溪等海绵措施对河道两侧绿地进行系统化海绵改造，对河道两侧下层植被退化区域及部分节点进行景观提升，见图17-109。

图17-109

李村河流域景观效果图

⑦ 河道补水活水

李村河下游以李村河污水处理厂再生水作为补水水源，共设置3处补水点，见图17-110，沿李村河下游李村河污水处理厂至郑州路河段铺设DN800mm中水管2.9km，在郑州路河处设置1处补水点，补水量为5万m^3/d；沿李村河下游李村河污水处理厂至两河交汇口段铺设DN1200mm中水管4.4km，在两河交汇口处设置1处补水点，补水量为10万m^3/d；在两河交汇口处设置1座补水提升泵站接下游DN1200mm中水管，规模为5万m^3/d，沿李村河下游两河交汇口至君

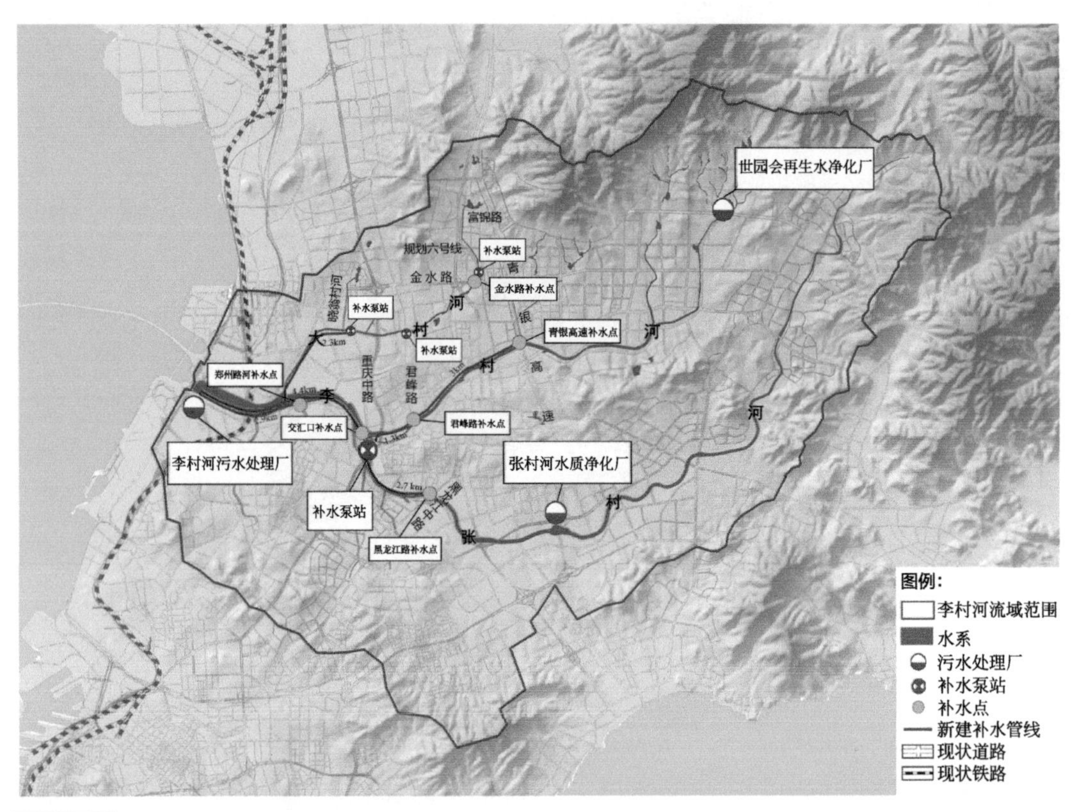

图 17-110

李村河生态补水总体布置图

峰路段铺设DN600mm中水管1.3km，在君峰路设置1处补水点，补水量为2万m^3/d；沿李村河中游君峰路至青银高速段铺设DN200mm中水管3km，接李村河下游DN600mm中水管，在青银高速处设置1处补水点，补水量为1万m^3/d。

（5）建设效果

通过李村河流域综合整治，李村河河道无污水直排、沿线无垃圾、河面清洁，水体功能和景观方面均有良好的成效。李村河恢复了生态岸线，增加了河道绿化面积170余万平方米，形成了“蓝绿交织”的生态空间；根据监测数据，李村河中下游水质持续好转，部分河段已经实现“水清岸绿、鱼翔浅底”；同时结合河道治理，青岛市在李村河及其主要支流沿岸分段建成了亲水平台、健康绿道、景观小品等休闲生态景观廊道，成为了青岛市民休闲游玩、娱乐健身的好去处，百姓获得感、幸福感满满。建设效果见图17-111，图17-112。

图 17-111

李村河中游整治工程（君峰路－观崂路段）改造前后对比照片

图 17-112

李村河中游整治工程（峰山路－峰山路段）改造前后对比照片

17.5 新区开发建设

17.5.1 中德生态园园区建设

(1) 片区概况

中德生态园位于青岛经济技术开发区北部，北接黄岛北部新区，南靠青岛国际生态智慧城，西依小珠山风景区。中德生态园旨在为中德两国在经济、高端产业、生态、可持续性城市规划方面提供合作平台，兼顾生态环保、经济发展与社会和谐三大目标，围绕生态环境健康、社会和谐进步、经济蓬勃高效等三个方面，打造一个示范性项目，将其建设成为具有国际化示范意义的高端生态示范区、技术创新先导区、高端产业集聚区、和谐宜居新城区（图17-113）。

图 17-113

中德生态园规划范围

(2) 基本情况

① 地形地势

规划区地势南高北低，基地南部为抓马山，地势较高，最高峰351m，基地内部牛齐山高145m，整个片区地形起伏较小，地势相对较为平坦，坡度低于15%的片区面积约为9.99km^2，占总用地的86%。

② 水文

规划区内水资源丰富，其中河洛埠水库为人工水库，为黄岛区北部片区重要水源，另有东窑沟水库、山王西水库、山王东水库等自然水体。

规划区内河流水系的发育和分布，明显受季节降水与地形地貌的影响，季节性变化较大，主要分布有山龙河等三条山溪性水系。

③ 降水

规划区年平均降水量、最大降水量、最小降水量分别为755.6mm、1227.6mm、386.3mm，降水6 ~ 9月份为雨季，占全年降水量的70%左右。

④ 土地利用现状

规划区用地总面积1158.41ha，其中现状村庄建设用地71.71ha，占总用地的6.19%；道路用地为81.03ha，占总用地的7.00%；林地为131.55ha，占总用地的11.36%；水域为33.00ha，占总用地面积的2.85%；其他用地841.12ha，占总用地的72.6%，大部分为农田、林地和牧草地。

（3）建设目标

按照项目性质将园区海绵城市建设项目分为公园绿地、市政道路、建筑和小区三种类型。结合园区气候、地质特点对每类项目可以综合选用适宜的海绵城市技术措施，贯彻海绵城市建设理念，使得项目建成前后水文特征不变。

① 水生态指标

近期（到2020年）C1、C2核心区年径流总量控制率要求达到85%，工业组团区域地表径流控制率要求在50%以上，园区总体区域年径流总量控制率要求达到75%以上。生态岸线比例达到80%以上。

远期（到2030年）公园绿地项目年径流总量控制率要求达到85%，市政道路项目年径流总量控制率要求达到75%以上，建筑与小区项目年径流总量控制率要求达到80%以上，工业组团区域地表径流控制率要求在60%以上，园区、总体区域年径流总量控制率要求达到80%以上。生态岸线比例达到90%以上。

② 水安全指标

龙泉河按照50年一遇标准设防，其他河流按照20年一遇标准设防。城市防涝设计标准为50年设计重现期。

③ 水环境标准

河道水质达到Ⅳ类以上水质标准。城市面源污染控制按SS计，到

2020年削减率达到60%以上，到2030年达到70%以上。

④ 水资源指标

雨水资源化利用率2020年达到8%以上，2030年达到12%以上。

（4）园区规划建设管控

① 总体规划原则

坚持生态优先，注重生态修复、加强生态建设，促进自然生态环境与人工生态环境和谐共融，建设生态园区。

坚持以人为本，建设宜居环境，完善公共服务设施和社会保障体系，构建和谐城区。

坚持节约集约用地，注重统筹兼顾，形成以绿色交通为支撑的紧凑型城市布局模式。

坚持能源节约与循环利用，发展循环经济，加强节能减排，构建新能源利用示范区。

② 竖向与城市景观

保留城市规划用地范围内的制高点、俯瞰点和有明显特征的地形、地物；保持和维护城市绿化、生态系统的完整性，保护有价值的自然风景和有历史文化意义的地点、区段和设施；保护和强化城市有特色的、自然和规划的边界线；构筑美好的城市天际轮廓线。

③ 海绵城市建设管理

为贯彻落实习近平总书记讲话及中央城镇化工作精神，推进建设“自然积存、自然渗透、自然净化”的海绵城市，实现中德生态园“田园环境、绿色发展、美好生活”的美好愿景，在规划和开发建设工程中践行园区“绿色、低碳”的发展理念，青岛国际经济合作区（青岛中德生态园）管委会编制印发了《青岛国际经济合作区（中德生态园）海绵城市建设管理办法》。

（5）主要海绵城市建设工程

以富源二号线和汉德D-ZONE中德创意设计基地为例，项目充分保留了原始地貌特点，同时考虑收纳、调蓄周边项目雨水径流，实现了项目区域性联动，最大程度地实现雨水滞留、消纳。

① 富源二号线

富源二号线南起现状团结路，北至规划富源五号线，全长约539.38m。设双向四车道，红线宽30m。道路西侧为D-ZONE地块，东侧为现状海尔地块。根据目前的交通功能，道路主要为D-ZONE地块服务，与内部的车行道、自行车道、人行通道相接。

富源二号线综合应用了滞留塘、滞留带、蓄水池、透水标线、透水铺装、OGFC、穿孔钢管、息壤、缺口式路沿石、截水沟等十大技术措施。取消了雨水管线，确保雨水最大程度保留在绿地中（图17-114）。

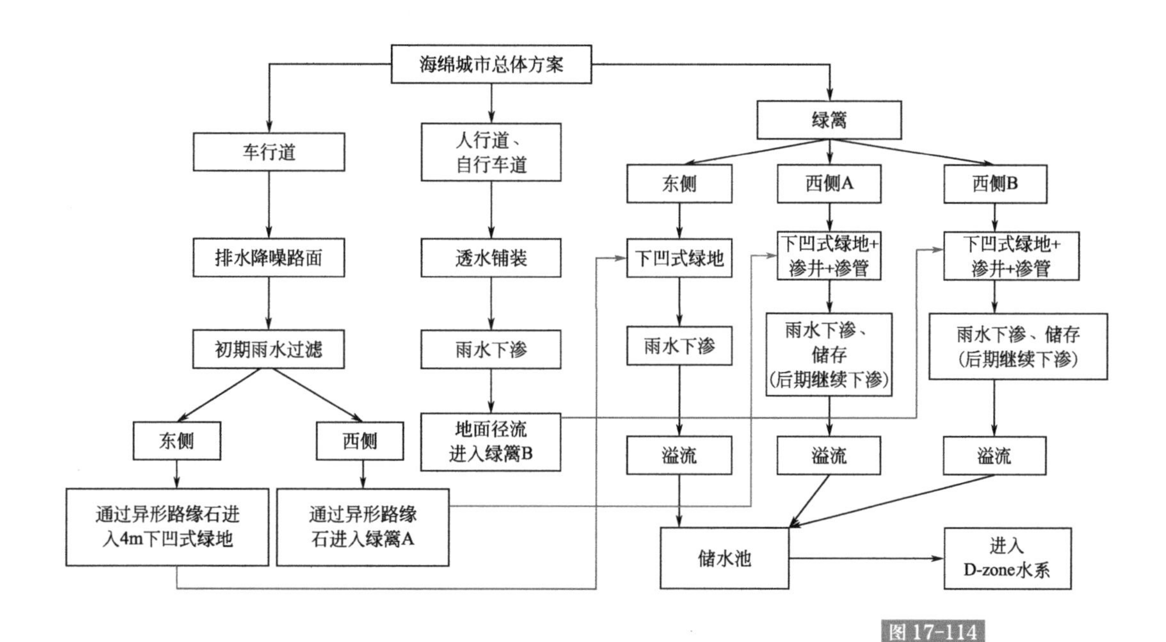

图17-114

富源二号线雨水利用系统原理图

车行道采用排水降噪路面，提高道路性能，同时过滤初期雨水。

两侧人行道、自行车道采用透水路面铺装，提高雨水入渗速度。

东侧绿化带为下凹形式，约每隔20m设一阻水带，采用透水砖砌筑，雨水通过异形侧石排至绿化带内，经阻水带逐级溢流至低点沉泥井，经沉泥后由过路管道溢流至西侧储水池。

西侧绿篱分为A、B两组，内设渗井、渗管及阻水带。绿篱A主要收集车行道雨水下渗，多余雨水溢流至渗井及渗管持续下渗。绿篱B主要收集人行道及自行车道雨水下渗，多余雨水溢流至渗井，绿篱A、B溢流雨水由渗管排至低点储水池，最终进入D-ZONE水系。

② 汉德D-ZONE中德创意设计基地

基地位于富源二号线西侧，靠近河洛埠水库良好的自然生态区域。基地本身除自然绿化区域外，无人工植被覆盖。基地原状无景观开发，无相关景观设施建设，更无观景配套设施，景观品质相对原始。

汉德D-ZONE中德创意设计基地项目综合采用了绿色屋顶、透水铺装、雨水花园、下沉式绿地等海绵技术措施。部分建筑采用绿色屋顶、在低洼地设计建设雨水花园，在保留原始地形地貌的同时，调蓄雨水径流；取消了雨水、污水等管线，确保雨水最大程度在绿地中净化消纳。

首先，该区域将废水排入净化系统，经过根系丰富的土壤，在微生物，土壤、砂质及水生植物的根系的共同净化作用下，通过控制井，离开净化系统。出水的指标在全生态净化水规范最低指标之内。因出水是全生物净化，故可排入溪流、河体，渗入土壤或者灌溉使用（图17-115）。

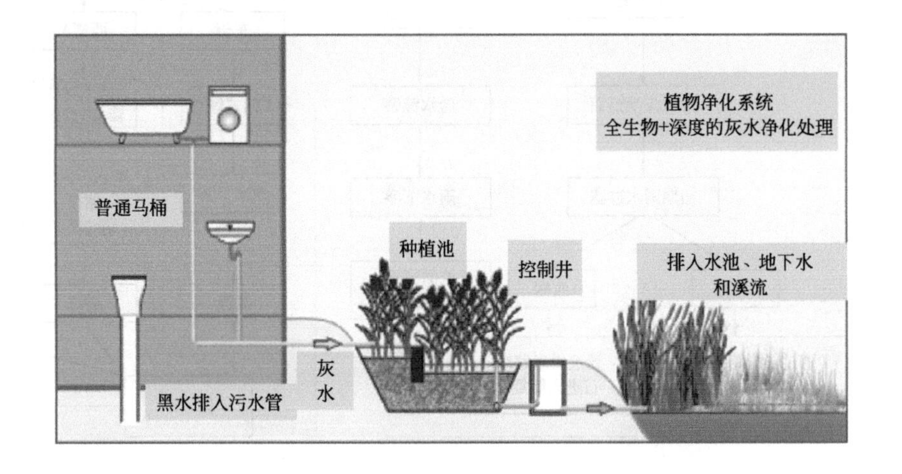

图 17-115

污水处理系统示意图

同时，针对D-ZONE创意设计基地及基地内建筑物的不同类别及现状情况，选择了不同方式的LID雨水管理系统，绿色屋顶——对雨水进行收集滞留；透水铺装——增加地面的透水率，削减暴雨径流峰值；生态草沟——在导流的同时下渗雨水；雨水花园、下沉式绿地——对雨水进行存储，并慢慢下渗，净化后可以排入雨水管网。“渗、滞”为主，“蓄、净、用”结合，道路、广场雨水一部分经过透水铺装、生态草沟、雨水花园滞留、拦蓄、净化下渗至地下，补充地下水；一部分溢流，通过雨水收集管网，汇集至雨水处理模块，回用于绿化喷灌用水（图17-116）。

项目还建设了再生水回用系统，将各单体污水通过污水管网汇集至项目内中水处理系统，进过水解酸化及接触氧化法等处理工艺，将处理后的中水回用于各单体冲厕。

中德生态园通过“规划管控、系统落实”，将园区建设项目分为公园绿地、市政道路、建筑与小区三大类，针对各类项目特点，研究制

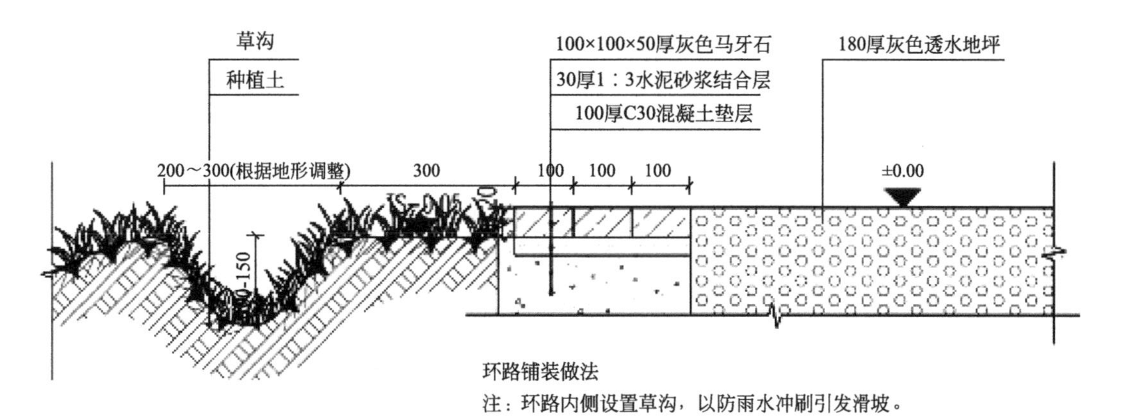

图 17-116

环路铺装做法示意图

定系统化实施方案。其中，汉德D-ZONE、市民休闲空间等5处公园绿地项目，采用了植草沟、透水铺装、滞留塘、滞留带、原有冲沟和水系完全保留利用等措施，综合调蓄利用雨水，年地表径流控制率达到85%以上；富源二号线、生态园九号线等市政道路海绵城市示范项目，均采用透水铺装人行道、下沉式绿地、植草沟等技术措施，并率先在国内使用了息壤技术、山东省内首次在市政道路中使用OGFC（排水降噪沥青）技术；福莱社区、德国中心等6个建筑与小区示范项目，应用了低影响开发、透水铺装、雨水回收利用、集水模块、下沉式绿地、植草沟等措施，实现了多种生态技术措施综合利用、系统覆盖。

目前，中德生态园已累计建设完成海绵城市达标面积6km^2，综合应用海绵城市技术措施22项，整体示范效应已初步显现。建设效果见图17-117。

图 17-117

花街实景图

17.5.2 青岛胶东国际机场建设

青岛胶东国际机场的建设实现了低影响开发措施的综合集成和系统运用，按照“海绵机场”建设思路，构建了融雨洪调蓄、水体景观、地下水补给、生物多样性保护等多功能为一体的生态基础设施，充分发挥了海绵机场的综合生态服务示范作用（图17-118）。

图17-118

青岛胶东国际机场建成后

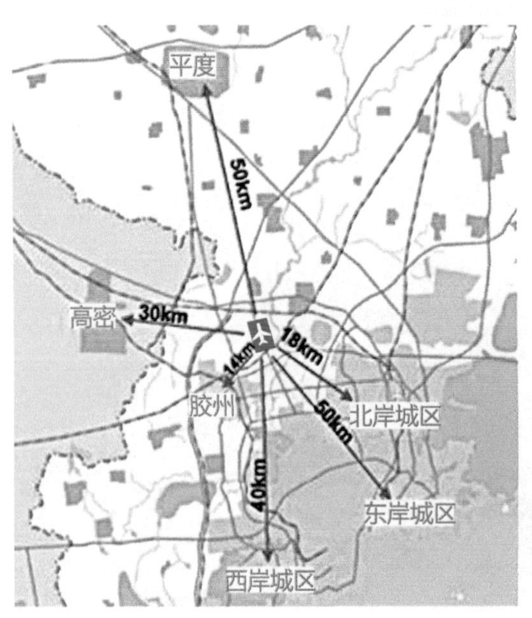

图17-119

青岛胶东国际机场区位图

（1）片区概况

青岛胶东国际机场场址位于大沽河西岸地区，胶州市中心东北11km处的胶东街道办事处辖区内。该场址位于青岛市域范围中央。场址距青岛市中心（市长途汽车站）直线距离39km，距青岛市城市规划区边缘10km（图17-119，图17-120）。

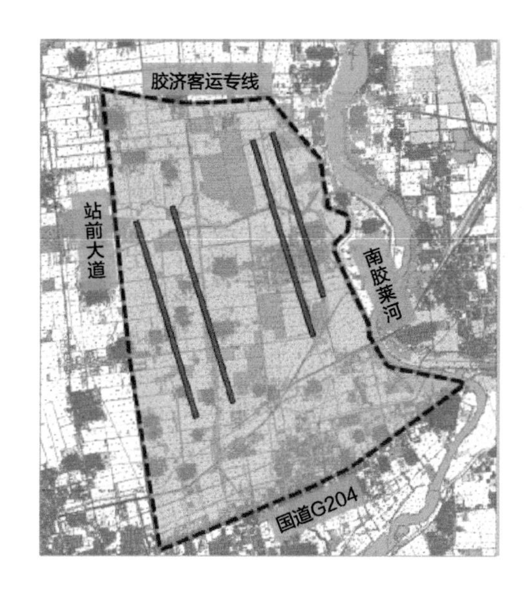

图 17-120

青岛胶东国际机场规划范围示意图

(2) 基本情况

① 地形地貌

该区域属胶莱平原与鲁东丘陵交界地带，地形较复杂，基本特征是南高北低、西高东低，按其地貌特征大体可分为南部山丘区、北部平原涝洼区和东南部滨海盐碱区。南部山丘区位于泰沂山脉的末端，该区沟壑纵横，山岭起伏，高程在百米以上山头（岭）有18个，最高峰是艾山，海拔为229.2m；北部平原是涝洼区，主要分布于北关、马店、胶北、胶莱、李哥庄等一带，地势较为平坦，比降小于1%；东南部滨海盐碱区分布在大沽河和洋河下游，主要为河道洪积和海相沉积而成，质地细密，地势低洼（图17-121）。

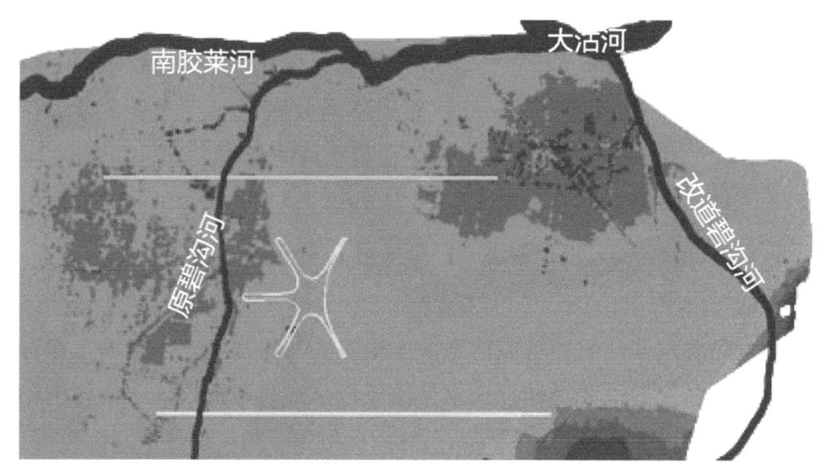

图 17-121

青岛胶东国际机场高程图

② 水系状况

青岛胶东国际机场区所处地区属大沽河流域，场址区属沿海近缘水系，河流流量明显受降水控制，季节性变化明显，属季节性河流。新机场周边涉及的河流有大沽河、南胶莱河、碧沟河。南胶莱河是大沽河的一级支流，碧沟河是南胶莱河的一级支流。其中大沽河与南胶莱河为新机场规划建设区外围河道，碧沟河为机场建设区内部河道（图17-122）。

图17-122

青岛胶东国际机场周边河流水系图

③ 降雨情况

根据胶州气象站1961 ~ 2013年观测资料分析，青岛胶东国际机场区域年平均降水量703.5mm，年内降雨分布不均，雨季多集中在6 ~ 9月，降水量占全年的69.1%，日最大降水量211.3mm（2001年8月1日），月最大降水量361.5mm（2008年8月），10年一遇最大日降雨量102mm，20年一遇最大日降雨量134mm。

④ 工程地质

青岛胶东国际机场区域的表层土壤主要为耕植土、人工填土和粉质黏土，各土层的渗透性及透水性按照地区经验取值，其中耕植土和人工填土渗透性较好，但粉质黏土渗透性较差。因机场场地范围较大，土层分布不连续、厚度不均，颗粒粗细及黏性土含量变化较大，地层透水性差异较大，见表17-3。在土壤渗透性差、地下水位高的地区，选用渗透设施时应进行必要的技术处理。

表17-3　新机场主要土层渗透性及透水性表

土层名称	土壤渗透系数推荐值/（m/d）	透水性
第1耕植土	5～10	中等透水
第1-1层人工填土	5～10	强透水
第3层粉质黏土	0.05～0.1	弱透水
第7层粉质黏土	0.02～0.1	弱透水
第9层中粗砂	20～40	强透水
第11层粉质黏土	0.02～0.1/含姜石粉质黏土5～10	弱-中等透水
第12层中砂	15～20	强透水
泥质粉砂岩	1～5	弱-中等透水

（3）建设目标及需求

青岛胶东国际机场地处南胶莱河、大沽河和改道碧沟河三河交汇处，根据新机场与三条河的位置关系和场区高程图，机场整体场区地势低于周边河道50年一遇洪水位，保障机场防洪排涝，是确保机场安全的重要任务。

保障防洪安全，节省土石方工程投资，建设海绵机场成为青岛胶东国际机场的迫切需求。根据机场自然条件和建设特点，统筹规划，建设源头低影响开发措施，充分发挥绿地、广场、道路等对雨水的吸纳、滞蓄和缓释作用，有效削减径流污染，增加雨水自然积存、自然下渗，缓解排涝压力；以安全为重，综合采用工程和非工程措施，构建合理的防洪排涝体系，消除安全隐患，保障机场水安全。

具体海绵城市建设目标与指标要求如下：

① 水生态目标：年径流总量控制率不低于75%，对应的设计降雨量为27.4mm。

② 水环境目标：面源污染削减率（以SS计）不低于50%。

③ 水安全目标：百年防洪、五十年排涝。

④ 水资源目标：雨水资源利用率不低于5%。

（4）总体建设方案

① 建设思路

依托机场主进场路和航站区的现有场地条件，打造“一轴、两区、四点”的海绵城市示范区，综合体现和推广青岛胶东国际机场海绵城市建设的示范技术。

其中“一轴”指依托主进场路，以“道路海绵综合工程-航站区海绵综合工程”为主要节点的海绵中轴线；“两区”指北部货运区和机务维修区、南部工作区地块内部海绵工程的集中区；“四点”指四座调蓄池、配套泵站及排洪渠。

由于两区建设工程与本书前述地块类项目建设思路相同，故不再赘述。本章节主要介绍构成“一轴”和“四点”的道路综合工程、航站区综合工程、调蓄水池及泵站三大类示范工程（图17-123）。

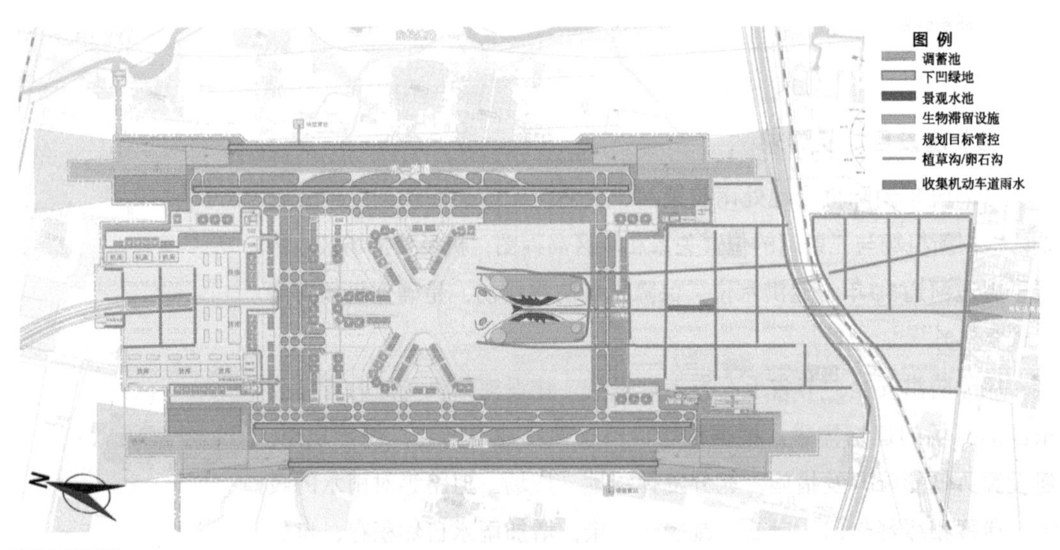

图17-123

青岛胶东国际机场海绵示范工程平面分布图

② 水安全方案

青岛胶东国际机场防洪排涝体系采用“围起来、排出去”的策略（图17-124）。

围：根据场址与三条河道的相对关系，主要是利用西南侧碧沟河、东侧南胶莱河和大沽河河道堤防与西北侧的防洪堤对自身区域进行包围保护，防止外围洪水侵入。

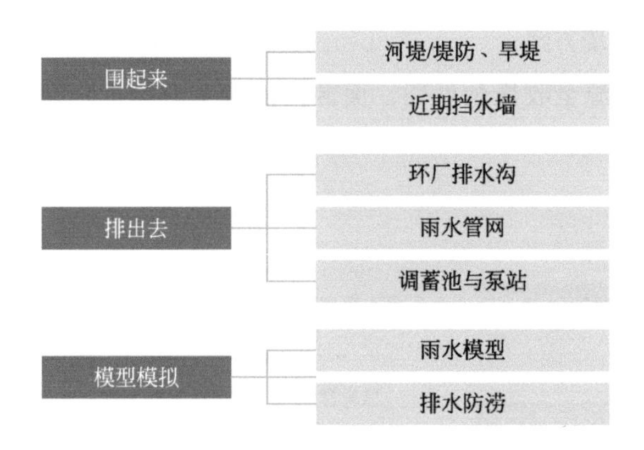

图 17-124

青岛胶东国际机场防洪排涝策略

排：采取强排的方式将新机场区域内部涝水外排，满足内涝防治设计重现期50年一遇的设计标准。通过建立数学模型，通过模拟复核设计方案，发现潜在积水风险并提出解决方案。

③ 水生态方案

大沽河现状岸线为生态岸线，周边建设有大沽河生态湿地，形成大沽河绿道；南胶莱河与改道碧沟河属于新建及改建河道。大沽河保持现状生态岸线，南胶莱河与改道碧沟河按照生态岸线要求，在保证防洪安全的前提下进行生态岸线建设，达到蓝线控制要求，保证生态功能。

径流控制策略采用“源头控制+末端调蓄”的整体策略，源头新建地块通过目标管控，确定年径流总量控制率目标。飞行区采用跑滑区部分绿地下凹处理，市政道路采用人行道和非机动车道透水铺装，并在适宜条件下收集机动车道雨水。末端调蓄池对雨水径流进行兜底控制（图17-125）。

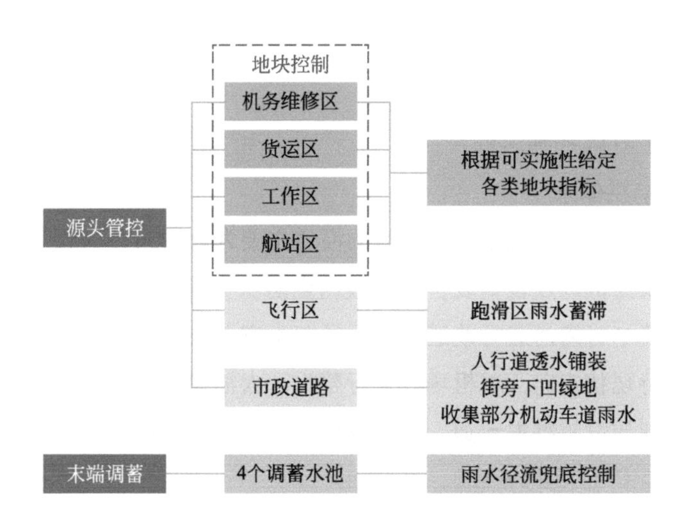

图 17-125

水生态方案

④ 水环境方案

采用点源全收集全处理，面源污染源头减排，末端调控的控制策略（图 17-126）。

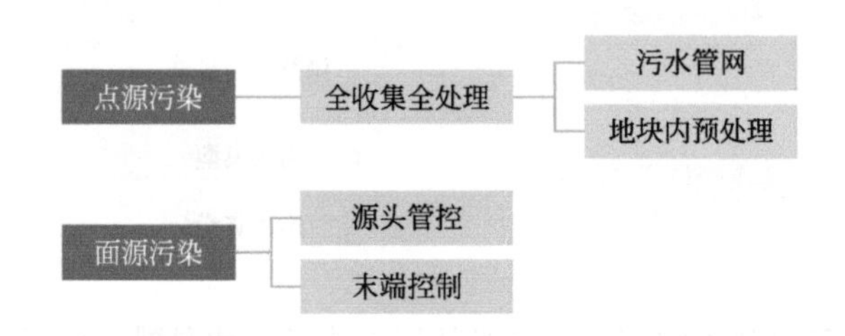

图 17-126

水环境方案

⑤ 水资源方案

青岛胶东国际机场非常规水资源利用包括雨水资源利用与再生水资源利用，整体采用“雨水和再生水联用，优先使用雨水”策略（图 17-127）。

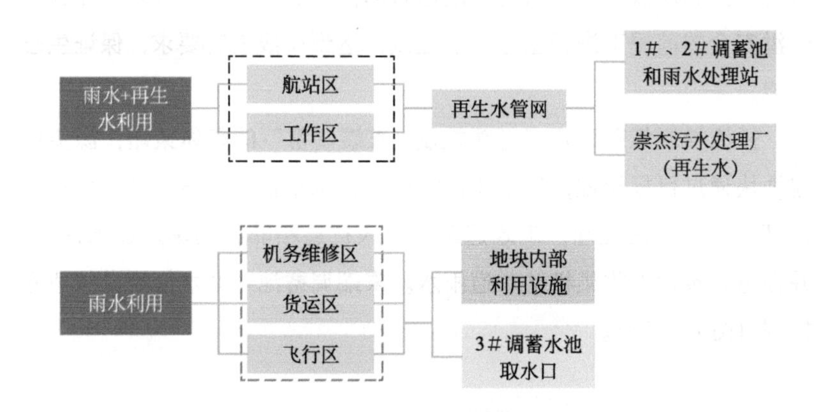

图 17-127

水资源方案

（5）分区详细设计

① 防洪体系

青岛胶东国际机场周边设计的河道主要为大沽河、南胶莱河和碧沟河。根据机场建设需要，机场段河道防洪标准均统一提高至100年一遇，其中碧沟河进行改道，沿机场东南方向改道汇入大沽河；南胶莱河维持现状走向，对机场段进行整治，大沽河维持现状，同时在西北侧规划建设防洪堤一道。河道改造完成后，机场四周均被河道堤防或防洪堤围绕（图 17-128，表 17-4）。

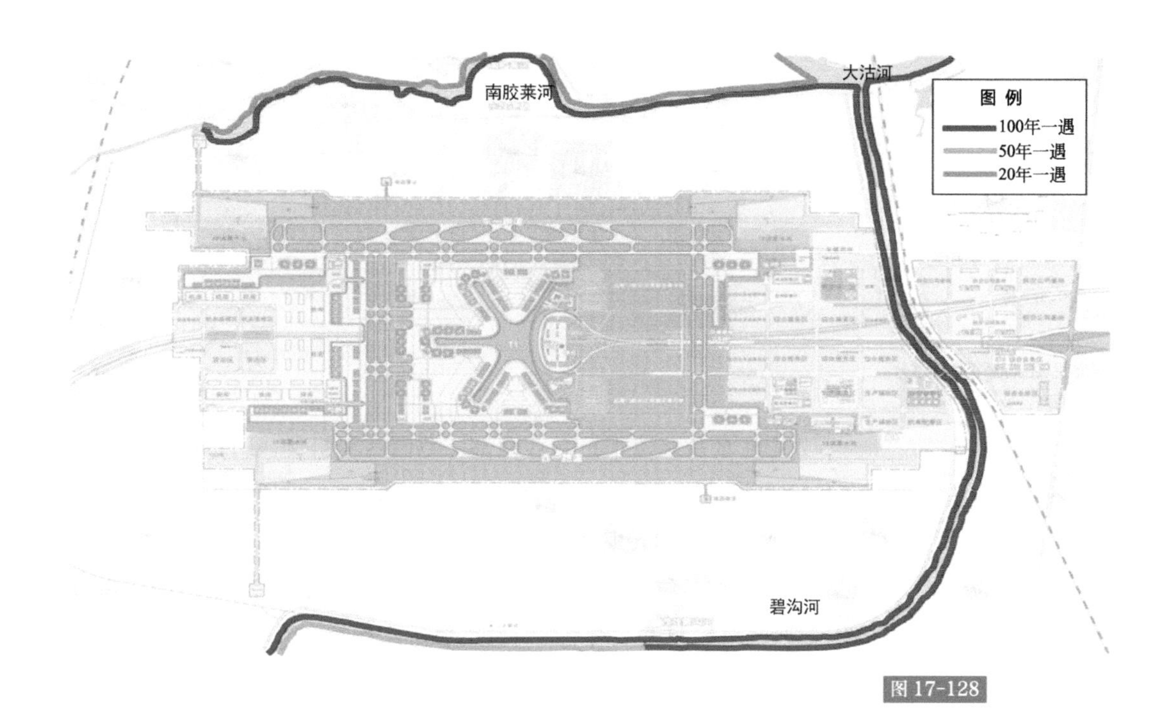

图 17-128

青岛胶东国际机场周边河道防洪标准平面图

表17-4 新机场周边河道防洪堤统计表

名称	现状防洪标准	堤岸建设方案	设计防洪标准	建设长度/km
大沽河	50年一遇	新增防浪墙	100年一遇	0.51
南胶莱河	新建	建设防洪堤	100年一遇	4.73 （其中648m与大沽河衔接）
碧沟河	新建	建设防洪堤	100年一遇	10.2

同时，为保障近期场区水安全，实施青岛胶东国际机场一期防客水倒灌整治工程。主要分为围堤和外排渠两部分。围堤的设计挡水标准为50年一遇，沟渠设计排涝标准为5年一遇。绕机场场区挖一条环场排水渠道，并在机场侧填筑堤防，保证外围50年一遇涝水不影响机场内部，开挖渠道将涝水排入周边河道。

② 蓄排体系

机场以航站楼为高点，分别向四周划分汇水面积，共规划5个雨水系统（图17-129）。

1号雨水系统位于机场东南部，范围东至机场飞行区围界，西至工作区中间南进场路，南至规划碧沟河管理路，北至飞行区围界。该系统雨水重力流排入规划1#调蓄水池。

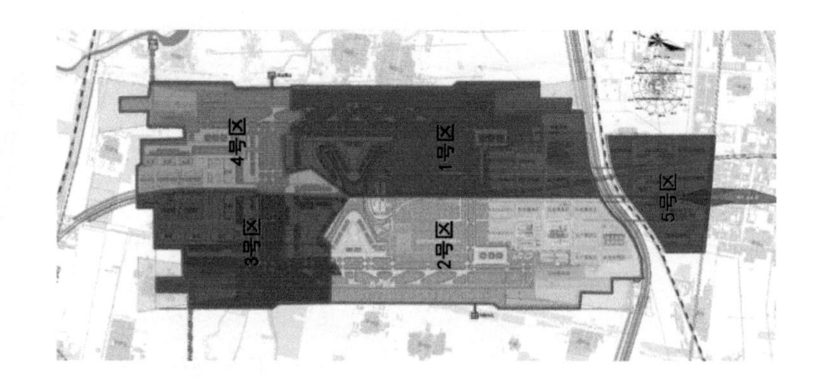

图 17-129

青岛胶东国际新机场排水分区平面图

2号雨水系统位于机场西南部，范围西至机场飞行区围界，东至工作区中间南进场路，南至规划碧沟河管理路，北至飞行区围界。该系统雨水重力流排入规划2#调蓄水池。

3号雨水系统位于机场西北部，范围东至货运区北八路（进场路），西至机场围界，南至飞行区围界，北至货运区近期红线。该系统中的雨水排入3#调蓄水池。

4号雨水系统位于机场东北部，范围东至机场围界，西至货运区北八路（进场路），南至飞行区围界，北至货运区近期红线。该系统中的雨水排入规划3#调蓄水池，经泵站提升后排入改道碧沟河。

5号雨水系统为机场南工作区，全部采用重力流排放至下游韩信沟低点。

根据各分区来水量分析，若采用调蓄水池完全滞纳场区来水，则所需要的容积较大。同时需要等待外河水位降低时，再开闸排水，机动性较差，相对被动。比较适合的排水方式是设置调蓄水池并设置排涝泵站。依靠调蓄水池滞蓄涝水，削减峰量，同时开启水泵强排涝水至外围河道，确保机场排涝安全。

故青岛胶东国际机场近期采用“蓄排平衡”的排水方式，共分为5个排水分区。1 ~ 4号排水分区分别汇入1 ~ 4号调蓄水池。机场1#、2#、3#调蓄水池经排涝泵站“强排”提升后，最终汇入改道碧沟河。机场4#调蓄水池经排涝泵站“强排”提升后，最终汇入南胶莱河。5号排水分区为机场南工作区，全部采用重力流排放，雨水汇集至下游“韩信沟”低点，经韩信后排涝泵站，最终进入大沽河（图17-130）。

③ 雨水管网体系

雨水管道分为五个系统，分别汇入1 ~ 4号调蓄池，南工作区重力外排，设计标准5年一遇（图17-131）。

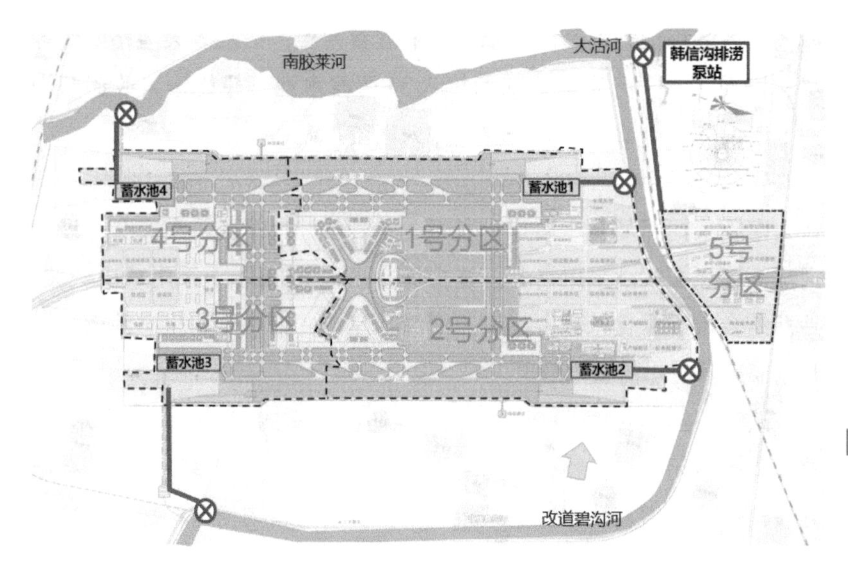

图 17-130

青岛胶东国际机场蓄排体系平面图

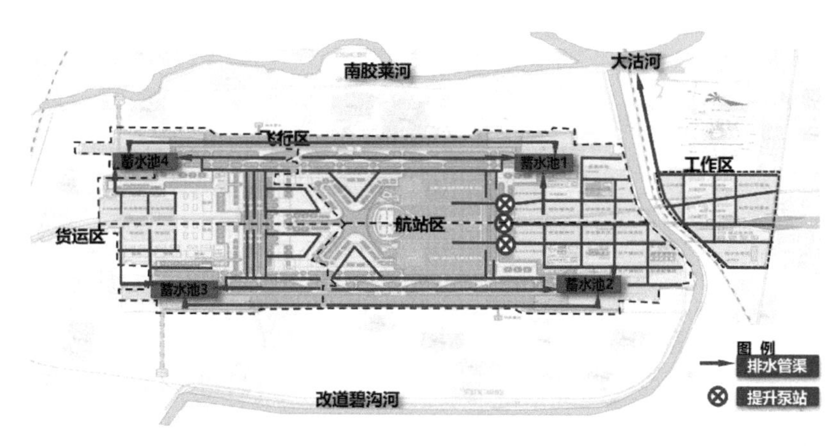

图 17-131

青岛胶东国际机场排水管线平面布置图

其中，航站区要近期建设T1航站楼，被飞行区包围其中，一部分区域排水依靠屋面及地面排向飞行区；另一部分区域排水利用排水暗渠排向下游。

飞行区顺应地势设计坡向，遵循就近排放原则，合理布置排水系统，缩短排水线路，减少雨水泵站建设和运行费用，节省工程造价。飞行区采用重力流方式，整体划分为4个排水分区。

北工作区排水以地下埋管为主，北工作区分东、西两个排水分区，分别汇入1#、2#调蓄水池；南工作区采用重力流排放，雨水接入南七路雨水系统，沿南七路排至机场红线范围外的规划雨水系统，汇集至下游韩信沟排涝泵站，最终进入大沽河。

货运区和机务维修区排水以地下埋管为主，沿线收集道路两侧地块和路面汇水，分别就近向西接入3#调蓄水池，最终排入改道碧沟河；向东接入4#调蓄水池，最终排入南胶莱河。

④ 生态岸线

南胶莱河机场侧（右岸）长度为4.7km。为保证防洪安全，设计河底高程至4.50m采用格宾石笼护坡，高程4.5m以上采用草皮护坡。后期结合景观绿化工程，建设“面清、岸洁、有水”的生态河道，提升南胶莱河沿岸的整体形象。

改道碧沟河长度10.2km，在满足防洪要求的基础上增加亲水性，建设生态休闲驳岸，整体采用草皮护坡，局部增加观景平台，并在部分段落和机电增加滨水栈道或亲水平台。改道碧沟河与机场北侧旱堤共同构成环机场景观廊道，风景林以银杏林带、中山杉林、红叶枫林、金叶槐林为主（图17-132）。

图 17-132

河道生态岸线建成后效果

⑤ 径流控制

a. 源头管控　根据青岛胶东国际机场控制性详细规划中各个地块的基本情况，分别计算各地块海绵控制指标，并考虑实际可实施情况，给定各地块强制性指标和引导性指标共7项。其中，强制性指标两项，分别为年径流总量控制率、面源污染物（以SS计）削减率；引导性指标5项，分别为雨水资源利用率、透水铺装率、下凹式绿地率、生物滞留设施率、其他调蓄容积。

以A-03-03地块为例，该地块面积3.13ha，用地类型为居住用地与公共服务用地（A），根据上述计算原则，计算地块内透水铺装率为40%，下凹式绿地率为50%，生物滞留设施率为25%。该地块不建设其他调蓄设施时，年径流总量控制率为71%，面源污染（以SS计）削减率为54%；建设其他调蓄设施时，年径流总量控制率为76%，面源污染（以SS计）削减率为58%。

因该地块位于工作区，规划建设再生水管线，地块内部可主要通过再生水管线实现雨水资源化利用。考虑到地块可实施情况，确定该地块各项指标见表17-5。

表17-5　A-03-03地块海绵控制目标指标表

地块编号	用地面积/ha	用地类型	强制性指标		引导性指标					备注
			年径流总量控制率	面源污染物削减率	其他调蓄容积/m^3	雨水资源利用率	透水铺装率	下凹式绿地率	生物滞留设施率	
A-03-03	3.13	A	71%	54%	0	5%	40%	50%	25%	绿地浇灌、道路浇洒、冷却水不得使用自来水

b. 飞行区设计方案　飞行区由于其工程的特殊性，首先必须保证飞行安全。

因此，飞行区的整体雨水处理方式主要以“排”为主，在充分保证飞行安全的前提下，在位于跑道和滑行道150m以外的低洼土面区，可以在排水沟两侧进行下凹式绿地设计，下凹深度为100 ~ 150mm，雨水经过下凹式绿地进行滞蓄后，溢流进入排水沟，最终汇入位于东西跑道两端的四个调蓄水池；站坪区雨水直接经排水沟排入末端调蓄水池。

c. 市政道路设计方案　人行道、非机动车道采用透水铺装，使部分雨水下渗，补充地下水资源；在道路绿篱、分车带以及红线外绿地内设置下凹式绿地、生物滞留设施和雨水溢流设施，使未及时下渗的道路雨水先汇入其中，部分被植被吸收，超量径流再通过溢流设施溢流入市政雨水收集系统；收集部分车行道雨水，超量降雨通过溢流口汇入至市政雨水收集系统（图17-133）。

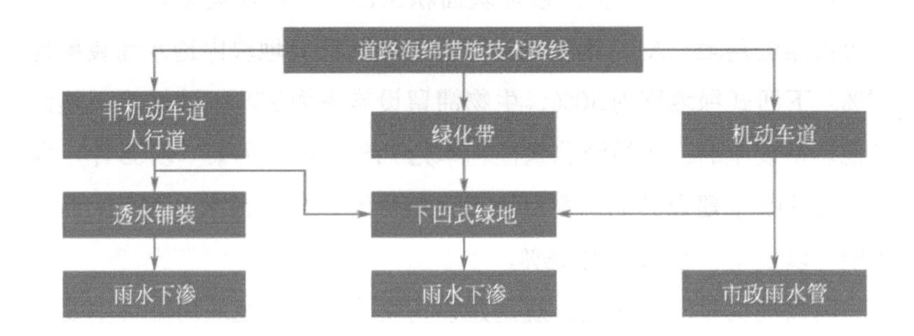

图17-133

市政道路海绵措施技术路线图

青岛胶东国际机场建设市政道路共计42条，总长度约40km。除高架桥外，所有道路采用人行道透水铺装、街旁下凹式植草沟等低影响开发措施；在保障机场安全稳定运营的条件下，收集机动车道雨水（约占总长度12%）（图17-134）。

d. 末端调蓄　机场4个调蓄水池主要以防洪和防治内涝功能为主，同时可以起到对雨水径流的末端控制作用。综合计算4个调蓄池的海绵调蓄容积为19.06万m^3。

⑥ 污染物控制

点源污染中的生活污水和生产污水经污水管网和泵站，提升后进入机场外部的污水处理厂进行处理；其中餐饮、机务维修区废水和车辆设

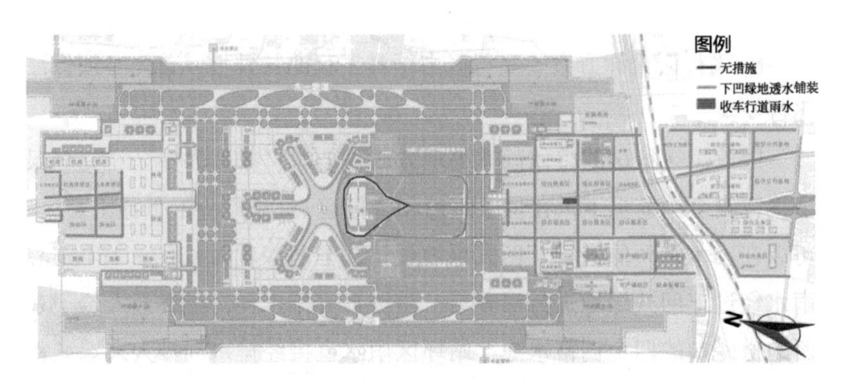

图17-134

青岛胶东国际新机场市政道路海绵方案平面分布图

施清洗废水经隔油池、沉淀或沉砂池预处理达标后再接入市政管网。

面源污染的主要来源为不同下垫面在降雨过程中通过地表径流的污染物排放。面源污染主要通过源头地块及末端调蓄池进行，控制措施与径流控制措施相同。

⑦ 水资源利用

飞行区、货运区和机务维修区主要为雨水资源利用，通过建设地块内部雨水利用设施和从3号调蓄池取用雨水，进行旱天道路浇洒和绿地浇灌。航站区和工作区通过建设再生水管网，雨季时1#、2#雨水调蓄池内水位较高，雨水经处理设施处理后去除SS、COD、病原微生物等污染物，作为非常规水水源；非雨季时可通过购买崇杰污水处理厂的再生水作为水源，用于绿化浇灌、道路浇洒，部分地块建筑内部冲厕、2#能源站及能源中心冷却用水补充水等。

（6）示范节点设计

① 道路综合工程

沿主进场路建设道路海绵综合工程，在全面收集人行道和非机动车道雨水的基础上，收集部分路段高架桥雨水，收集部分路段机动车道雨水，建设潜流湿地等生物滞留设施，并充分与道路景观结合，对示范工程段市政道路雨水实现最大程度的生态滞蓄（图17-135）。

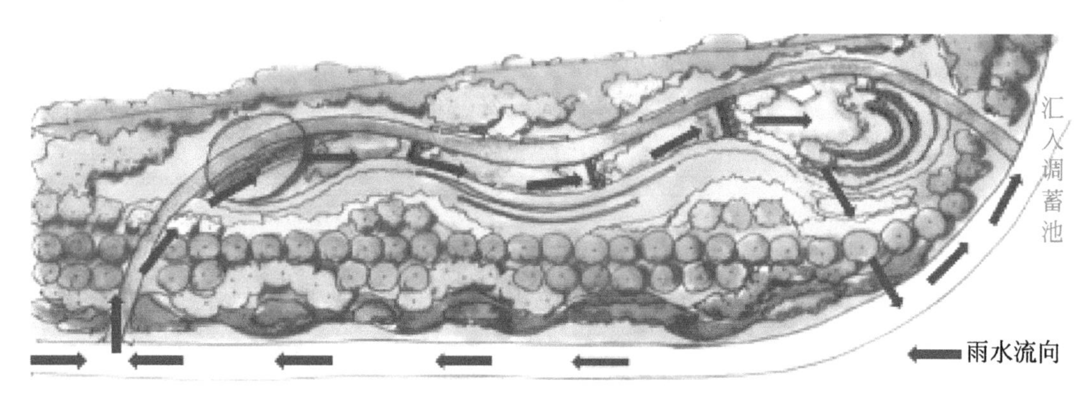

图17-135

主进场路（南一路－南三路区间）潜流湿地

主进场路（南一路-南五路区段）高架桥雨水通过高架桥落水管断接，将雨水引入砾石缓冲带，进行过滤处理，消减初期雨水中污染物；再引入下分隔带绿地内，进一步消纳净化高架桥的车行道雨水；同时在下分隔带绿地下游建设溢流设施，超量雨水溢流进入市政雨水管线（图17-136，图17-137）。

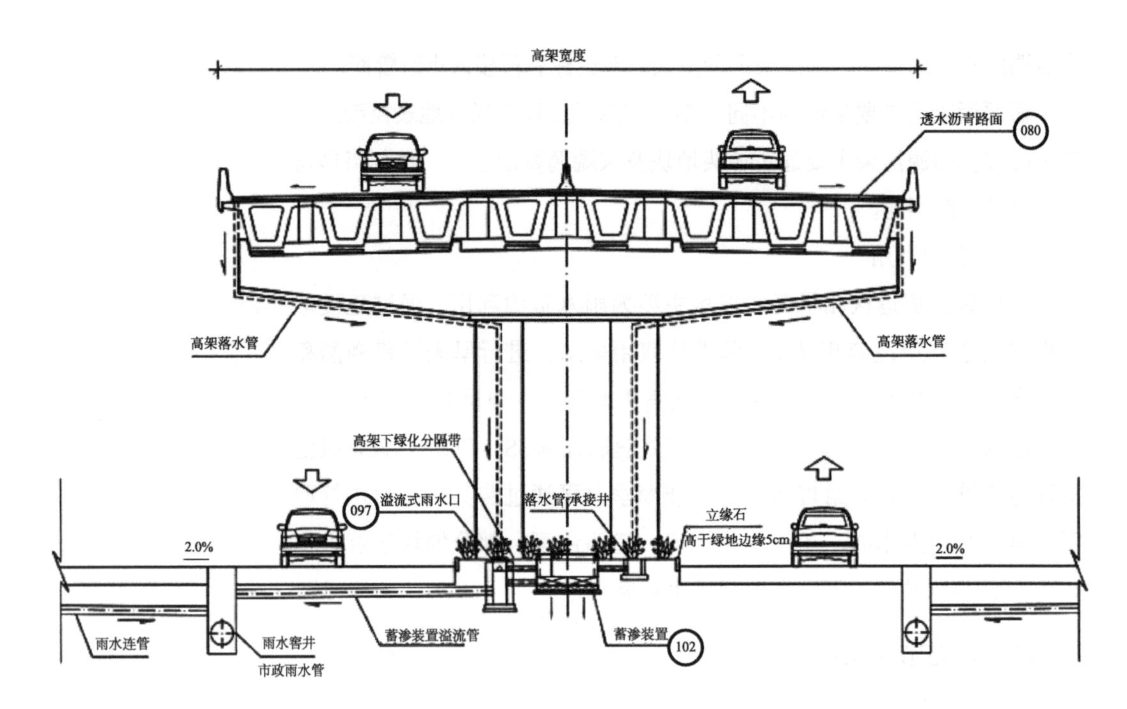

图 17-136

高架桥雨水收集断面设计图

通过改造雨水管线，将雨水导入主进场路南八路（南一路与南三路区间西侧地块）和（南一路与南三路区间西侧地块），通过设置潜流湿地，分级过滤净化雨水。同时，主进场路南八路（南五路至航空大道段、南七路至南十一路段）绿化带较宽，植草沟宽度随种植曲线自然设置，与现有景观和周边地块充分结合，收集消纳人行道和非机动车道雨水。

② 航站区综合工程

航站区通过设置生态草沟、沉淀蓄水池、调蓄湿地及景观水体等

图 17-137

高架桥及下分隔带绿地建成后景观

海绵设施与传统雨水排放管沟的有机结合，实现源头控制、中途传输、末端调蓄和利用的雨水资源管理目标，最大程度实现雨水资源的优化管理，维持水质优良、可持续的水环境。

航站区综合海绵工程体系主要有5组成部分：生态草沟、生态调蓄池、生态湿地、下凹绿地、景观水池。其中在航站区道路两侧绿地生态草沟12条，主要起到雨水传输作用；在航站区南北两侧分别设置2座沉淀蓄水池（生态调蓄池），用来承接和沉淀市政雨水管沟所排放的雨水和生态草沟收集的雨水；设置2座氧化塘（生态湿地），承接沉淀蓄水池初步沉淀后的雨水，净化后为中央景观水池提供补水；在GTC南侧的绿地中设置2个渗透塘（下凹绿地），在暴雨时收集该地块内的过量雨水不外排，确保航站楼的水安全；雨后缓慢下渗补充地下水。在南垂滑隧道北侧的绿化缓坡区设计地下蓄水模块，可以临时存储过量雨水，确保不给隧道排水系统增加排水负担，确保南垂滑隧道的安全。在机场中轴线上设置景观水池，池底覆盖沉水植物，水面开阔平静，满足景观设计需求（图17-138）。

③ 调蓄水池和泵站工程

利用模型，模拟了整个新机场在不同降雨下的运行工况，并对内涝风险进行了评估，新机场提出了调蓄水池和排涝泵站的运行方案，保障

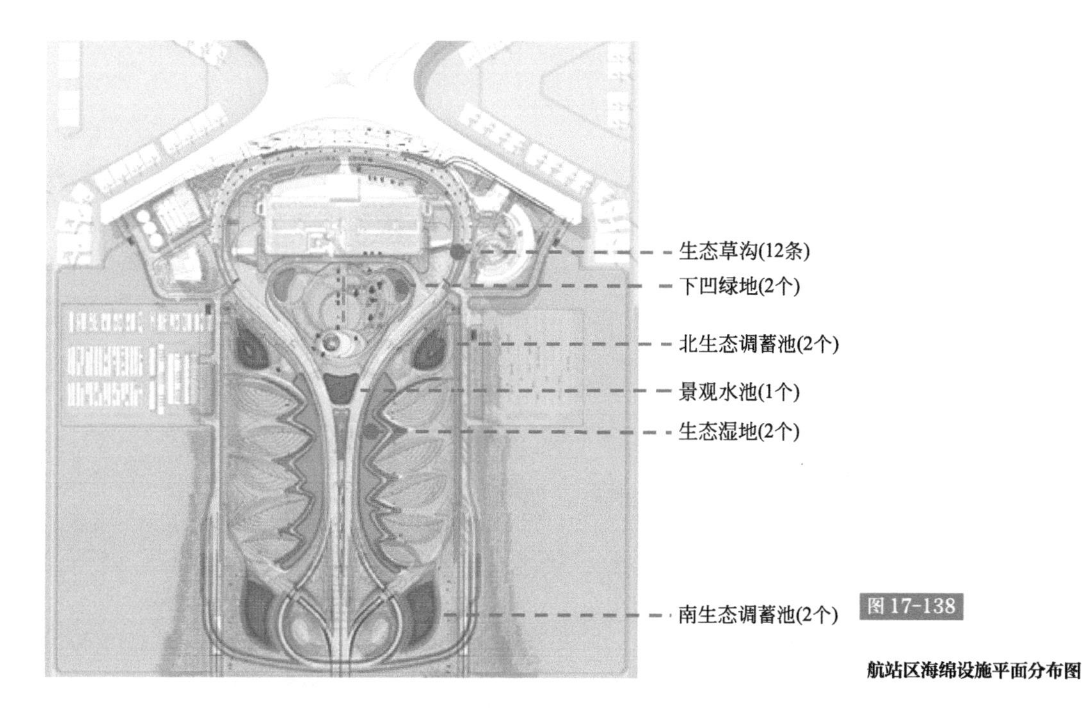

图17-138
航站区海绵设施平面分布图

建成后雨水系统日常运行管理，应对极端降雨情况，保障机场水安全。

按0.5年一遇降雨模拟日常运行工况下（小雨及中雨）排涝泵站运行方案；按1年一遇降雨模拟大雨情况下排涝泵站的运行方案；按5年一遇降雨模拟暴雨情况下排涝泵站的运行方案；按50年一遇降雨模拟大暴雨及特大暴雨情况下排涝泵站的运行方案，根据模拟结果，确定在日常运行工况下，排涝泵站以自排为主；在大雨、暴雨、大暴雨和特大暴雨情况下，必须采用强排措施（图17-139）。

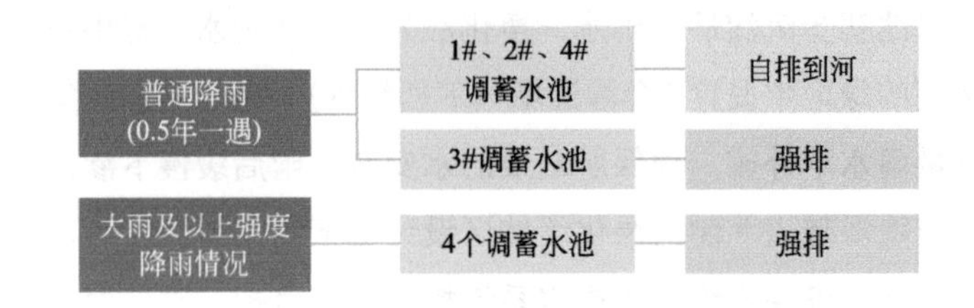

图17-139

调蓄水池和泵站排放原则

图17-140

青岛胶东国际机场建成后航拍实景图

（7）建设效果

青岛胶东国际机场在建设过程中紧扣“源头减排-过程控制-系统治理”的海绵城市建设新思路，因地制宜、系统全面地构建了融雨洪调蓄、水体景观、地下水补给、生物多样性保护等多功能为一体的生态基础设施，形成了蓄排平衡体系构建、雨水再生水联用、综合人工湿地、北方地区机动车道雨水生态消纳、大型公共建筑雨水综合利用等示范技术，为其他相似低洼场区、大型公共建筑、青岛市乃至整个北方地区市政道路的海绵城市建设，都具有重要的借鉴和推广意义。

青岛胶东国际机场是国内最早一批按照系统化思路开展海绵城市建设的区域枢纽与门户机场，对于海绵城市理念的推广和普及具有重要的示范引领作用，其建成也将为继续推动我国系统化全域建设海绵城市、韧性城市提供宝贵的实践经验（图17-140，图17-141）。

图17-141

青岛胶东国际机场雨水花园实景图

海绵城市建设“青岛经验”

青岛坚持高起点规划、高标准建设、高水平管理，实现了海绵城市“试点先行、以点带面，全域展开、有序推进”，总结形成了“分层规划、多维协调、系统建设、综合保障、专业支撑、长效推进”的青岛海绵城市建设管理经验，为全面推进海绵城市建设奠定了扎实的基础。

（1）加强组织领导，建立完善海绵城市体制机制

高度重视国家试点，按照指挥部模式强力推进。青岛市坚持高位协调，成立市长任组长的海绵城市建设工作领导小组，专题研究、统筹协调、调度推进海绵城市建设相关工作；坚持重点突破，组建市海绵办专门负责试点协调组织，市、区两级理顺管理体制，优化工作机制，协调解决工作难点、堵点、痛点。

建立长效推进机制，成立海绵城市专职机构。青岛市将海绵城市管理职责落实到市住房城乡建设局“三定方案”，设立海绵城市建设推进处，作为海绵城市规划建设管理专职机构，增加人员编制，是全国最早设立海绵城市建设管理专职行政机构的城市。落实属地化建设责任，确保海绵城市建设长效持续推进。

（2）注重规划引领，构建全市海绵城市规划体系

坚持全域统筹。着眼全市海绵城市建设，青岛市在省内首个编制完成《青岛市海绵城市专项规划（2016—2030年）》，在国内率先实现了全市域城市规划区海绵城市专项规划全覆盖。结合试点经验、监测数据和课题研究成果，开展《专项规划》修编，形成“青岛海绵城市专项规划2.0升级版”，彰显城市特色。

坚持规范指导。青岛市在国内首创编制了《青岛市海绵城市详细规划编制大纲》和《青岛市海绵城市系统化实施方案编制大纲》，构建起全市统一标准的“专项规划定格局、详细规划定指标、系统化方案定项目”的海绵城市规划设计体系。

坚持系统建设。按照海绵城市规划环节管控要求，青岛市组织各区（市）、多功能区全面开展海绵城市详细规划和近期重点建设区域系统化实施方案的编制工作，细化落实海绵城市管控要求，建立“源头减排-过程控制-系统治理”的工程体系，提高海绵城市建设系统性。

坚持因地制宜。在市南、市北等商业集中、人口密集、开发强度大的老城区开展海绵城市建设，杜绝“唯指标论”，更加注重在解决内涝积水、水体黑臭、管网设施不完善等问题方面的作用，结合老旧小区改造、基础设施补短板、城市品质提升等同步规划建设，最大程度服务民生需求。

（3）强化制度保障，完善海绵城市政策标准体系

加强制度管控。出台《加快推进海绵城市建设的实施意见》确定总体目标；印发《青岛市海绵城市规划建设管理暂行办法》明确管控要求；制订《青岛市城乡规划管理技术规定》《政府投资海绵城市项目审查技术要点》等实施细则，将海绵城市建设要求嵌入建设项目管控体系。构建起完善的海绵城市“定目标、审方案、强建设、验工程、督运维”五阶段、全流程、闭环管控体系。

推动审批改革。青岛市以老旧小区海绵改造项目手续办理为切入点，以“放管服”为契机，将建设项目分类、审批程序“颗粒化”，简化老旧小区等改造类项目施工许可、质量安全监督手续要件，实现了新、改、扩建项目监管全覆盖，为其他改造类项目手续办理提供借鉴和参考，具有可复制、可推广性。

鼓励制度创新。青岛市坚持因地制宜，支持各区（市）、经济功能区在土地出让条件、房地产开发项目管理、项目竣工验收、排水许可管理等方面探索形成了具有区域特色的海绵城市建设管控制度。

强化规范引导。青岛市各职能部门编制修订了建筑小区、市政道路、城市河道、园林绿化、雨水利用、植物选型等10余项技术导则，以地方标准形式印发《青岛市海绵城市建设-低影响开发雨水工程设计标准图集》，加强分类指导，提高设计、建设、运维的标准化程度和工作效率，形成了完善的、独具青岛特色的海绵城市规范标准体系。

（4）完善考评体系，推动海绵城市长效化智慧化

纳入政府综合考核体系，发挥各级各部门积极性。青岛市印发《青岛市全面推进海绵城市建设实施方案》《青岛市海绵城市建设绩效考评办法》，将海绵城市建设绩效纳入全市综合考核体系，评价结果作为组织部门评选先进、考核干部的重要依据。

构建海绵监测评估体系，促进海绵城市智慧化。试点区搭建了海绵城市信息化管理平台，支撑试点区海绵城市数据管理、项目管控、效果评估、辅助决策；着眼全市海绵城市建设，围绕“能力建设管理、项目建设管理、监测管理、公众服务监督管理、绩效考核管理、防涝预警管理”，编制市级海绵城市监测评估一体化管控平台方案。

（5）加强资金保障，规范资金使用提高投资效益

加强资金使用管理。青岛市制定《海绵城市建设资金管理办法》，划定海绵城市专项资金使用管理红线，规范海绵专项资金的使用管理。简化资金拨付流程，将海绵城市试点项目进度款审核、拨付权限下放区级主管部门。

突出资金使用实效。海绵城市建设资金使用精打细算，将有限的资金用在刀刃上。在海绵城市的相关规划、技术规范标准编制等系统性、全局性工作以及具有前瞻性、基础性的理论研究方面舍得投入；委托咨询机构加强对海绵城市试点项目方案和资金审核，坚持海绵设施“功能性、实用性、经济性”导向，避免海绵城市建设过度工程化和片面追求“高、大、上”，造成资金浪费。

（6）理论实践结合，促进技术创新和成果转化

开展基础课题研究。青岛市以技术为依托，联合多家科研机构开展典型下垫面径流污染规律、降雨规律、模型参数与率定、本地植物选型等4项基础课题研究，研究成果重点转化为技术导则、标准规范、规章制度等。

借助外脑广纳良言。针对海绵城市试点和全市推进，青岛市引入全过程海绵城市决策专家咨询机制，建立青岛市海绵城市专家库，全面参与青岛市海绵城市规划设计、方案论证、项目建设、课题研究、绩效考评等工作，提升科学决策水平。

海绵城市专项培训。市委组织部、市住房城乡建设局联合将海绵城市建设培训纳入城建系统干部培训计划，2016 ~ 2018年已在清华大学、同济大学、深圳大学举办3期专题培训班。

培养本地技术力量。青岛市重视本地海绵城市技术力量培养和人才梯队建设，邀请住建部海绵城市专家来青举办全市海绵城市建设专题培训7次，组织技术培训会、现场交流会、讲座、论坛等10余场，累计参训5000余人次。

（7）坚持共同缔造，推动海绵城市共谋共建共享

落实以人为本，海绵惠民。青岛市将“尊重民意、汇集民智、凝聚民力、改善民生”贯穿海绵城市建设试点全过程，建立“涉水问题+居民需求”为导向的工作机制，将海绵工程做成惠民工程。坚持“决策共谋、建设共管、效果共评、成果共享”，推动老旧小区整治由政府为主向多方参与转变，提高群众参与度，建立“政民”良性互动机制，总结形成了可借鉴、可复制、可推广的老旧小区整治“翠湖模式”。

注重公众宣传，海绵普及。青岛市开展多维度、立体化的海绵城市理念的推广普及，发挥基层党支部、民主党派作用，开展海绵城市“进机关、进企业、进社区、进校园”等宣传教育活动，通过主流媒体宣传报道海绵城市建设成效，通过微信公众号发布海绵城市建设信息和科普知识，让海绵城市走进市民生产生活。

（8）突出市场思维，推动海绵城市建设“多元化”

坚持市场运作。青岛市突出市场化思维，按照“市级统筹、区级实施、公司运营”模式，通过PPP、企业自筹加财政补贴方式，拓展海绵城市投融资渠道。在试点区采用“流域打包、按效付费”的PPP模式开展项目建设，积极探索海绵城市建设运营模式创新，推动政府职能从运动员向裁判员转变。

推动政企共建。青岛市突破传统思路，在上王埠中心绿地（二期）等试点项目中，探索了政企“共同出资、统一建设、移交管理”模式，带动地块开发建设与土地升值，实现政府节约财政资金、企业获得投资回报、群众提升幸福感“三方共赢”。

推动产业发展。青岛市将海绵城市作为促投资、稳增长的重要举措，孵化培育地方新材料、新设备等各类海绵城市建设相关企业36家，吸引了一批海绵城市领域企业落户青岛。鼓励本地企业参与海绵城市领域技术创新，获得国家发明和实用新型专利成果专利17项。

（9）加强运维管理，促进海绵设施精细专业运营

运维有标准。青岛市针对本地气候特点、植物特色和城市管理体制实际，制订《青岛市城区河道综合整治及管理维护技术导则》《青岛市园林绿化养护管理技术规范》《青岛市海绵城市设施运行维护导则》等技术导则，建立了完善的本土化、精细化的海绵设施运维管理技术体系。

运维专业化。青岛市充分发挥社会资本的技术、资金、管理经验优势和国有企业履行社会责任的担当作用，通过购买服务形式引入专业队伍参与海绵城市建设项目运维。PPP项目按效付费；封闭小区通过磋商考核，交由小区物业单位负责；开放式公共空间纳入城市维护范畴，委托国有公司运维。

资金有保障。青岛市研究制订了《青岛市海绵城市试点区海绵项目运营维护管理办法》，明确了各类项目运维主体、资金来源、付费标准和运维要求，在全国首次确定海绵设施的运营维护费用单价标准。

（10）突出协同发展，坚持海绵因地制宜同步推进

坚持海绵城市建设和治水治城有机结合。以海绵城市理念指导老旧小区整治、黑臭水体治理、污水处理提质增效等城市品质提升工作，牢固树立系统化治理理念，注重源头管控、标本兼治、综合施策，在解决涉水城市病的同时，对城市环境进行整体提升。

坚持海绵城市建设和重点区域有机结合。青岛市从自身实际出发，采取“+海绵”模式，将海绵城市建设与重大基础设施建设、高校落户建设、重点区域开发统筹结合，建设一片达标一片。

海绵城市建设不是一日之功，贵在坚持“久久为功，持之以恒”。未来青岛市将继续以海绵城市建设理念为引领，在“北方丘陵地形、建成区高强度开发”的城市基础上，将海绵城市与“生产、生活、生态”有机融合，持续总结经验、探索创新，推动海绵城市建设标准化、精细化、产业化和智慧化，不断为青岛注入新的生机和活力。